RNA의 역사

The Catalyst: RNA and the Quest to Unlock Life's Deepest Secrets

RNA의 역사

노벨상
수상자가 밝히는
생명의 촉매,
RNA의 비밀

Thomas Robert Cech

토머스 R. 체크 지음 | 김아림 옮김 | 조정남 감수

The CATALYST

RNA and the Quest to Unlock Life's Deepest Secrets

세종

추천의 글

노벨상 수상자인 토머스 체크는 이 책을 통해 계몽적이면서도 매혹적인 RNA의 세계로 우리를 인도한다. 생명체를 구성할 뿐만 아니라 과학과 의학의 미래를 이끌 이 분자, RNA에 관심 있는 사람이라면 꼭 읽어야 할 책이다.

제니퍼 다우드나, 노벨상 수상자, 크리스퍼 유전자 편집 기술의 공동 개발자이자
이노버티브 유전학 연구소 소장

토머스 체크는 우리를 'RNA의 시대'로 이끈 인물이다. 다른 과학자들이 DNA에 집중하는 동안 체크는 RNA라는 덜 알려진 멋진 분자의 수수께끼를 파고들어 그것이 생명의 재료이자 기원의 열쇠를 쥐고 있음을 밝혔다. 이 책은 RNA의 경이로움을 비롯해, 백신에서 유전자 편집 도구까지 우리의 미래를 형성할 기술적 발견에 관해 생생하게 설명한다. 토머스 체크가 이 책을 저술하게 된 것을 더없이 기쁘게 생각한다.

월터 아이작슨, 〈뉴욕타임스〉 베스트셀러 《일론 머스크》 저자

이 책은 세계적으로 명망 높은 분자생물학자인 토머스 체크가 쓴 RNA에 관한 러브송이다. 저자는 이 책에서 더 유명한 사촌인 DNA가 아니라 RNA만이 할 수 있는 많은 일을 알려준다. 독자들은 영웅처럼 그려지는 RNA의 매력에 흠뻑 빠져들 것이다.

해럴드 바머스, 노벨상 수상자이자 전 미국 국립보건원 원장

이 책은 RNA가 이번 세기의 주인공으로 떠오르게 된, 진짜일 것 같지 않지만 진짜인 이야기의 뒷면을 보여준다. 창의적인 비유를 통해 과학과 과학자들, 그리고 RNA에 대해 생생하게 묘사한다.

캐럴 그라이더, 노벨상 수상자이자
캘리포니아 대학교 산타크루즈 캠퍼스 분자세포발달생물학 전공 석좌교수

RNA는 신비롭고 마법 같은 생명의 분자다. 살아 있는 세포가 작동하는 데 필수적이고, 생명의 기원을 탐구하는 열쇠가 될 뿐 아니라 질병을 예방하고 치료하는 데 큰 역할을 하고 있어, 그 중요성이 날로 커지고 있다. 전 세계적으로 손꼽히는 RNA 전문가가 멋진 필치로 쓴 이 책은 생물학과 의학에 관심 있는 사람이라면 누구나 읽어야 하는 필독서다.

폴 너스, 노벨상 수상자이자 《생명이란 무엇인가》 저자

21세기는 왜 RNA의 시대가 될 것인가? 노벨상 수상자 토머스 체크는 RNA가 단순히 DNA의 수동적 전령이 아니며, 어떻게 RNA가 생명의 기원과 노화, 질병의 발생과 백신 개발, 그리고 생명체의 조작에 근본적인 역할을 수행하고 있는지를 흥미진진하게 소개한다. RNA 과학의 과거와 현재, 미래를 통해 21세기 생물학과 의학의 변혁, mRNA 백신과 치료에 이르기까지 생명공학의 놀라운 변혁들을 예리하게 조망한 필독서다.

이두갑, 서울대학교 과학학과 교수

20세기 후반이 DNA 시대였다면 21세기 전반은 RNA 시대일 것이다. 1982년 RNA가 촉매 활성을 지닌다는 발견으로 RNA 시대로 가는 문을 연 저자는 이 책에서 지난 반세기 동안 벌어진 RNA 혁명을 명쾌하면서도 흥미진진하게 기록했다.

강석기, 과학 칼럼니스트

RNA를 기반으로 한 백신 기술과 중요한 의학적 돌파구를 이끈 과학적 여정에 관한 매혹적인 책. 독자들이 이 멋진 책을 덮을 즈음에는 보건과 건강 문제에 대해 더욱 풍부한 지식을 갖추고 자율적으로 결정을 내릴 수 있게 될 것이다.

케네스 프레이저, 머크사 전 CEO

노벨상 수상자 토머스 체크의 이 책을 통해 RNA는 살아 있는 세포 작동에 필수적이고, 질병 예방 및 치료에 큰 역할을 하는 마법 같은 생명의 분자라는 점을 알 수 있다. 저자는 DNA의 그늘에 가려졌던 RNA가 생명의 근간을 이루는 물질임을 강조하며, 21세기 RNA 연구의 혁신적인 발견들을 흥미롭게 소개한다. 이 책은 독자들을 RNA의 신비로운 매력에 빠져들게 할 것이다.

이형열, 페이스북 '과학책 읽는 보통 사람들' 운영자

그동안의 도그마를 깨부수고 연구자들에게 노벨상을 안긴 RNA에 대한 발견은 생명이 어떻게 작동하는지에 대한 우리의 이해를 뒤바꾸었고, 생명을 살릴 대단한 기술을 낳았다. 토머스 체크의 이 책은 생물학과 의학 분야에서 RNA가 몰고 온 혁명을 뛰어난 선구자의 손으로 솜씨 있게 다뤘다.

션 캐럴, 《세렝게티 법칙》 저자

내가 과학을 사랑하도록 격려해주신

부모님 로버트와 아네트,

그리고 나의 여정에 동행한 캐럴과 앨리슨, 제니퍼에게.

감수의 글

토머스 체크를 처음 만난 것은 2017년 가을, 영국 케임브리지 대학교에서 연구원으로 지낼 때였다. 그는 케임브리지 대학교 화학과의 초청으로 강연을 위해 영국을 방문했다. 당시 나는 후성유전학, 즉 DNA 중심의 연구를 진행하고 있었지만 RNA라는 새로운 분야에 대한 막연한 호기심이 있었고, 체크가 노벨상을 수상한 세계적인 석학이라는 점에 이끌려 그의 강연을 듣게 되었다. 그의 강연은 날카로운 통찰과 재치로 가득했으며, 내 인생 최고의 세미나 중 하나로 꼽을 만큼 인상 깊었다. 특히 그날의 강연 제목인 "(RNA는) 유전체 우주의 암흑 물질"*은 지금도 내 연구를 소개할 때 자주 인용하는 표현이기도 하다. 이듬해 교수로 임용된 이후 지금까지 우리 연구실의 주된 연구 주제가 RNA인 것도 그날 체크의 강연에서 받은 영감이 적잖은 영향을 끼쳤다.

2024년 늦여름, 우연히 기사를 통해 이 책의 원서 *The Catalyst*(촉매)를 접하게 되었고, 토머스 체크가 쓴 책이라는 사실만으로 주저하지 않고 바로 구매했다. 이 책을 읽으면서 든 생각은, DNA에 관한 대표적인 도서가 제임스 왓슨James Watson의 《이중나선》이라면, RNA 분야의 대표작은 바로 이 책이 되리라는 점이었다. 누군가 RNA 버전의 《이중나선》을 쓴다면 토머스 체크보다 더 적합한 사람은 없을 것이다. 그는 RNA 연구의 역사를 관통하는 중심 인물일 뿐만 아니라 탁월한 이야기꾼이기 때문이다. DNA에 비해 RNA는 그 종류와 기능이 훨씬 다양해서 RNA 버전의 《이중나선》을 쓰는 것은 방대한 내용을 다뤄야 하는 매우 힘들고 어려운 프로젝트일 수밖에 없다. 그러나 체크는 이 어려운 프로젝트를 매우 성공적으로 완수했다. 이 책은 RNA 연구의 역사를 인물과 사건 중심으로 소개하면서도 과학적인 내용을 충실하고 알기 쉽게 전달한다. 덕분에 내가 강의하는 분자생물학 수업에서 이 책에 등장하는 일화들을 많이 소개하기도 했다.

21세기 최신 생물학에서 가장 혁신적인 발견들은 대부분 RNA와 관련되어 있다. 2024 노벨 생리의학상은 마이크로 RNA 분야(8장)에 수여되었고, 2023년에는 RNA 백신(10장)이, 불과 몇 해 전에는 그 유명한 크리스퍼CRISPR 유전자 편집 기술(11장)에 노벨 화학상이 수여

● dark matter: 우주 물질의 약 85%를 차지하는 것으로 생각되는 가설상 물질의 형태. 전자기파를 비롯한 다른 수단으로는 전혀 관측되지 않는 수수께끼의 물질이다.

되었다. 그뿐만 아니라 RNA는 DNA가 기본 유전 물질로 등장하기 전, 원시 생명체가 탄생할 때 가장 먼저 생성된 원시 유전 물질(6장)로 여겨지는 동시에 최신 의약기술의 도구(9~10장)로도 활용된다. 이처럼 생명의 근간을 이루는 원초성과 미래성을 모두 아우르는 신비로운 생명 물질이라는 점이 RNA의 가장 큰 매력이다. 책을 통해 이러한 RNA의 신묘한 매력을 너 많은 사람이 깨닫게 되길 바란다. 이 책이 그리 어렵지 않게 쓰인 만큼, 생물학을 이제 막 처음 접하는 중고등학생부터 생명과학에 관심 있는 일반인까지 두루두루 재미있게 읽을 수 있을 것이다. 무엇보다 이 책에 소개된 당대 최고 과학자들의 치열한 고민과 놀라운 발견의 순간에 대한 일화들을 통해 미래의 예비 과학자들이 과학에 매력을 느끼고 창의적 영감을 얻을 수 있다면 더할 나위 없이 기쁠 것이다.

마지막으로, 토머스 체크의 책을 구매하는 데 아무런 망설임 없이 흔쾌히 결제해준 아내와 한국어판 출간에 기여할 수 있는 귀한 기회를 허락해주신 세종서적 최정미 차장님에게 특별한 감사를 전하고 싶다.

2025년 3월 영국 더럼에서

조정남

프롤로그

RNA의 시대

흔히 20세기 전반을 물리학의 시대라고 부른다. 시공간의 휘어짐, 아원자 입자의 역학, 빅뱅과 블랙홀, 도시 전체에 전력을 공급하거나 반대로 아예 없애버릴 수도 있는 원자력 에너지까지, 이 모든 발견이 한꺼번에 쏟아져 나오며 과학계에 혁명을 일으키고, 우리의 일상생활을 송두리째 바꿔놓았다. 아인슈타인이 유명한 공식 $E=mc^2$을 발견한 1905년부터 벨 연구소에서 트랜지스터가 발명된 1947년까지는 물리학계에 빅뱅이 일어난 시기라고 할 만하다.

그러다 20세기 후반에 접어들면서 생물학이 물리학을 대체하여 과학의 중심으로 부상하기 시작했다. 그 주인공은 DNA였다. 20세기 후반, 약 반세기 동안은 1953년 프랜시스 크릭Francis Crick과 제임스 왓슨의 DNA 이중나선 발견이라는 기념비적인 업적에서 시작해, 인류의 DNA 전체를 해독해 생물학적 지도를 완성한 인간 게놈 프로젝트(1990~2003)로 마무리되었다. 오늘날 DNA가 유전 정보를 담고 있을 뿐만 아니라 혈통을 추적하고 유전병을 정확히 진단하며, 범죄를 해결하는 데 사용된다는 것은 누구나 아는 상식이다. 심지어 DNA는 우리가 사용하는 일상어 속에 스며들었다. 예컨대 등산에 열광하든 태국 음식을 사랑하든 무언가가 내 본질이자 핵심이라고 말하고 싶을 때 사람들은 흔히 '그게 내 DNA 속에 있다'고 얘기한다.

하지만 DNA의 시대에 사람들이 간과한 게 있다. 바로 RNA의 존재다. 물론 리보핵산의 줄임말인 RNA가 이중나선으로 이뤄진 데옥시리보핵산 DNA로부터 어떻게 복제되는지, mRNA(전령 RNA, '메신저 RNA'라고도 부른다)가 어떻게 DNA의 암호를 전달해 단백질을 합성하도록 지시하는지에 대해서는 교과서에 잘 설명되어 있고, 학생들도 이를 통해 배운다. 그래도 RNA는 결코 무대의 주역은 아니었다. 마치 생화학계의 백업 가수처럼 RNA는 DNA라는 디바의 그늘에 가려져 있었다.

하지만 과학자 커뮤니티를 중심으로 RNA의 숨겨진 능력이 속속 드러나기 시작했다. RNA는 지름이 대략 1나노미터(10억 분의 1미터-옮긴이)에 불과할 정도로 아주 작다. RNA 분자들을 나란히 배열하면 사람 머리카락 한 올만큼의 폭에 5만 개를 채워 넣을 수 있다. 과학자들은 RNA가 아주 작아도 다양한 모습으로 변하며 자신의 단점을 보충한다는 사실을 발견했다. 마치 종이접기를 하듯 자유자재로 구부러지는 RNA에 비하면 유전적 모체인 DNA는 인기곡이 하나뿐인 가

수처럼 보인다.

실제로 DNA는 재주가 단 하나뿐이다. 지구상 모든 생명체에 중요한 재주이긴 하다. 유전 정보를 저장하는 것, 그게 전부다. 마치 이집트 미라 무덤 속 상형문자나 엘피판에 파인 홈, 컴퓨터에 정보를 저장할 비트를 구성하는 0, 1과 같다. DNA가 하는 일은 세포핵에 들어앉아서 정보를 저장하는 게 전부다. 그 정보를 읽고 그것으로 무언가를 하려면 단백질, 그리고 RNA가 필요하다.

RNA에 대해 우리가 이해해야 할 첫 번째 사실은 RNA가 매우 다재다능하다는 것이다. 일단 RNA도 DNA와 똑같이 정보를 저장할 수 있다. 적절한 예가 바이러스다. 우리를 괴롭히는 바이러스 중 상당수가 DNA와 전혀 관련이 없다. 바이러스의 유전자는 이들에게 딱 맞는 RNA로 이루어졌다. 하지만 RNA의 역할은 정보를 저장하는 것에서 시작될 뿐이다. DNA와 달리 RNA는 살아 있는 세포에서 다양한 임무를 적극적으로 맡는다. 예컨대 효소 역할을 해서 다른 RNA 분자를 자르고 잘게 부순다든지, 아미노산이라는 집짓기 블록으로 모든 생명체를 이루는 물질인 단백질을 조립한다. 염색체 끄트머리에 DNA를 계속 이어 붙여 줄기세포를 활성화하고 노화를 방지하기도 한다. 또한 RNA는 크리스퍼라는 유전자 편집 기술을 활용해 우리가 생명의 암호를 다시 작성하도록 돕는다. 심지어 지구상의 생명체 탄생의 비밀을 RNA가 품었다고 생각하는 과학자도 많다.

마침내 RNA가 DNA의 그늘에서 벗어나 엄청난 잠재력을 드러내기 시작했다. 2000년 이후로 RNA와 관련한 과학계의 혁신적 발견은 11개의 노벨상으로 이어졌다. 같은 기간 RNA를 연구하는 과학 학술지의 논문과 특허 수는 매년 4배씩 늘었다.[1] 이미 상용화된 것들은 차치하더라도, 400종이 넘는 RNA 기반 신약들이 개발 중에 있다.[2] 2022년 한 해에만 10억 달러 이상의 사모펀드가 생명공학 스타트업에 자본을 투자해 RNA 연구의 지평을 더욱 넓혔다.[3]

과거에 DNA가 생물학 연구를 주도했다면, 누가 봐도 미래에는 RNA가 중심이 될 것이다. 이미 21세기는 RNA의 시대임이 또렷이 드러났고, 이 세기는 아직 갈 길이 멀다.

● ● ●

이 책은 RNA가 어떻게 말 그대로, 그리고 은유적으로 '바이럴'하게 퍼졌는지, 또한 주로 생화학자들이나 흥미로워할 주제에서 어떻게 과학과 의학의 미래를 빚어갈 주류 연구 대상으로 떠올랐는지를 알려주는 안내서다.

사실 이 이야기에서 나는 공정한 관찰자라기보다는 적극적인 참여자다. 나는 미국 볼더에 있는 콜로라도 대학교에서 화학과 생화학을 가르치는 교수로, 오랜 연구 경력을 RNA에 집중해왔다. 지구에서 생명이 어떻게 시작되었는지에 대한 심오한 질문을 제기하고, 인류의 건강과 질병에 대한 놀라운 통찰을 밝혀낸 위대한 발견들을 직접 목도했다. 그중 몇 가지는 나와 내 연구팀이 직접 일군 것이다. 가까운 친구들과 동료들이 발견한 업적들도 있는데, 이 책에서는 그들을 이름으로 언급하는 것이 좋을 것 같다.

결국, RNA 연구에서 나온 이러한 혁신적 발견들은 DNA 이중나선의 발견 이후 가장 응용 가능성이 높은 과학적 성과로 손꼽힌다. 하지만 오랫동안 사람들은 RNA가 무엇인지, 과학자들이 왜 그것에 열광하는지에 대해 막연하게만 이해하고 있었기에, 이러한 성과를 충분히 받아들일 준비가 되어 있지 않았다. 이는 매우 안타까운 일인데, RNA에는 흥미진진한 이야기가 가득하기 때문이다. 게다가 이 연구비의 상당 부분을 세금으로 충당하는 만큼, 대중은 이러한 투자가 어떤 성과를 냈는지 알 자격이 있다.

어수선했던 2020년 봄, 사람들은 다소 충격적인 방식으로 RNA와 마주하게 된다. 수많은 연구자들이 그랬듯 내 연구도 잠시 중단되었다. 실험실은 문을 닫고 수업도 취소되었다. 그리고 갑자기 내 연구 주제가 모든 이의 입에 오르내리기 시작했다. 코로나19를 일으키는 RNA 기반 바이러스인 SARS-CoV-2가 전 세계를 휩쓸며 유린했다. 그에 따라 코로나바이러스에 대항하는 mRNA 백신이 전례 없이 빠른 속도로 개발되었다. 이는 그동안 사람들 대부분이 전혀 몰랐던, 수십 년에 걸친 RNA 연구 분야의 근본적인 혁신을 바탕으로 이루어낸 놀라운 성취였다.

당연히 대중은 RNA라는 분자에 대해 알고 싶어 했다. 그것이 고난의 원인이면서도 동시에 치료제가 될 수 있기 때문이다. 그래서 나는 RNA 연구자에서 RNA 대변인으로 변신했다. 처음에는 대중 강연을 통해, 뒤이어 여러분이 지금 손에 든 책을 통해 여러 방법으로 RNA를 알기 쉽게 해설하고자 마음먹었다.

나는 이 책에서 RNA 이야기를 두 부분으로 나누어 풀어내고자 한다. 앞부분은 RNA가 어떻게 생명의 위대한 촉매제가 되었는지에 대한 이야기다. 맨 먼저 RNA가 단백질 합성을 어떻게 조절하는지 밝힌 1950년대의 실험이 등장한다. 단백질은 세포들을 결합하고 양분을 대사하기까지 생명체에서 필수적인 기능 대부분을 수행한다. 그런 다음 RNA에 '스플라이싱(splicing, 세포가 유전자 정보를 읽어서 단백질을 만들기 전에 RNA를 수정하는 과정-편집자)'이라는 흥미로운 변형을 거치면, 인간의 DNA 정보로 균류, 선충, 파리의 DNA보다 훨씬 많은 일을 할 수 있다는 사실을 알게 될 것이다.

여기서 이야기는 더욱 개인적인 방향으로 넘어간다. 나는 우리 연구팀이 어떻게 리보자임ribozyme이라는 촉매 RNA를 발견했는지 설명할 것이다. 리보자임은 '효소란 당연히 단백질'이라는 굳건해 보였던 자연법칙을 위반하는 존재였다. 리보자임의 발견은 1989년 노벨 화학상 수상으로 이어졌고, 여기서부터 RNA 이야기는 큰 전환점을 맞이한다. 과학계가 RNA라는 분자를 수동적인 전령이나 생명 화학에서 보조적인 역할을 하는 분자가 아닌, 무대의 주인공으로 바라보기 시작한 순간이었다.

그다음 주요 과제는 RNA가 여러 기적을 행하는 데 필요했을 놀라운 구조를 자세히 밝히는 일이었다. DNA의 구조를 밝혀낸 위대한 과학자 제임스 왓슨조차 자존심을 구겼던 작업이었다. 그런 다음 우리는 RNA가 어떻게 우리 세포에 물자와 식량을 공급하는 '항공모함', 즉 리보솜ribosome의 동력원 노릇을 하는지 알아볼 것이다. mRNA에 포함된 암호를 읽어내고 그것을 활용해 단백질을 만드는 것이 리보솜의 일이다. 이렇게 생성된 단백질은 생명체 속 이곳저곳을 구동시킨다. 마지막으로 우리는 '닭이 먼저냐, 알이 먼저냐'라는 가장 위대한 과학적 질문에 답하는 데 RNA가 어떤 도움을 주는지 살펴볼 것이다. 지금으로부터 약 40억 년 전 지구에서 생명이 어떻게 처음 생겨났는지에 대한 물음이다.

이 책의 전반부에서 생명을 뒷받침하고 지탱하는 RNA의 역할을 알아봤다면, 후반부에서는 RNA가 현재 자연이 지닌 한계를 넘어 생명을 개선하고 수명을 연장할 수 있는지 살펴볼 것이다. 불로불사와 암이 사실 동전의 앞뒷면이라는 사실을 알려준 텔로머라아제telomerase에 관한 놀라운 이야기가 그 시작점이다. 텔로머라아제는 RNA에 의해 작동하는 효소다. 이어 우리는 세포 속 mRNA를 끄는 스위치로 작동하는 작은 RNA들이 질병 치료에 어떻게 응용되고 있는지 알아볼 것이다.

RNA가 우리를 치료하기만 하는 것은 아니다. 우리를 죽일 수도 있다. 소아마비에서 SARS-CoV-2에 이르기까지 RNA는 역사상 가장 치명적인 바이러스의 유전 물질이다. 이러한 바이러스들만 보면 RNA는 그야말로 악당처럼 보인다. 하지만 mRNA 백신을 통해 RNA는 우리를 코로나19로부터 지키고, 나아가 암을 비롯한 다양한 질병으로부터 보호할 가능성을 엿볼 수 있다.

마침내 RNA는 DNA에 대한 최고의 설욕을 한다. DNA 자체를 개조하는 시스템인 크리스퍼의 힘을 빌려서 말이다. 크리스퍼는 이미 기초 과학 연구에 혁명을 일으켰으며 의학 발전, 기후 변화 완화 등 다양한 분야에 적용될 날이 머지않았다. 자연에서 갖가지 필수적인 기능을 수행하도록 이끄는 바로 그 다재다능함 덕분에, RNA는 생명을 개조하고 재정의하려는 생체공학, 의공학자에게 완벽한 도구가 되었다.

• • •

이 책의 주인공인 RNA가 지구상 모든 생명체에 존재하고 40억 년 동안 존재해왔던 점을 고려하면, RNA 이야기를 온전히, 그리고 빠짐없이 전하는 것은 불가능하다. 그래서 어떤 내용을 포함하고 어떤 내용을 제외할지 머리 빠지게 고민하며 어려운 결정을 내려야 했다. 그뿐만 아니라 독자들이 과학 개념을 더욱 쉽게 이해할 수 있도록 좀 더 단순하게 설명할 필요가 있었다. 예를 들어, 본문에서는 RNA를 스파게티에 비유하기도 하고 RNA 스플라이싱 반응을 워드프로세서의 '복사해서 붙여넣기' 기능과 비교하기도 했다. 이러한 단순한 표현이 일부 동료 과학자들의 심기를 거스를지도 모른다. 하지만 아내와 동료 생화학자들이 종종 내게 깨우쳐 주듯, 나는 그들을 위해 이 책을 쓰고 있는 게 아니다.

그 밖에도 나는 또 다른 방식으로 동료 과학자들을 불편하게 할지 모른다. 이 책에서 나는 RNA 자체에 초점을 두고 이야기를 풀어나갔다. 그래서 비록 이 책에 우연히 핵심적인 발견에 도달했거나 몇 번 잘못된 길을 갔다가 결국 진실을 밝힌 연구자들이 등장하기는 해도, RNA 연구자들을 전부 아우르지는 못했다. 또한 이 책에서 다루는 과학 주제에 관해 주석을 통해 더 많은 연구자를 언급하려 노력했지만[4], 미처 다루지 못한 몇몇 분들이 있을 수 있는 점 미리 양해 부탁드린다. 오늘날 RNA 연구의 놀라운 점 중 하나는 대부분의 발견에, 마치 럭비 경기처럼 끊임없이 공을 주고받는 여러 명의 기여자가 존재한다는 사실이다. 럭비와 마찬가지로 연구자들은 때때로 얽히고설켜서 한순간 공이 안 보이기도 한다. 경쟁이 치열하고 지저분한 데다 때로는 고통이 따르지만, 그럼에도 영광의 순간들로 빛나는 게임이다.

1부 불멸의 촉매제 RNA

차례

2부 생명의 설계도를 다시 쓰다

The CATALYST

RNA and the Quest to Unlock Life's Deepest Secrets

1부

불멸의 촉매제 RNA

RNA의 여러 형태와 기능

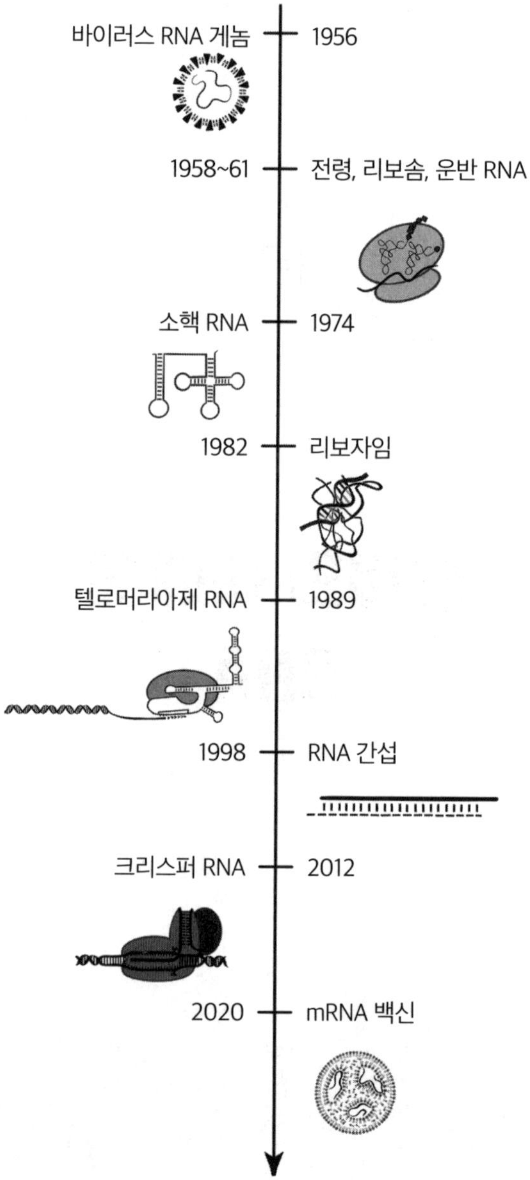

1장

전령

THE MESSENGER

조지 가모프George Gamow는 생명의 암호 해독에 관심을 갖기 전에 이미 과학계의 여러 난제들을 해결한 인물이다. 1904년 흑해의 항구 오데사에서 태어난 가모프는 6살 무렵 가족과 함께 살던 아파트 옥상에서 핼리 혜성을 본 이후로 우주에 대해 깊이 생각하게 되었다. 그로부터 40년 후, 가모프는 우주가 소위 '빅뱅'에서 시작되었다는 이론을 주창해 전 세계적으로 유명해졌다.[1] 동료 과학자들은 그를 천재이자 괴짜로 여겼다. 닐스 보어Niels Bohr는 가모프를 노벨상을 수상한 양자역학의 선구자에 빗대 "제2의 하이젠베르크"[2]라고 일컬었으며, 제임스 왓슨은 그를 "원자에서 유전자로, 다시 우주여행으로 넘나드는 덩치 큰 악동"[3]이라고 묘사했다.

가모프는 198센티미터에 달하는 키뿐만 아니라 굉장히 진지한 학술적 분위기에서도 장난기 넘치는 유머 감각을 잃지 않아 돋보였다. 예컨대 제자 랠프 알퍼Ralph Alpher와 함께 연구한 '화학 원소의 우주론적 기원에 대한 이론'을 발표할 때, 가모프는 단지 그리스 알파벳인 알파, 베타, 감마 순서에 따라 논문에 저자 이름을 표기하고 싶다는 이유만으로, 관련 없던 동료 한스 베테Hans Bethe를 공동 저자에 끌어들이기도 했다.

1933년 소련을 떠난 가모프는 1년 뒤 미국에 망명했다. 이후 가모프는 20년 동안 워싱턴 D.C.의 조지워싱턴 대학교에서 물리학을 가르친 후 내가 근무하는 콜로라도 대학교로 옮겨왔다. 이 캠퍼스에서 가장 높은 건물이자 물리학과가 자리한 가모프 타워는 그의 이름을 딴 것이다. 이제껏 핵물리학과 우주론에 관심을 기울였지만, 1950년대 초에 접어들면서 가모프는 가장 신명 나고 풀리지 않은 과학적 질문은 우주의 기원이나 아원자 입자의 움직임과는 무관하다는 사실을 확신하게 되었다. 실제로 그러한 질문은 물리학과 아무런 관련이 없다 해도 과언이 아니었다.

1953년 6월, 가모프는 〈네이처Nature〉지에 실린, DNA 구조가 이중나선임을 밝힌 제임스 왓슨과 프랜시스 크릭의 기념비적인 논문을 읽었다. 이 구조는 그동안 큰 수수께끼였던, 유전자 정보가 한 세대에서 다음 세대로 전달되도록 복제되는 방식에 대해 깔끔한 해결책을 제시했다. DNA 가닥을 따라 배열된 **염기**base•라 불리는 4개의 화학적 단위는 이중나선의 또 다른 가닥에 자리한 상보적인 염기와 서로 염기쌍base pairs을 형성한다. 아데닌(A), 티민(T), 구아닌(G), 사

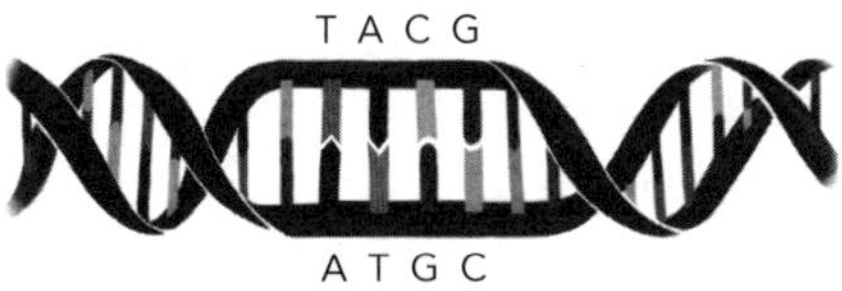

염기쌍은 DNA 이중나선의 두 가닥을 서로 붙든다. 그림에서 나선이 풀린 가운데를 보면 A-T, G-C 염기쌍이 잘 드러난다.

이토신(C)이 이 염기들의 이름이다. A는 항상 T와 짝을 지으며, G는 항상 C와 짝을 짓는다.

이중나선은 꼬인 지퍼처럼 생겼다. 두 가닥은 항상 완벽하게 상호 보완적이다. 따라서 이 지퍼를 풀면 어느 한 가닥은 반대편 가닥의 구조를 알려줄 모든 정보를 갖췄을 것이다. 왓슨과 크릭은 유전자 정보가 이 구조를 통해 복제되는 게 틀림없다고 추론했다.

1953년 7월 8일, 가모프는 왓슨과 크릭에게 편지를 보내 생물학을 '정밀한 과학'[4]으로 격상시켰다며 공로를 치하했다. 그리고 모든 이의 마음속에 떠올랐을 바로 그 위대한 질문에 답하기 위한, 분야를 넘어선 공동 연구를 하자는 대담한 제안을 했다. DNA 가닥의 A, T, G, C에 암호화된 정보는 대체 어떤 방식으로 해독되어 손, 심장, 간, 뇌라는 구체적인 실체가 되는 걸까? 또한 그 정보는 어떻게 그리고

● A, T, G, C라는 약어는 염기와 뉴클레오티드에 모두 쓰인다. 뉴클레오티드란 디옥시리보스 당과 인산기에 염기가 결합한 것을 말한다. 각 뉴클레오티드의 정식 화학적 명칭은 아데노신, 티미딘, 구아노신, 시티딘이다. 뉴클레오티드와 염기를 구분하는 것이 생화학적으로 중요하기는 하지만, 그것들이 주는 정보와 내용은 동일하다.

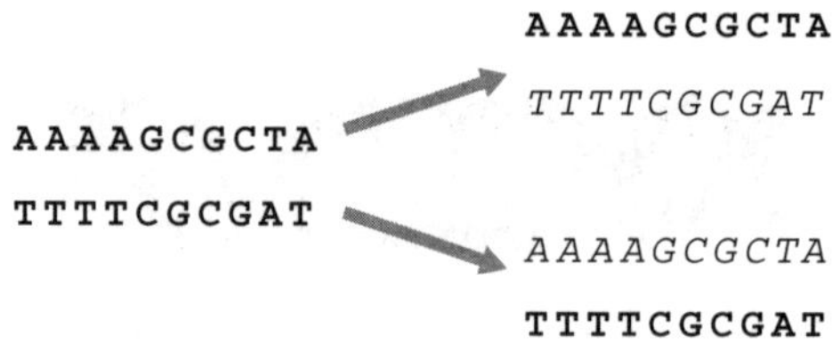

진한 글씨는 부모 DNA를 나타내며, 기울인 글씨는 새로 합성된 딸 DNA를 나타낸다.

르 멘델Gregor Mendel이 정원에서 키운 주름지거나 매끄러운 완두콩이라는 형질로 이어질까? 아우구스티노 수도회 수도사였던 멘델은 이러한 형질이 어떤 기본 단위로 세대를 넘나들며 전해진다고 처음 제안했는데, 이 단위를 오늘날 우리는 유전자라고 부른다. 가모프는 왓슨과 크릭이 이 유전 암호를 해독하기 위해 수학과 물리학을 활용하는 것을 돕겠다고 제안했다.

왓슨과 크릭은 일단 가모프라는 저명한 물리학자가 자신들의 연구에 관심이 있다는 데 우쭐했다. 하지만 왓슨의 회상에 따르면 가모프의 손편지는 "엉뚱한 면모가 꽤나 많아서 그가 얼마나 진지하게 말하는지 의심스러울 정도"[5]였다. 하지만 실제로 가모프는 몹시 진지했다. 이후 몇 달 동안 그는 유전 암호를 해독하는 데 골몰했다. 가모프는 당시 미 해군의 고문이었던 만큼 자신의 연구를 도울 화학자와 물리학자뿐만 아니라 군사 암호학자들까지 영입했다. 그런데 나중에 밝혀진 것처럼, DNA의 수수께끼를 풀려면 결국 DNA 자신의 딸인 리보핵산, 즉 RNA가 필요했다.

넥타이에 싸인 수수께끼

생물학 용어로 '유전자 암호 해독'이란 DNA가 어떻게 **단백질**을 암호화하는지 알아내는 과정을 뜻한다. 생명체는 단백질로 구성된다. 단백질은 우리 생물권의 모든 유기체에서 파워 인플루언서와 같은 중요한 요소다. 사람의 몸에서 어떤 단백질은 근섬유나 피부, 머리카락처럼 구조를 만든다. 어떤 단백질은 효소가 되어 우리가 먹는 음식을 분해한 다음 그 조각을 재활용해 새로운 세포의 기계장치를 만든다. 우리 세포를 둘러싼 막에 구멍을 뚫어 무기물이나 영양소들을 선택적으로 안에 들여보내고 다른 것들은 내보내는 단백질도 있다. 또한 신호 전달 물질이 되어 바깥 세계로부터 정보를 받아 적절한 세포 반응을 활성화하기도 한다. 바이러스 같은 외부 침입자로부터 우리를 보호하는 항체도 단백질이다. 한마디로, 단백질은 엄청나게 다양한 모습을 지녔다.

화학적으로 말하면 단백질은 수백, 심지어 수천 개의 아미노산으로 이루어진 중합체다. 아미노산이라는 집짓기 블록은 라이신, 발린, 페닐알라닌 등의 이름을 가졌으며 총 20종류가 있다. 각각의 단백질은 아미노산이 특정 순서로 배열된 사슬과 같다.[6] 이 배열에 따라 단백질은 특정한 기능을 가진 3차원 입체로 접힌다. 위에서 음식물을 소화하거나 뇌에서 뉴런의 신호를 전달하는 등의 기능을 한다. 즉 우리는 '식단에서 단백질을 충분히 섭취하기 위해' 생선이나 두부, 식물성 유사 고기를 사용한 임파서블 버거를 챙겨 먹어야 한다는 말을 듣지만, 단백질은 똑같은 하나의 단백질이 아니라 수천 종류다. 게다가 각각의 단백질은 해당 유전자에 의해 암호화되고, 유전자는 DNA로 이루어져 있다.

이렇듯 단백질은 20가지의 아미노산으로 이루어졌지만, 앞에서 살펴봤듯이 DNA는 4개의 염기로 이루어진다. 그러면 한쪽에는 DNA로 구성된 유전자 속 A, T, G, C 배열이 있고, 다른 한쪽에는 여기에 해당하는 단백질을 구성하는 20종류의 아미노산 배열이 있는 셈이다. 가모프는 4개의 DNA 염기 배열이 어떻게 20종류의 아미노산 각각을 지정하거나 암호화하는지 알아내고자 했다. 1954년에 이르러 가모프는 왓슨과 크릭을 비롯해 다양한 분야의 저명한 과학자들을 영입하여, 머리를 모아 이 암호화 문제를 풀고자 했다. 한 사람이 아미노산 하나씩 맡아, 총 20명이었다.

가모프는 학식 높은 암호 해독가들로 이루어진 소규모 친목회 회원들을 위해 RNA 한 가닥을 수놓은 넥타이를 제작했다. 그래서 가모프는 이 모임을 'RNA 타이 클럽'이라고 불렀다. 왜 'DNA 타이 클럽'이 아닌지 궁금하지 않은가? 그 배후에는 제임스 왓슨이 있었다. 왓슨은 세포의 기본 구조 때문에 암호 해독 문제를 푸는 데 DNA보다 RNA에 주의를 더 기울여야 한다고 가모프를 설득했다.[7] 고등 생물체에서 DNA는 세포핵 내부에서 발견되는 반면, 단백질은 세포질이라 불리는 핵 바깥 영역에서 만들어진다.[8] 이렇게 공간이 분리되어 있기에 DNA에서 단백질이 생산되는 장소로 정보를 전달하는 일종의 전령이 꼭 필요했다. 통찰력 있는 많은 과학자들은 RNA가 바로 그 전령이 될 수 있다고 생각했다. RNA는 핵과 세포질 모두에 풍부하게 존재한다고 알려졌기 때문이다.

1900년대 초반 이래로 화학자들은 RNA와 DNA가 같은 생화학적 기원을 가진다는 사실을 알고 있었다. DNA와 RNA의 원래 이름이 데옥시리보핵산과 리보핵산인 것만 봐도 둘이 얼마나 밀접한 관계에 있는지 드러난다. '데옥시(deoxy, 유사한 화합물보다 분자 중의 산소가 적다는 뜻-편집자)'라는 접두어는 DNA가 RNA에 비해 반복되는 단위마다 산소 원자를 하나씩 적게 가졌음을 나타낸다. 추가적인 산소 원자 때문에 RNA는 DNA에 비해 화학적으로 훨씬 불안정하다.

수십 년 동안 DNA와 RNA는 아무런 기능도 없는 화학물질로 여겨졌다.[9] 과학자들의 눈에는 효소라든가 인슐린과 같이 신호 분자로 특정 역할을 맡는 단백질이 DNA나 RNA보다 훨씬 흥미로웠다. 그러다 1944년 오즈월드 에이버리Oswald Avery를 비롯한 록펠러 연구소의 동료 연구자들이 박테리아에 유전적 변화를 일으키는 분자가[10] DNA라는 사실을 발견한 데 이어, 1953년 왓슨과 크릭이 DNA의 이중나선 구조를[11] 발견하면서 비로소 DNA는 생물학의 중심축으로 대두되었다. 이미 1947년부터[12] RNA가 DNA에서 복제된다는 이론이 제시되었던 만큼, 이제 과학자들은 DNA뿐만 아니라 RNA도 생명체 내부의 화학 작용에서 중요한 역할을 할 것이라고 추정했다.

비록 RNA는 단일가닥이고 DNA는 이중나선이라는 특징이 있지만, 둘 다 사용하는 언어는 동일하다. RNA 역시 DNA처럼 4가지 염기, 즉 4개 글자로 이루어진 알파벳으로 구성되어 있다. A(아데닌), G(구아닌), C(시토신)라는 세 글자는 DNA와 똑같다. 다만 DNA라면 T(티민)가 올 자리에 RNA에서는 U(우라실)가 채운다. RNA가 DNA로부터 복제되면, DNA와 같은 정보를 갖게 된다.

언제나 포괄적이고 거대한 이론에 몰두했던 가모프는 일단 연필과 종이를 준비하고 자신의 두뇌를 굴리는 것만으로 암호 문제의 해답을 찾기 위해 노력했다. 그러다 이중나선이 발견된 해인 1953년, 가모프는 3개의 염기가 아미노산 하나를 암호화한다는 이론을 세웠다.[13] 수학적인 추론이었다. DNA나 RNA를 구성하는 4개의 알파벳으로 두 글자의 조합을 가능한 한 많이 만든다고 가정해보자. 그러면 조합의 수는 16가지이므로 총 20개의 아미노산을 아우르기에는 너무 적다. 하지만 4개의 알파벳으로 가능한 한 많은 세 글자 조합을 만들고자 한다면 64개의 트리플렛 코돈(triplet codon, 3개의 염기로 구성된 조합-옮긴이)이 생긴다. 20개의 아미노산을 지정하고도 몇 개 남는다. 염기를 더 길게 붙여도 되긴 하지만 3개로 충분하다. 3개의 염기는 유전자 암호를 다루는 가장 효율적이고 경제적인 형식이다.

그러면 3개의 염기로 이뤄진 각각의 조는 어떤 아미노산을 암호화할까? 비록 가모프가 20세기 당대 최고의 천재들을 한데 모으긴 했지만, 이 고매하신 RNA 타이 클럽 회원들은 넥타이나 맬 줄 알았지 별 도움이 되지 못했다. 1950년대 후반, 가모프는 '순수한 이론에 근거해서는 그 문제의 해법을 찾을 수 없다'[14]고 확신하며 암호 해독을 포기하기에 이른다.

가모프에게 정말로 필요한 것은 생물 버전의 로제타 스톤(고대 이집트어 해독의 시발점으로 꼽히는 발굴품-편집자)이었다. 로제타 스톤이 이집트 상형문자와 고대 그리스어로 쓰였다면, 생명의 로제타 스톤에는 단백질의 아미노산 서열과 이를 암호화하는 RNA 서열이 적혔을 것이다. 하지만 그런 석비는 존재하지 않았고 과학자들은 자기들만의 장치를 고안해야 했다. 그러기 위해 과학자들은 가상의 '전령'이 실제로 존재하는지 확실히 해둘 필요가 있었다. RNA는 정말로 우리 유전자와 생명체를 구성하는 단백질을 잇는 '잃어버린 고리'일까?

내 메시지 받았어요?

1950년대에 제임스 왓슨과 프랜시스 크릭을 포함한 상당수의 과학자들은 RNA가 세포핵의 DNA에서 세포질로 정보를 운반해 그곳에서 단백질이 합성된다는 이론을 열렬히 믿었다. 하지만 막상 과학자들이 RNA가 전령이라는 실험적 증거를 찾아 나서자 처음에는 소득이 없었다. 가장 먼저 실망을 안겼던 점은 어떤 단백질이 합성되든 세포질에 있는 대부분 RNA들의 A, G, C, U 비율은 같다는 사실이었다. 이는 말도 안 되는 일이었다. 마치 베토벤의 9번 교향곡이 레이디 가가의 노래 〈배드 로맨스〉와 음표의 구성 비율이 정확히 같다는 말과 같다. 완전히 다른 장르의 음악인 만큼 파 샵이니 레 플랫이니 하는 음표들도 다르게 분포할 것이라고 누구나 예상할 수 있다. 마찬가지로 아미노산 조성이 제각각인 단백질이라면 그것을 결정하는 mRNA(messenger RNA의 약어)에서 A, G, C, U의 비율이 달라야 한다.

과학자들이 두 번째로 실망한 이유는 세포질에 있는 RNA가 대부분 매우 안정적이라는 점이었다. 한번 생겨난 RNA는 수명이 아주 길었다. 하지만 과학자들은 세포에서 만들어지는 단백질들이 불과 몇 분 만에 한 세트에서 아예 다른 세트로 재빨리 바뀌는 경우를 보아왔다. 예컨대 박테리아에게 주는 양분을 바꾸면 박테리아는 예전 음식물을 소화할 때 사용하던 효소를 더 이상 생산하지 않고 곧장 새로운 음식물에 맞는 효소를 생산하기 시작한다. 마찬가지로 박테리아가 바이러스에 감염되면(박테리오파지, 줄임말로 '파지'라고 불리는 바이러스는 박테리아를 숙주로 삼는다), 박테리아는 박테리아 고유의 단백질을 생산하는 대신 파지의 단백질을 생산한다. 따라서 진정한 mRNA라면, 필요에 따라 만들어내는 단백질을 재빨리 그때그때 바꿀 수 있도록 불안정한 특성을 가질 필요가 있다. 그렇지만 세포에서 발견되는 대부분의 RNA는 마치 돌덩이처럼 안정적이라서 과학자들이 찾던 전령 역할을 수행하기에는 적합하지 않은 것처럼 보였다.

보이지 않는 전령 RNA가 반드시 존재한다고 여전히 믿는 과학자들 가운데 파리 파스퇴르 연구소의 프랑수아 자코브François Jacob와 자크 모노Jacques Monod가 있었다. 박테리아의 유전자가 어떻게 켜지고 꺼지는지에 대해 중대한 발견을 한 두 사람은 이제 RNA로 관심을 돌리던 참이었다. 1960년, 영국 케임브리지 대학교를 방문한 자코브는[15] 킹스 칼리지의 시드니 브레너Sydney Brenner 연구실에서 친구였던 프랜시스 크릭, 브레너를 비롯한 몇몇 연구자를 만났다. 그 자리에서 자코브는 박테리아 유전자가 어떻게 조절되는지에 관한 자신의 최신 실험에 대해 설명했다. 화제는 곧 유전자와 단백질의 연결고리가 될 mRNA의 역할에 대한 흥분 섞인 추측으로 바뀌었다.

갑자기 크릭과 브레너가 거의 동시에 벌떡 일어났다. 미국 테네시에 자리한 오크리지 국립 연구소에서 일하는 두 연구자 켄 볼킨Ken Volkin과 래리 애스트러찬Larry Astrachan의 최근 실험이 떠올랐기 때문이다. T2라는 이름의 파지에 감염된 대장균에 대한 연구에서 볼킨과 애스트러찬은 세포 내의 안정적인 RNA(세포의 단백질 공장인 리보솜에 박혀 있는 '리보솜 RNA'로 밝혀진)[16]보다 작은, 새로운 RNA가 빠른 속도로 형성되는 것을 관찰했다. 여러 복합적인 이유로 볼킨과 애스트러찬은 이 실험 결과를 RNA가 DNA로 변형되고 있음을 보여주는 것으로 해석했다. 그런데 만일 이들이 그동안 베일에 가려진 mRNA를 살짝 들춰본 거였다면?

이는 흥미로운 가설이었지만, mRNA 가설을 명확히 입증하기 위해서는 추가적인 직접 검증 실험이 필요했다. 몇 주 후, 시드니 브레너와 프랑수아 자코브는 유전학자 매튜 메셀슨Matthew Meselson을 만나기 위해 캘리포니아 공과대학교로 향했다. 이들 셋은 매우 중요한 실험을 할 예정이었다. 메셀슨과 그의 동료 프랭크 스탈Frank Stahl은 최근 DNA 복제 과정에서 이중나선의 가닥들이 분리된다는 왓슨과 크릭의 추측을 실험하고자 초고속 원심분리기를 포함한 새로운 기법을 활용했다. 그 결과 각각의 자손 이중나선이 모체 DNA의 '오래된' 가닥 하나와 여기에 새로 합성된 가닥 하나가 짝을 이룬다는 사실이 발견되었다. 왓슨과 크릭의 이론을 뒷받침하는 결과였다.

이제 브레너, 자코브, 메셀슨은 리보솜 RNA라는 커다란 건초더미에서 mRNA라는 바늘을 찾기 위해 이 초고속 원심분리기를 활용할 예정이었다. 그 계획은 대장균 박테리아에 파지를 감염시켜 박테리아가 생산하는 단백질의 종류를 바꾸는 것이었다. 파지를 넣어주는 동시에 방사성을 띤 우라실(탄소-14로 표지된)을 넣어줘서 새로 만들어지는 파지 mRNA에 끼어들어갈 수 있도록 했다. 기존의 박테리아

RNA에는 방사성 우라실이 들어가지 않는다. 만약 mRNA 가설이 옳다면 새로운 파지 mRNA는 그 순간 모습을 드러낼 것이다. DNA와 단백질 사이를 잇는 잃어버린 고리를 찾아내는 셈이다.

실제로 브레너, 자코브, 메셀슨은 초고속 원심분리기에서 방사성 파지 mRNA를 발견했는데, 리보솜 RNA보다 크기가 작았다. 예상대로 이 RNA는 수명이 짧았고, 감염된 박테리아에 있던 리보솜과 협동해 파지가 비열한 짓을 하는 데 필요한 새로운 종류의 단백질들을 생산했다.[17] 마침내 그토록 꼭꼭 숨어 있던 mRNA를 찾은 것이다.

이러한 생물학적 현상을 전축에 빗댈 수 있다. 리보솜은 턴테이블, mRNA는 엘피판, 바늘을 내렸을 때 들리는 음악은 단백질이다. 기분에 따라 엘피판을 바꿀 수는 있지만 기본적인 설정은 같다. 전축으로 어떤 엘피판이든 재생할 수 있는 것처럼, 리보솜도 어떤 mRNA에든 작동할 수 있다. 어떤 음악이 나올지 엘피판에 따라 결정되는 것처럼, 어떤 단백질이 생산되는지는 mRNA에 의해 결정된다. 파지 단백질이든 대장균 단백질이든 말이다.

과학자들이 mRNA를 발견하기 어려웠던 이유는 대장균이 가진 RNA 가운데 mRNA가 약 5퍼센트에 불과하기 때문이다. 나머지 95퍼센트는 리보솜 RNA가 대부분이다. 게다가 대장균은 4,000개의 서로 다른 유전자를 가졌는데, 여기서 각각 크기와 서열이 다른 mRNA를 만든다. 따라서 어떤 mRNA든, mRNA를 전부 모은 5퍼센트보다 훨씬 적다. 마지막으로 대장균의 mRNA 대부분은 수명이 몇 분밖에 되지 않아 포착하기가 쉽지 않다. 여기에 비하면 리보솜 RNA는 세포질 어디에나 존재할 뿐 아니라 수명도 매우 길다. 선구적인 과학자들조차 리보솜 RNA를 헤치고 mRNA를 찾아내기까지 왜 그렇게 오랜 시간이 걸렸는지 납득이 간다.

DNA 언어로 적힌 생명 암호책의 열쇠, RNA

앞서 언급했듯이 전축에 비유하여 설명하면 리보솜과 mRNA가 협동해서 단백질을 생산하는 방식을 이해하는 데 도움이 된다. 하지만 RNA가 어떻게 단백질을 암호화하는지 이해하려면 음악을 끄고 책을 펼쳐야 한다.

책을 열면 글자, 단어, 문장 같은 글말이 가득하다. 영어는 26개, 히브리어는 22개의 알파벳으로 이루어진다. 그런데 DNA 언어로 적힌 생명체라는 책에는 A, G, C, T 단 네 글자뿐이다. 이 네 글자의 배열 방식과 순서, 즉 서열이 단어와 문장의 의미를 결정짓는다.

그렇다면 생명체 속 의미를 포착하려면, 즉 주어진 유기체 속 모든 DNA를 담아내려면 몇 권의 책이 필요할까? 답은 물론 게놈genome의 크기에 따라 달라진다. 게놈이란 유기체 안에 있는 DNA의 총체다. 사람의 게놈은 23개의 염색체• 속에 들어 있으며 약 30억 개의 염기, 즉 글자를 가지고 있다.

• 염색체에는 DNA가 단백질과 함께 포장되어 있다. 사람의 정자와 난자 세포는 23개의 염색체로 구성된 한 세트를 가지고, 그 밖의 신체를 이루는 세포는 각각 엄마의 염색체와 아빠의 염색체로 구성된 두 세트를 가진다.

한 페이지에 약 3,000자가 들어가는 보통의 글꼴로 사람의 게놈을 전부 기록하려면 100만 페이지는 된다. 두꺼운 책 한 권이 대략 500페이지이므로, 게놈을 담으려면 약 2,000권의 책이 필요하다. 가정집 서재에 두기에는 너무 많지만, 지역 공공 도서관의 소장 도서에 비하면 일부에 지나지 않는다. 여기서 단 하나의 선형 DNA 분자로 이루어진 인간 염색체 하나는 약 90권의 책에 해당한다. 대장균 같은 박테리아의 게놈은 훨씬 작아서 전체 게놈이 하나의 원형 염색체에 들어 있다. 대장균의 염색체에는 450만 개의 염기가 들어 있어 책 3권이면 충분하다.

앞에서 살펴본 것처럼 단백질을 생산하려면 DNA에 적힌 정보를 리보솜에 가져갈 전령, 즉 mRNA가 필요하다. 그런데 자연적으로 생기는 RNA는 DNA라는 커다란 책의 페이지 전체에 대한 복사본이 아니다. 그보다는 특정한 시작점과 끝점을 가지며, 다음 페이지로 넘어가면서 문장이 갑자기 뚝 끊어지는 경우가 드물다. 그러므로 mRNA는 물리적인 책의 페이지를 복사한 결과물이라기보다는 몇 번의 클릭으로 전자책에서 다른 전자 문서로 복사한 텍스트의 일부로 생각할 수 있다. 우리는 전자 문서에서 커서를 움직여 특정 부분을 긁은 다음 워드 프로세서의 새로운 페이지에 붙여 넣는다. (그리고 '찾기'와 '바꾸기' 기능을 사용하면 DNA의 T를 RNA의 U로 전부 손쉽게 변경할 수 있다. 자연에서도 이러한 화학반응이 일어난다.)

새로운 단백질을 합성할 때마다 우리 몸에서는 DNA에서 mRNA가 복사되는 '복사-붙여넣기'가 끊임없이 일어난다. mRNA로 복사되는 DNA 영역은 특정 시간과 장소에 무엇이 필요한지에 따라 달라진다. 예컨대 성장기 어린이의 몸에서 복사되는 DNA의 영역은 성인과 다르다. 또한 뇌와 간, 피부에서 복사되는 게놈의 영역은 심장과 또 다르다. 다시 말해 DNA 복사는 매우 엄격하게 조절된다.

이렇듯 복사와 붙여넣기가 끝나면 그 결과물인 mRNA의 서열을 살필 수 있다. 예를 들어 다음과 같이 A, G, C, U의 배열로 이루어진다.

GUAGGGCAUGCCUUCGAAAAUAUUUUGUUAGCGCCUCCUUGGAGU
AGAA

우리가 이 mRNA를 따라 늘어선 3개의 염기 묶음, 즉 트리플렛 코돈을 해독할 수 있다고 해보자. 우리의 사전은 다음과 같다. 아미노산 대신, 각 트리플렛 코돈에 일상적인 단어들을 대응시켰다.

이 사전에는 단어가 아주 적다. 자연에 존재하는 20개 아미노산에 대응하는 20개의 단어뿐이다. 이 가운데 몇몇 단어는 하나의 코돈에 의해 암호화된다. 예컨대 UGG는 '재미있다'에 대응한다. 반면에 다른 단어들은('달리다', '~밖으로', '태양' 등의) 하나 이상의 코돈에 의해 암호화된다. 유전자 암호도 마찬가지다. 하지만 여러분은 자연이 20개의 단어(아미노산)를 암호화하는 데 어째서 그렇게 많은 코돈(총 64개)을 사용하는 시스템을 진화시켰는지 궁금해할지도 모른다. 더 깔끔하고 우아한 방법은 없을까?

겉보기에 우아함과는 거리가 먼 생물학의 이 특성 때문에 가모프 같은 물리학자들이 나자빠진 것이다. 물리학에서 사건은 대체로 예측 가능하다. 만약 여러분이 맥스웰 방정식을 안다면 고전 물리학 문

AUG = 그	GGA = 여섯
CCU = 큰	GUA와 GUU = ~를 위한
UCG와 UCC=고양이	GAA와 GAG = 당신
AAA와 AGA=먹었다	AAU = 지금
AUA = 하나의	AUU = 보다
UUU = 통통한	UUG = 여우
UGU와 UAU = 쥐	UUA와 UAA = 달리다
CGC = 하지만	GCG와 GCC = ~밖으로
CUC = 둘	UGG = 재미있다
CUU = 그리고	AGU와 AGC = 태양

제를 풀 수 있다. 하지만 생물학에서 단 하나의 규칙은 바로 '뭐든 되기만 하면 오케이'다. 어떤 시스템이 아무리 복잡하고 꼬여 있어도 일단 잘 작동하기 시작하면 진화 과정이 그것을 그대로 고정해, 이제 바꾸기가 매우 어려워진다. 아무리 솜씨 좋은 공학자가 더 간단하거나 효율적인 시스템을 고안할 수 있어도 아무 의미 없다.

코돈의 문자열을 의미 있는 단어로 변환해 메시지를 해독하는 방법을 알았다면, 다음은 메시지가 어디에서 시작하고 어디에서 끝맺는지 알아야 한다. '~를 위한'이라는 의미의 GUA부터 시작해 왼쪽 끝에서 오른쪽 끝까지 읽으면 될까? 그것도 말이 되긴 하지만, 자연에는 다른 방식이 있다. AUG라는 3개의 염기로 문장의 시작을 알리는 것이다. AUG가 암호화하는 '그'에서부터 문장을 시작한다는 게 우리의 규칙이다. 왼쪽 끝에서 문자열을 훑어 제일 처음 등장하는 AUG를 찾았다면, 이제 사전을 손에 쥐고 해독을 시작한다.

GUAGGGC AUG CCU UCG AAA AUA UUU UGU UAG CGC CUC CUU GGA GUA GAA

그 큰 고양이는 먹었다 하나의 통통한 쥐를

별 문제 없이 암호를 해독하던 우리는 UAG 코돈에 도달했을 때 곤란해진다. 여기에 해당하는 단어를 사전에서 찾을 수 없기 때문이다. 그럼 이 코돈은 어찌해야 할까? 아, 맞다! 문장을 시작했으니 끝맺음을 표시하는 트리플렛 코돈이 필요하지 않은가. 바로 마침표다.● 이제 항목 하나를 덧붙이자.

UAG = 문장의 끝 = 마침표

암호 해독이 끝났다.

GUAGGGC AUG CCU UCG AAA AUA UUU UGU UAG CGC CUC CUU GGA GUA GAA

그 큰 고양이는 먹었다 하나의 통통한 쥐를.

이제 시작 코돈인 AUG와 종결 코돈인 UAG를 정했으니 코돈과 코돈 사이에 공백을 두어 구분할 필요가 없다. 다음과 같이 연속적인 mRNA 염기의 문자열이 주어졌다 해도, 한 번에 세 글자씩 읽는다는

● 시작 코돈 앞쪽과 정지 코돈 뒤쪽의 뉴클레오티드는 우리가 해독하는 '문장(또는 유전자)'의 일부가 아닐 것이다. 하지만 다른 조절 기능을 가질 수 있다.

것만 알면 여전히 동일한 정보를 얻을 수 있다.

GUAGGGCAUGCCUUCGAAAAUAUUUUGUUAGCGCCUCCUUGGAGUAGAA

그 큰 고양이는 먹었다 하나의 통통한 쥐를.

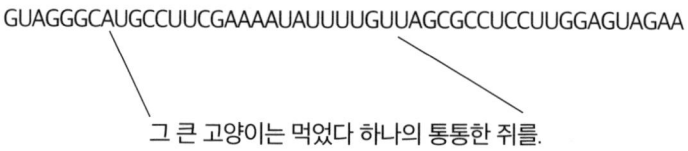

그런데 1950년대에는 코돈이 3개의 염기로 이뤄진다는 가모프의 가설이 아직 그럴 법한 추측에 불과했다. 그러다 1961년 프랜시스 크릭과 동료들의 기발한 실험들이[18] '트리플렛 코돈'을 마침내 입증해 냈다. 아크리딘 염료를 이용해서 파지 유전자에 돌연변이를 일으킨 실험이었다. 아크리딘 염료는 DNA 염기와 매우 비슷하게 생긴 납작한 분자여서 DNA가 복제될 때 이중나선으로 스르륵 미끄러져 들어가곤 한다. 염기인 척 딸 DNA에 잘못 삽입되는 것이다. 책장 한 칸에 한 줄로 꽉 채워진 책을 상상해보자. 여기에 다른 책 하나를 꽂아 넣으려면 그 뒤에 오는 모든 책을 한 권의 폭만큼 밀어 옮겨야 한다. 또한 두 권을 꽂으려면 두 권의 폭만큼 옮겨야 한다.

앞에서 살펴본 언어적 비유를 통해 이러한 삽입이 전하려는 메시지에 어떤 영향을 미칠지 알 수 있을 뿐만 아니라 다중 삽입이 어떻게 트리플렛 코돈이라는 개념을 뒷받침하는지 깨닫게 된다. 앞에서 살펴본 가상의 메시지가 여기에 다시 등장한다. 시작 코돈과 종결 코돈은 이탤릭체로 표시했다.

GUAGGGC *AUG* CCU UCG AAA AUA UUU UGU *UAG* CGC CUC CUU GGA GUA GAA

그 큰 고양이는 먹었다 하나의 통통한 쥐를.

그러면 아크리딘 염료가 밑줄 쳐진 U를 이 배열에 무작위로 삽입할 때 어떤 일이 벌어질까?

GUAGGGC *AUG* CCU UCG UAA AAU AUU UUG UUA GCG CCU CCU UGG AGU AGA

그 큰 고양이는 뛴다 이제 본다 여우가 달리는 걸 밖으로 크고 큰 재미있는 태양을 먹었다

비록 이 문장은 별 문제 없이 제대로 시작했지만 U가 삽입되면서 배열을 읽는 틀 자체가 이동했다. '틀 이동 돌연변이'라 불리는 이 돌연변이는 사람의 게놈에서 꽤 자주 발생하며 낭포성 섬유증, 크론병, 테이-삭스병 같은 심각한 질병을 유발할 수 있다. 이렇게 틀이 이동하면 그 뒤에 오는 문장 전체가 말이 되지 않기 때문에 큰 문제를 야기한다. 게다가 문장이 끝났음을 알리는 UAG가 이제 틀 밖으로 벗어났기에 말도 안 되는 문장은 계속 이어진다. 만약 이것이 단백질을 암호화하는 mRNA라면 쓸모없는 단백질을 만들어내고 말 것이다.

이제 문자 배열에 2개의 아크리딘이 더해지며 염기 2개가 끼어들어가는 효과가 발생할 때 어떤 일이 벌어지는지 살펴보자. 이것은 하나의 염기를 삽입할 때와 마찬가지로 엉망진창이다.

GUAGGGC *AUG* CCU UCG <u>UUA</u> AAA UAU UUU GUU AGC GCC UCC UUG GAG *UAG*

그 큰 고양이가 달린다 먹었다 쥐 통통한 그것을 위해 태양 밖으로 고양이 여우 당신.

이 경우에는 틀이 이동하면서 오른쪽 끄트머리에 종결 코돈인 UAG를 만들어내기는 하지만, 그래도 문장은 여전히 말이 되지 않는다. 만약 이것이 mRNA라면 여기서 생산된 단백질은 역시 쓸모없을 것이다.

마지막으로, 3개의 염기가 삽입되면 어떤 결과를 일으킬까?

GUAGGGC *AUG* CCU UCG <u>UUU</u> AAA AUA UUU UGU *UAG* CGC CUC CUU GGA GUA

그 큰 고양이는 통통한 먹었다 하나의 통통한 쥐를.

만약 이 암호가 3개의 염기로 이뤄진 트리플렛 코드라면, 중간에 '통통한'이라는 엉뚱한 단어 하나가 끼기는 해도 다른 단어들은 정확할 것이다. 문장도 어느 정도 이해할 만하다.

크릭과 동료들이 가모프의 가설을 검증한 결과가 바로 이와 같았다. 한 번의 삽입도, 두 번의 삽입도 치명적인 결과를 몰고 왔다. 하지만 세 번 삽입한 결과, 어느 정도 제 기능을 하게 되었다! 따라서 코돈은 3개의 염기그룹임이 분명해진다.

암호를 해독하다

가모프와 RNA 타이 클럽은 유전자 암호가 세 글자로 쓰였으며, DNA와 단백질 사이에 RNA라는 다리가 놓여 있을 가능성이 높다는 사실을 알아냈다. 후자를 확인한 건 브레너와 자코브를 비롯한 동료들이었다. 그에 따라 DNA 정보를 세포의 단백질 생성 기계인 리보솜으로 공급하는 것이 mRNA임이 명확히 입증되었다. 그렇지만 여전히 그 정보가 무엇인지 읽어낼 수는 없었다. 1960년대가 밝았지만 유전자 암호는 해독 못 한 채로 남아 있었다. 그러다 마셜 니른버그Marshall Nirenberg라는 젊은 과학자가 등장하면서 상황이 달라졌다.

1959년에 니른버그는 미국 메릴랜드주 베데스다에 있는 국립 관절염, 대사 질환 연구소에서 독립 연구자로 일하게 되었다. 플로리다 대학교에서 수생 유충과 나방 비슷한 성충을 가진 굴뚝날도래를 연구해 석사 학위를 받은 니른버그는(벌레를 연구하는 것으로 과학자 경력을 시작했다는 사실을 인정하기가 꺼림칙했는지 노벨상 수상자 강연에서 그 사실을 뺐다) 이후 생화학으로 전공을 바꿔 박사학위를 받았다. 그리고 유전자 암호를 해독하기 위한 야심 찬 행보를 보였다. 이 분야를 선도하는 연구자들과도 연결고리가 없었고 단 한 번도 RNA 타이 클럽에 초대받은 적이 없던 그였다. 그럼에도 니른버그는 펜과 종이로만 연구하는 가모프의 방식에서 벗어나, 생화학을 활용해 암호 문제에 도전하기로 결심했다. 그러기 위해서는 mRNA가 단백질로 변환되는 단백질 합성 과정을 시험관 속에서 재창조하는 작업이 필요했다.

당시 보스턴 매사추세츠 종합병원의 생화학자 엘리자베스 켈러

Elizabeth Keller와 폴 자메크니크Paul Zamecnik는 쥐의 간에서[19] 얻은 성분을 이용해 세포 밖에서 단백질을 합성하는 획기적인 방법을 개발했다. 니른버그의 작업은 이 동료 생화학자들의 연구를 바탕으로 구축되었다. 이후 자메크니크를 비롯한 연구자들은 대장균 추출물을 이용해 같은 일을 할 수 있다는 것을 밝혔다. 이것은 니른버그가 연구하는 기본 시스템이 되었다. 간단히 정리하면 대장균 박테리아를 으깨서 리보솜을 추출한 다음, 여기에 단백질 합성을 위한 주형으로 서로 다른 RNA 서열을 추가하는 방식이었다.•

여러 번의 실패 끝에 니른버그와 그가 지도하던 박사 후 연구원 하인리히 마테이Heinrich Matthaei는 전체가 U 염기만으로 이뤄진 '폴리(U)'라 불리는 단순한 RNA 분자가 페닐알라닌이라는 아미노산으로만 구성된 단일한 단백질을 합성한다는 사실을 우연히 발견했다. 어디서부터 읽기 시작하든 UUU라는 한 종류의 트리플렛 코돈만 존재하며, 그 코돈은 페닐알라닌으로만 번역(세포핵 밖으로 RNA가 나와서 RNA의 유전 정보로부터 단백질이 합성되는 과정-편집자)된다는 것이 폴리(U)의 매력이었다. 그렇게 유전자 암호 퍼즐의 첫 번째 조각이 풀렸다. UUU는 페닐알라닌을 암호화한다.[20]

이제 나아갈 길은 명확해졌다. 리보솜에 다른 RNA 서열을 공급하고, 그 결과 어떤 단백질이 나오는지 확인하는 것이다. 이러한 접근

• 단 리보솜이 mRNA에서 시작 신호(앞선 사례의 AUG 같은)를 필요로 하지 않으며 mRNA 사슬을 따라 무작위로 작업을 시작한다는 것이 니른버그가 했던 실험의 전제 조건이었다.

법을 통해 폴리(C)와 폴리(A)는 각각 프롤린으로만 이뤄진 폴리프롤린, 그리고 라이신으로만 이뤄진 폴리라이신을 암호화한다는 사실이 밝혀졌다. 그에 따라 코돈 암호표의 미제 항목 3개가 줄고, 61개가 남았다. 물론 이 처음 3개는 간단했다. 코돈을 이루는 3개 글자가 같았기 때문이다. 이보다 복잡한 코돈을 푸는 데는 다른 접근법이 필요했다.

이 대목에서 고빈드 코라나Gobind Khorana●●가 등장한다. 당시에는 인도의 한 지역이었지만 지금은 파키스탄에 속한 라이푸르의 가난한 힌두교 가정에서 태어난 코라나는 영국과 스위스에서 교육을 받았다. 위스콘신 매디슨 대학교에서 교수로 일하던 코라나가 처음 이름을 날린 것은 유전 암호를 해독한 업적 덕분이었다. 코라나와 동료들은 뉴클레오티드를 한 번에 하나씩 이어 붙여 DNA를 화학적으로 합성하는 방법을 개발했다. 그런 다음 이들은 당시에 막 발견된 효소를 사용해 DNA를 RNA로 복사했다.[21] DNA의 염기서열과 여기에서 복사될 RNA의 염기서열을 정확하게 지정할 수 있다는 점이 이 방식이 가진 묘미였다. 이 RNA들은 시험관 속 단백질 합성 시스템에 더해져 특정 아미노산 서열을 결정하는 전령 역할을 하게 된다.[22] 코라나는 세 가지 염기에 대한 가능한 모든 조합을 합성해 시험관 속 단백질 합성 시스템에 집어넣고, 그 결과 어떤 아미노산 가닥

●● 나는 MIT 16동에서 생물학과 박사 후 연구원으로 일했을 때 코라나를 처음 만났는데, 노벨 화학상 수상자였던 그는 18동에서 지냈다. 보스턴의 혹독한 겨울 기후 때문인지 MIT의 건물은 상당수가 연결되어 있었기에 나는 옷을 껴입지 않고도 가벼운 차림으로 화학과를 방문할 수 있었다. 내가 만난 코라나는 겸손하지만 자신의 연구에 흥분해 사람들에게 그 기분을 퍼뜨리는 사람이었으며, 아이오와 출신의 미천한 박사 후 연구원이 불쑥 자기소개를 해도 전혀 개의치 않았다.

이 나오는지 확인하는 방법으로 유전자 암호표를 완성하는 데 기여했다. 1968년 마셜 니른버그와 함께 노벨 생리의학상을 공동 수상하는 데 공헌한 업적이었다.[23]

뉴스에서 이러한 발견에 대해 읽은 가모프는 비록 이 실험적 접근을 비판하긴 했어도, 누군가 마침내 암호 해독 문제를 풀었다는 데 만족했다. 가모프는 이렇게 말했다. "이 해답은 내가 처음에 제안했던 단순한 이론에 비하면 상당히 덜 우아해 보인다.[24] 그럼에도 그것은 정확성이라는 이론의 여지가 없는 장점을 가지고 있다."

작지만 큰일을 하는 RNA

이처럼 mRNA가 특정 단백질을 생산하는 과정에서 사용하는 암호를 밝히는 것은 크나큰 성취였다. 하지만 답을 찾아야 할 중요한 질문은 그 밖에도 더 있었다. 암호표를 손에 넣은 것까지는 좋다. 하지만 이걸로 무엇을 한단 말인가? 암호를 실제로 읽어내는 과정이 있어야 했다. mRNA는 어떻게 아미노산을 올바른 위치에 꿰어 붙여 단백질을 만들까?

1955년 이 질문에 대한 답을 내놓은 사람이 바로 프랜시스 크릭이었다. 크릭이 찾아낸 답은 생물학 이론에서 독보적으로 손꼽히는 업적이었다. 크릭은 그간 알려지지 않았던 일군의 분자들을 떠올리게 된다. 유전 암호라는 거대한 이론에서[25] 무언가 빠져 있다는 순전히 그의 생각만으로 말이다. 두 말단을 가진 '어댑터 분자' 집단을 상상한 것이다. 한쪽 끝은 20가지 아미노산 가운데 하나와 이어질 것이다. 그리고 다른 쪽 끝에서는 이에 대응하는('짝꿍') mRNA의 트리플렛 코돈을[26] 인식하여 결합한다.

아미노산과 mRNA를 연결하는 어댑터 분자는 전자기기를 전원 콘센트에 연결하는 어댑터와 어느 정도 비슷하다. 헤드폰을 충전하려면 제품과 맞는 플러그가 달린 어댑터가 필요한데, 플러그는 우리가 미국에 있는지, 영국에 있는지, 독일에 있는지에 따라 다를 수 있다. 아미노산도 헤드폰과 마찬가지다. 콘센트가 있고 콘센트의 내부 구조에 들어맞도록 3개의 돌기가 달린 플러그('안티코돈'이라 불리는)가 존재한다. 코돈과 안티코돈은 서로 상보적이어서 염기쌍을 이루며 연결된다. 여러 전자기기에 사용하는 멀티탭처럼 어댑터 분자는 한 줄로 늘어서서 mRNA 코돈과 그것에 맞는 아미노산을 연결하고, 아미노산은 사슬처럼 줄줄이 이어져 결국 단백질을 이룬다. 크릭이 제안한 내용은 이 정도였다.

하지만 이론이 이야기할 수 있는 건 여기까지다. 누군가는 실험실에 가서 그런 어댑터가 실제로 존재하는지 확인해야 했다. 이 일을 해낸 사람이 바로 폴 자메크니크다. 그는 니른버그가 최초의 코돈을 발견하는 데 쓰인 단백질 합성법을 개발했다. 자메크니크는 아미노산을 탄소의 방사선 동위원소로 표지하는 일부터 시작했다. 아미노산이 어디로 가는지 추적하기 위해서였다. 마치 은행에서 돈가방에 페인트 폭탄을 숨겨, 도둑이 돈을 훔치더라도 돈이 어디 있는지 추적할 수 있는 것과 비슷하다. 자메크니크가 이 방사성 아미노산을 쥐의 간이 들어간 시스템에 넣어주자 놀라운 일이 벌어졌다. 작은 RNA

프랜시스 크릭에 따르면 mRNA 가닥(맨 아래)의 트리플렛 코돈은 여기에 상응하는 아미노산(이 그림에서는 라이신과 발린)을 운반하는 '어댑터 분자'에 의해 인식된다. 이것은 휴대폰이나 헤드폰 충전 케이블에 달린 어댑터와 유사하다. 어댑터는 3갈래로 갈라진 다양한 모양의 전기 콘센트를 전기기기와 연결한다.

들이 방사성을 띠게 된 것이다. 이는 아미노산이 RNA와 결합했음을 나타낸다. 이러한 결합은 그동안 관찰된 적이 없었지만, RNA 코돈과 아미노산을 연결하는 RNA가 존재한다면 분명 이런 일이 벌어질 터였다.[27] 나중에 이 작은 RNA에는 '전달 RNAtRNA'라는 이름이 붙었다. 리보솜 안에서 합성되는 단백질 사슬에 정확한 아미노산을 전달하기 때문이다. 앞으로 계속 살펴보겠지만, 전달 RNA는 작지만 강력하다.

1960년대 중반에 몇몇 과학자들은 RNA 연구가 사실상 종결되었다고 생각했다. 각각의 mRNA들은 유전 코드에 따라 서로 다른 단백질을 만들어내는데, 그 코드는 이미 해독되었다. 그리고 단백질을 합성하는 데는 안정적인 두 종류의 RNA가 추가로 관여한다. mRNA 코돈을 해당 아미노산에 연결하는 전달 RNA와 단백질을 구성하는 리보솜 RNA다(나중에 더 자세히 살펴볼 예정이다).

심지어 오늘날에도 RNA에 대해, DNA를 위해 허드렛일이나 하는 노가다꾼 정도로 여기는 사람들이 많다. 생명의 암호를 생명을 이루는 물질로 바꾸는 세포 속 기계장치의 바퀴에 기름칠할 뿐인 존재라고 말이다. 물론 이 생물학적인 과정은 지구상의 모든 생명체가 살아가는 데 필수적이다. 여기까지가 RNA 이야기의 끝이라 해도, 이 작디작은 분자가 태산같이 엄청난 일을 해낸다는 사실은 변하지 않는다. 나중에 밝혀진 것처럼, 메시지를 전달하는 일은 RNA가 지닌 대단한 능력 중 하나일 뿐이다.

2장

생명의 조각을 잇다

SPLICE OF LIFE

과학 심포지엄을 열기에 콜드 스프링 하버 연구소만큼 목가적인 장소는 찾기 힘들다. 롱아일랜드 해협에 자리 잡은 이곳은 연구소라기보다는 여름 캠프처럼 보인다. 지붕널을 덮은 오두막과 산들바람에 느긋하게 늘어진 돛단배, 봄철이면 목련, 진달래, 산딸나무가 꽃을 피우며 환하게 빛나는 경사진 잔디밭까지. 1890년에 설립된 이 연구소는 좀 조용하긴 해도 진지한 연구로 명성이 높았다. 이곳은 1940년대 초반 은둔형 유전학자였던 바버라 매클린톡Barbara McClintock이 옥수수 알갱이의 색깔 변화를 추적하는 지난한 실험 끝에 세포 내에서 유전자와 염색체가 어떻게 작동하는지 확인한 장소이기도 하다. '점핑 유전자'라 불리는 매클린톡의 발견은 노벨상으로 이어졌다.

하지만 1968년 제임스 왓슨이 소장으로 부임하면서 연구소의 이런 엄숙하고 조용한 분위기는 극적으로 바뀌었다. 통찰력이 뛰어나고 야망이 넘치는 데다 자기 의견을 남에게 밀어붙이는 성격이었던 왓슨 덕분에 이곳은 중요한 과학적 혁신들을 쉴 새 없이 연달아 만들어내는 에너지 넘치고 강력한 연구소로 탈바꿈했다. 동시에 이 연구소는 분자생물학자들이 서로의 최신 발견을 공유하는 회의장으로도 유명세를 얻었다. 이곳은 예나 지금이나 논문이 출판되기까지 몇 달씩 기다릴 필요 없이 새로운 정보와 지식을 바로 접할 수 있고, 또 새로운 공동 연구를 도모할 수 있는 곳이다.

1977년 6월 콜드 스프링 하버 연구소 심포지엄의 주제는 '고등생물의 염색체 구조와 기능'이었다. 당시 매사추세츠 공과대학교에서 바로 그 주제를 다루는 박사 후 연구원이었던 나는 심포지엄에 참석하게 되어 매우 설렜다. 두 연구팀이 나에게 그야말로 짜릿함을 선사했던 게 아직도 기억난다. 하나는 MIT의 동료 연구자 필 샤프Phil Sharp가 이끄는 팀이었고 다른 하나는 콜드 스프링 하버 연구소에 속한 연구자 리치 로버츠Rich Roberts의 팀이었다. 이들은 발표 무대에 올라 그동안 10년 넘게 과학계를 괴롭히던 수수께끼의 비밀을 밝혔다.

엄청난 수수께끼라니 과연 무엇일까? 대장균과 파지를 이용한 연구를 통해 DNA와 여기서 비롯한 mRNA, 단백질 사이의 관계가 밝혀지자 많은 과학자가 동식물, 특히 인간 같은 더욱 복잡한 유기체를 연구하는 쪽으로 가닥을 잡았다. 연구자들이 생물학적 정보를 저장하고 전달하는 기본적인 특징이 모든 생명체에 공통으로 보존되었을 것이라 기대했던 데에는 충분한 이유가 있었다. 노벨상 수상자 자크 모노가 말했듯이 "대장균에서 사실로 밝혀진 것은 무엇이든 코끼리에서도 사실일 것이다."[1] 하지만 배양기 속 페트리 디쉬(petri dish, 실험용 접시)에서 자란 인간 세포를 연구한 생화학자들은 혼란을 느꼈다. 과학자들의 예상에 따르면 mRNA는 그것의 모체인 염색체 DNA가 자리한 세포핵에서 처음 모습을 드러냈어야 했다. 물론 실제로 과학자들은 세포핵에서 RNA를 발견하긴 했지만, mRNA치고는 지나치게 컸다. 단백질을 암호화하는 데 필요한 크기보다 평균적으로 10배는 더 컸다.[2] 이상한 일이었다. 핵에서 세포질로 빠져나온 mRNA는 단백질을 만들기에 딱 알맞은 크기였기 때문이다.

세포핵에서 발견된 이 커다란 RNA가 과연 mRNA로 변신할까? 그렇다면 단백질을 암호화하지 않는 핵 RNA 속 여분의 뉴클레오티드들은 대체 무슨 일을 할까? 이 질문에 대한 답이 그날 콜드 스프링 하버 연구소에서 밝혀졌다. RNA가 단순히 DNA의 명령에 따라 메시지를 전달하는 일 이상의 훨씬 많은 무언가를 한다는 사실을 알려주는 최초의 암시였다.

비밀에 부치다

비록 내가 어쩌다 MIT에 있는 필 샤프의 실험실 맞은편에서 일하긴 했지만, 그렇다고 필의 발견을 눈앞에서 함께 지켜본 건 아니었다. 가끔 나는 에임스 스트리트를 가로질러 암센터에 있는 필의 연구실에 어슬렁거리며 찾아가 잘 풀리지 않는 실험에 대해 조언을 구하곤 했다. 내 친구 클레어 무어Claire Moore가 여기서 일했는데, 클레어와 필은 언제든 내 연구에 대해 기꺼이 대화를 나누었다. 그렇지만 자신들의 실험 결과에 대해서는 유독 함구했다.

이건 이상한 일이다. 과학자라면 누구나 자신의 연구, 그리고 눈앞의 흥미로운 발견에 대해 마구 지껄이기 마련이다. 하지만 필과 클레어, 그리고 동료인 박사 후 연구원 수 버짓Sue Berget은 입을 꾹 다물기로 결정했다. 자신들이 뭔가 중대한 발견에 접근하고 있다는 사실을 깨달았기 때문이다. 그로부터 1년이 지난 뒤에야 비로소 나는 콜드 스프링 하버 연구소 강당에 앉아, 필과 리치 로버츠가 인간 mRNA의 크기가 예상과 달랐던 수수께끼를 어떻게 풀었는지 알게 되었다.[3]

그 수수께끼를 푸는 열쇠는 바로 인간에게 감기를 일으키는 DNA 바이러스인 아데노바이러스에 있었다. 박테리오파지가 초기 분자생물학자들에게 박테리아가 어떻게 유전적인 일들을 처리하는지 알려주었듯이, 인간 바이러스는 인간 생물학을 분자 수준으로 자세하게 탐구할 수 있는 방법을 제공했다. 결국 파지와 인간 바이러스 둘 다 숙주 세포를 속여서 그들의 감염 주기를 작동시키는 장치를 활용하는 만큼, 이 기생자들은 숙주와 동일한 생물학적 기본 메커니즘을 이용해야 한다. 바이러스를 이용한 연구는 실용적인 이점도 있다. 감염된 세포들은 바이러스 DNA와 RNA를 많이 가지고 있어서 연구자들에게 많은 양의 실험 재료를 제공할 수 있다.

필과 리치의 연구팀들은 모두 아데노바이러스 염색체 어디에 유전자들이 자리해 있는지 찾는 작업부터 시작했다. 하지만 이들은 그 작업이 큰 발견으로 이어질 것이라고는 기대하지 않았다. 유전자 위치를 찾는 작업은 난시 바이러스 유전사가 어떻게 발현하는지를 연구하기 위한 틀을 마련하기 위해서였다. 바이러스 DNA를 세포질에 있는 mRNA 사본과 비교하면 DNA와 mRNA 서열들이 끝에서부터 끝까지 나란히 똑같이 맞아떨어질 거라고 예상했다. 확실히 박테리아에서는 그랬을 것이다.

대신 연구자들은 mRNA 내부의 꽤 많은 부분이 아예 사라졌다는 사실을 발견했다. mRNA가 DNA의 단순한 복사본이었다면 사라지지 않고 존재했을 곳이었다. 중간 조각의 일부가 잘려 나가고 인접한 서열들이 결합된, 즉 조각이 이어 붙은spliced 것처럼 보였다. 그래서 연구자들은 아데노바이러스 유전자의 암호 영역coding region이 연속적이지 않다는 결론을 내릴 수밖에 없었다. 암호 영역은 '인트론intron'이라 불리는 비암호 DNA 영역에 의해 나뉘고 분리된다는 것이다.

콜드 스프링 하버 연구소에서 발표를 듣던 청중은 깜짝 놀랐다. 그날 그 자리에 있었던 제임스 왓슨은 그 발견을 '폭탄선언'이라고 표현할 정도였다. 이전까지만 해도 mRNA는 유전자의 연속적인 복사본으로 여겨졌다. 이게 아니라면 엄청나게 비효율적으로 보였을 것이다. DNA에서 단백질을 암호화하는 영역이 왜 인트론에 의해 나뉘는지, 인트론이 어떻게 이어 붙는지도 상상하기 어려웠다. 암호의 일부가 DNA에서 뒤섞여 mRNA로 빠져나가는 이 모든 복잡한 작업은 그저 무의미한 곡예일 뿐일까? 목적 없는 어떤 진화의 춤사위일 뿐일까? 아니면 어쩌면 이 이어 붙이기는 더 큰 목적을 위한 것일까? 한동안 분자생물학계는 이 질문들에 답하기 위해 분주해졌다.

곧 상황은 점점 더 재미있게 돌아가기 시작했다. 과학자들은 인트

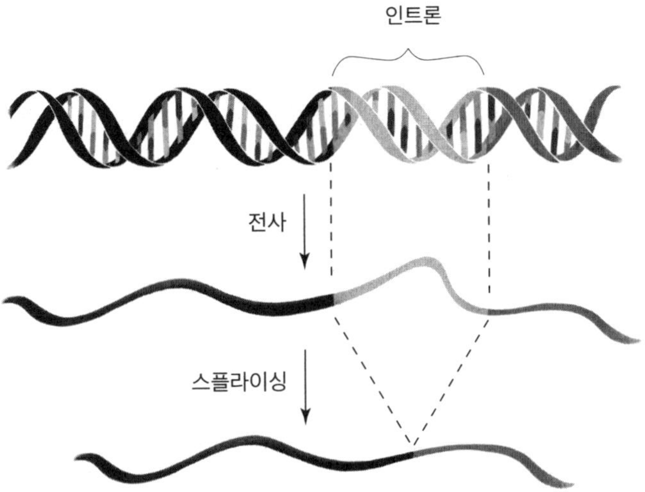

인간을 비롯한 많은 진핵생물들은 인트론이라 불리는 비암호화 DNA가 단백질을 암호화하는 유전자 사이에 끼어든다. 각각의 인트론(회색)은 전구체 RNA(중간)로 전사되며, 이것이 스플라이싱을 거쳐 최종적으로 특정 기능을 담당하는 mRNA를 얻는다.

론이 바이러스에만 국한하지 않고 진핵생물 전체의 공통적인 특징이라는 사실을 알아차리기 시작했다. 진핵생물이란 세포핵 안에 자기 DNA를 따로 격리하는 유기체들이다. 아데노바이러스 인트론의 존재가 발표되자, 전 세계의 많은 과학자들은 자신들이 그동안 연구했던 유전자 역시 비슷하게 인트론에 의해 나뉘어 있다는 사실을 깨달았다. 예컨대 1977년 말에, 하버드 대학교의 생물학자 셜리 틸먼Shirley Tilghman[•]과 필 레더Phil Leder는 사람의 혈액 단백질인 헤모글

• 또 다른 재능을 갖춘 덕에 나중에 프린스턴 대학교의 총장이 된 셜리 틸먼과 동일 인물이다.

로빈을 암호화하는 유전자의 영역이 2개의 인드론으로 나뉘어 있다는 사실을 발견했다. 여기서도 인트론과 암호화 서열 모두 유전자로부터 복사되어 세포핵에서 긴 RNA를 형성했다. 하지만 mRNA가 리보솜으로 운송되어 단백질을 만들기 전에, 대자연은 자신의 전지가위를 꺼내 들어 마법처럼 가지치기를 한다.[4]

필 샤프Phil Sharp는 이러한 과정을 '스플라이싱splicing'이라고 해서 선원이 심하게 닳은 밧줄을 수리하는 작업에 빗댔다. 선원은 밧줄에서 닳아빠진 부위의 위아래를 잘라 손상된 조각을 버린 다음, 멀쩡한 두 조각의 끄트머리를 잇대어 '스플라이싱'할 수 있다.

다른 비유를 들자면, 인트론을 말이 되는 문장에 끼어들어간 아무 의미 없는 단어들로 생각해볼 수 있겠다. '당신은 오늘 정말 좋은 어쩌고저쩌고 어쩌고저쩌고 냄새가 나요'라는 문장처럼 말이다. 워드프로세서가 있다면 우리는 이 문장을 빠르게 고칠 수 있다. 문제가 되는 끼어든 단어를 선택한 다음 '삭제' 버튼을 누르기만 하면 된다. '어쩌고저쩌고'를 지우고 나머지를 이어 붙여 보라. '당신은 오늘 정말 좋은 냄새가 나요'라는 문장이 나타난다. 자연은 이와 비슷한 방식으로 mRNA에서 인트론을 편집해 잘라내어 단백질 합성에 쓰이는 유전 암호만을 깔끔하게 남긴다.

이제 과학자들은 처음에 핵 안에서 만들어진 RNA(모든 인트론을 포함하는)가 어째서 mRNA(인트론이 제거된)보다 훨씬 큰지 알게 되었다. 인트론이 잘려 나가고 나머지를 이어 붙인 게 mRNA이기 때문이다. 하지만 과학에서 흔히 볼 수 있듯이 하나의 질문에 대답하면 또 다른 질문이 이어지기 마련이다. 이 인트론의 기능은 무엇이었을까? 일부 과학자들이 추측하듯 아무 쓸모가 없는 걸까? 아니면 실은 코끼리와 대장균의 차이뿐만 아니라 인간이 인간일 수 있게끔 하는 핵심적인 무언가가 있는 것일까?

인간 게놈의 당혹스러운 크기

게놈이란 한 유기체의 모든 염색체에 존재하는 DNA 전부를 일컫는다. 인간 게놈이 해독되었던 해인 2000년까지,● 우리는 인간에게 필요한 모든 필수 단백질을 만드는 데 얼마나 많은 유전자가 필요한지 전혀 알지 못했다. 하지만 그래도 과학자들은 나름대로 추측을 했고, 그 수치는 대부분 엄청나게 빗나갔다.

효모의 예를 살펴보자. 그렇다. 빵 반죽을 부풀게 하고 맥주와 와인을 발효시키는 바로 그 효모다. 효모는 단세포 생물로 뇌도, 심장도, 팔다리도, 위도, 간도, 소장도 없다. 심지어 생식기관도 없다. 대신 효모는 세포에서 싹이 자라나는 듯한 출아법으로 번식한다. 싹이 점점 자라나 마침내 떨어져 나가서 새로운 효모 세포가 되는 것이다. 그렇다면 효모가 살아가는 데 필요한 유전자 수는 세포의 종류만 해도 수백 가지가 넘는 인간보다 훨씬 적을 게 분명해 보인다.

1996년, 진핵생물 가운데 최초로 효모 게놈의 염기서열이 밝혀

● 게놈의 염기서열 분석이란 한 유기체의 모든 염색체에 존재하는 DNA 분자의 A, G, T, C 순서를 읽어내는 일을 의미한다.

졌다. 이에 따르면 효모의 게놈은 단백질을 암호화하는 유전자 약 6,000개•로 이루어져 있었다.[5] 당시는 인간 게놈 프로젝트가 막 시작되어 인간의 유전자는 과연 몇 개나 될지 여러 추측이 무성하던 시기였다. 단순한 효모보다는 훨씬 많을 게 분명했다! 순회강연을 할 만큼 유명한 과학자들은 입을 모아 인간의 유전자 개수가 10만 개 이상일 것이라 예상했다.

그런 만큼 2003년에 마침내 인간 게놈의 서열이 발표되고 단백질 암호화 유전자가 약 2만 4,000개(하등한 효모의 4배에 지나지 않는)[6]라는 사실이 알려졌을 때 과학자들은 큰 충격에 빠졌다. 이게 정말 맞는 걸까? 상식적으로 말도 안 되는 일이었다. 인간과 효모는 둘 다 DNA를 기반으로 하는 유기체다. 인간은 어떻게 먹이 사슬 최하위인 균류보다 훨씬 큰 유전적 가성비를 얻을 수 있었을까?

'넌센스' 인트론이 이러한 질문에 대한 대답을 상당 부분 제공한다. 효모는 유전자 대부분이 인트론을 갖지 않고 인트론을 가진 유전자라 해도 거의 1개만 갖기 때문에, RNA 스플라이싱이 일어나는 방법은 한 가지뿐이다. 단 하나의 유전자를 가지고 있기에 RNA 스플라이싱이 일어나는 방법도 하나뿐이다. 하지만 인간의 경우에는 인트론이 단지 성가신 눈엣가시만은 아니라는 사실이 밝혀졌다. 다시 말해 인트론은 꽤 쓸모가 있다. 인트론은 RNA가 하나 이상의 방법으로 암호를 엮어 붙일 수 있는 가능성을 제공하고, 결과적으로 동일

• 단백질을 암호화하는 유전자 수를 세려면 일단 코돈으로 구성되어 이어지는 서열을 찾아보면 된다. 그러다가 나중에 예측된 아미노산 서열을 가진 단백질을 찾아 확인한다.

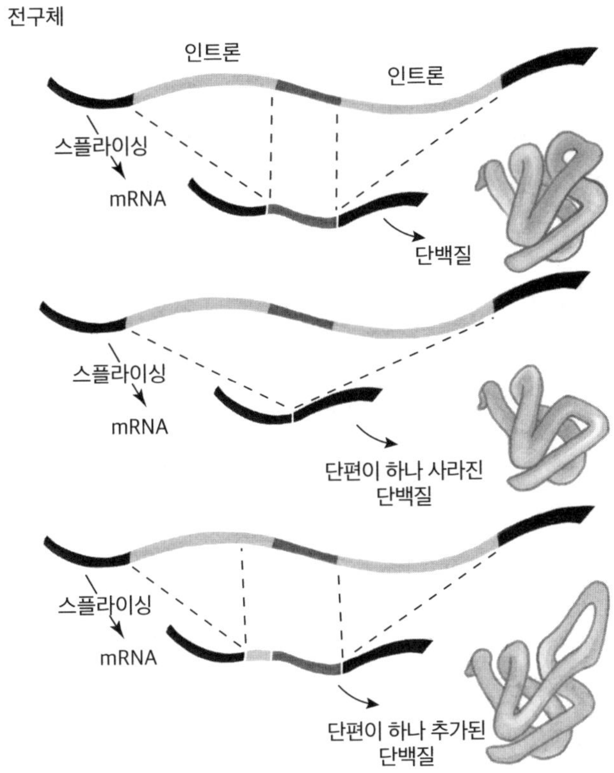

대체 mRNA 스플라이싱(alternative mRNA splicing)을 통해 단일 유전자에서 여러 개의 단백질을 얻을 수 있다. 대부분의 인간 유전자에는 2개 이상의 인트론이 존재하므로 RNA 스플라이싱의 방식도 한 가지 이상이다.

- 위: 2개의 인트론들이 독립적으로 스플라이싱되어 한 가지 형태의 단백질을 암호화하는 mRNA가 만들어진다.
- 중간: 암호화 서열 중 하나를 건너뛰어 스플라이싱된 결과, 중간 영역이 빠진 단백질이 생성된다.
- 아래: 다른 부위가 스플라이싱에 이용되어 mRNA가 길어지고 단백질이 더욱 길게 연장된다.

한 유선사 세트에서 발현할 수 있는 잠재석인 단백질의 레퍼토리는 더욱 넓어진다.

이러한 대체 mRNA 스플라이싱의 최초 사례는 스플라이싱이라는 개념 자체가 발견된 직후인 1980년에 등장했다. 예컨대 앞 페이지의 삽화에서처럼 스플라이싱 장치가 암호화 배열의 블록을 뛰어넘을 때 이러한 사례가 발생할 수 있다.

그러면 2개의 인트론을 넣어 앞선 문장으로 돌아가 보자. '당신은 오늘 어쩌고저쩌고 정말 좋은 어쩌고저쩌고 어쩌고저쩌고 냄새가 나요.' 보통은 두 인트론 모두 스플라이싱을 통해 떨어져 나가 마지막 버전은 다음과 같아진다. '당신은 오늘 정말 좋은 냄새가 나요.' 하지만 그 대신 '좋은'을 건너뛰어 '냄새'와 '오늘'이 맞붙을 수도 있다. 그러면 스플라이싱 결과 '당신은 오늘 정말 냄새가 나요'라는 문장으로 바뀐다. 이전 문장에 속한 단어들을 대부분 포함하지만 완전히 다른 의미를 전달하는 셈이다.

이러한 종류의 대체 스플라이싱, 즉 하나의 문장에서 다수의 의미를 얻는 과정을 통해 한정적인 게놈에서 더욱 복잡한 단백질 배열이 생성되고, 그 결과 더 복잡한 유기체가 만들어진다.• 일반적인 인간

• 어떤 유전자 조각이 대체 스플라이싱에 사용되는지 그렇지 않은지를 판단하는 건 비교적 쉽다. 유전자 염기서열을 mRNA 염기서열과 비교하기만 하면 되기 때문이다. 진짜 문제는 대체 스플라이싱을 어떻게 조절하느냐 하는 것이다. 어떤 모델에 따르면 스플라이싱이 일어나는 일부 염기서열이 다른 곳보다 약하다고 한다. 이때 스플라이싱에 관여하는 단백질 인자의 양이 세포 유형에 따라 다르다면, 어떤 경우에는 약한 부분을 사용하고 어떤 경우에는 건너뛰는 것이 충분히 가능하다.

유전자는 너덧 개의 대체 스플라이싱된 mRNA와 단백질들을 만들어내므로, 이것은 상당히 의미 있는 일이다. 비록 인간 게놈의 규모가 예상보다 작았지만, 그럼에도 우리 인간을 현재의 모습으로 만든 한 가지 중요한 특징이다.

대체 mRNA 스플라이싱의 예 중에서 내가 가장 좋아하는 것은 우리의 면역체계에서 일어나는 현상이다. B세포는 항체를 생산하는 백혈구(전문 용어로 림프구)다. 인체에 침입한 외래 병원균을 인식하고 중화해 감염으로부터 우리를 보호하는 단백질이 항체다. 생애 초기에 항체는 코로나바이러스 같은 병원체를 감시하고 살피는 과정에서 B세포의 바깥쪽 표면에 노출된다. 이후 B세포는 돌연 항체를 방출하는데, 이 항체는 우리 혈류를 순환하다가 다시 바이러스와 (요철이 맞게) 결합한다. 처음 만들어졌을 때는 보초처럼 서 있을 뿐이지만 두 번째 형태일 때 항체는 침입자를 맹렬히 추격한다.

이와 같이 두 종류의 항체—즉 표면 수용체와 혈류를 순환하는 형태—는 바이러스에 달라붙는 위치가 동일하지만 반대쪽 끄트머리는 다르다. B세포를 타고 이동하는 유형은 미끈거리는 끝이 세포막에 고정되어 있지만, 순환하는 유형은 매끈하게 마무리된 끄트머리가 세포막에서 떨어져 나오게 해서 혈류를 따라 이동한다.[7] 두 가지 형태는 동일한 인간 유전자에 의해 암호화된다. 이 단일 유전자에서 복사된 RNA는[8] 두 가지 방식으로 스플라이싱되어, 부분적으로는 같지만 전체적으로 확연히 다른 두 단백질을 만든다. '당신은 오늘 정말 좋은 냄새가 나요'와 '당신은 오늘 정말 냄새가 나요'가 그것이다. 이와 같이 대체 RNA 스플라이싱은 하나의 유전자를 매우 효율적인 방식으로 이중으로 활용할 수 있도록 돕는다.

그렇다면 코끼리와 대장균의 차이점은 무엇일까? 결국 어떻게 스플라이싱하는지에 달렸다.

'U'의 좌표 찍기

동물들이 거대한 전구체precursor mRNA를 만들어 단지 자르고 붙여 유의미한 mRNA를 만든다는 사실은 놀라운 발견이었다. 하지만 과학자들이 스플라이싱을 발견했다고 해서 그 과정이 어떻게 작동하는지를 완전히 이해한 것은 아니었다. 이제 중요한 질문은 인트론이 어떻게 특정되어 제거되느냐다. 스플라이싱을 할 때는 절삭 위치를 정밀하게 인식하는 게 중요했다. 단 하나의 염기만 미끄러져도 틀 이동 돌연변이frameshift mutation가 일어나 그 뒤의 모든 코돈이 뒤바뀌고, 그에 따라 단백질의 기능이 망가질 수 있기 때문이다.

획기적인 발견을 한 많은 과학자가 그랬듯이, 조앤 애것싱어 스타이츠Joan Argetsinger Steitz는 뜻밖의 행운으로 자연이 스플라이싱을 위한 좌표 찍기를 어떻게 하는지에 대한 진실에 다가갔다. 조앤은 1963년 하버드 대학교의 생화학 박사과정에 입학했는데, 동기들 중 유일한 여성이자 제임스 왓슨 연구팀의 첫 번째 여자 대학원생이었다.[9] 파지 RNA에 대한 연구로 박사학위를 마친 조앤은 같은 생화학자였던 남편 톰 스타이츠Tom Steitz와 함께 영국 케임브리지 대학교에 있는 유명한 분자생물학연구소에 갔다. 이곳에서 조앤은 프랜시스 크릭이나 시드니 브레너Sydney Brenner 같은 사람들과 공동 연구를 했다. 부부가 함께 버클리의 캘리포니아 대학교로 옮겼을 때, 톰은 교수직을 얻었지만 조앤은 그곳에서 남편의 조수로만 고용될 것이라는 사실을 알게 됐다. 생화학과 학과장은 조앤에게 이렇게 말했다. "아내들은 다들 연구원 자리를 얻는 것만으로 만족하곤 하죠."[10] 그래서 두 사람은 1970년에 둘 모두에게 조교수직을 제안한 예일 대학교로 재빨리 옮겼다.

예일 시절 조앤은 포유류의 세포핵에서 만들어진 큰 RNA에 관심을 갖게 되었다. 당시는 인트론이 발견되기 몇 년 전이었던 만큼, 이 큰 RNA가 mRNA의 전구물질이라는 사실은 아직 밝혀지지 않은 상태였다. 조앤은 이러한 큰 핵 RNA에 결합된 단백질을 검출하고, 그 활성을 억제하는 용도로도 쓰일 수 있는 항체를 얻고 싶었다. 그 방법은 우선 해당 단백질을 쥐에 주사해서 이 인간 단백질을 외부 물질로 인지한 쥐의 면역체계가 바이러스에 대항해 만드는 것과 같은 방식으로 항체를 만들도록 하는 것이다. 하지만 쥐에게 그런 항체를 만들게 한 시도는 말 그대로 조앤에게 고통을 안겨주었다. 아직도 조앤의 손가락에는 쥐에 물린 상처가 남아 있다.

이후 1979년, 조앤은 루푸스 환자들이 몸속에서 자신의 세포핵 내부 물질들에 대한[11] 항체를 생성한다는 사실을 알게 된다. 루푸스란 인간의 면역체계가 자기 자신의 몸에 역으로 작동하는 질환이다. 이 항체들은 핵 RNA에 결합하는 단백질을 인식할 수 있을까? 조앤은 자기 연구실의 의대생 마이클 러너Michael Lerner를 길 건너 예일 대학교 면역학과로 보내 그 항체가 들어 있을 혈청 샘플을 가져오게 했다.

조앤과 러너는 곧 루푸스 환자들이 자신의 세포핵에서 발견되는 작은 RNA에 결합된 단백질에 대한 항체를 생성하고 있다는 사실을 발견했다. 이는 루푸스 환자들에게 좋지 않은 소식이었다. 우리 몸은 자신의 세포 구성성분이 아니라 외부 침입자에 대한 항체를 생성해야 한다. 하지만 과학계에는 희소식이었다. 이러한 '작은 핵 RNA(small nuclear RNA, 줄여서 snRNA라 불린다)'가 mRNA 스플라이싱의 비밀을 밝혀낼 단서가 될 수 있다는 점이다. snRNA의 존재는 이미 알려져 있었다. 6개의 변종으로 존재하며[12] 염기 우라실(RNA에서 U를 담당)이 풍부해서 각각의 변종은 U1에서 U6로 불린다. 하지만 1979년만 해도 이것들이 어떤 기능을 하는지는 미스터리였다.

당시는 유전자가 인트론으로 쪼개져 있다는 놀라운 폭탄 선언이 콜드 스프링 하버 연구소에서 발표된 지 2년이 지났을 무렵이었다. 게다가 사람에게 존재하는 인트론의 사례가 추가로 꽤 많이 발견되었다. 이제 다들 세포가 mRNA를 만들기 위해서 어떤 유전자 서열을 남겨야 하고, 어떤 곳을 잘라내야 하는지 알고 싶어 했다. 이 질문은 RNA를 다루는 연구실에서 끊임없이 논의되는 주제였고, 조앤의 연구실도 예외가 아니었다.

조앤은 인트론의 크기와 염기서열이 다양하다는 사실을 알고 있었다. 하지만 동시에 인트론은 말단 부위가 거의 동일해 보였다. 모두 GUAAGA와 거의 비슷한 서열에서 시작해서 AG로 끝난다. 게다가 조앤은 RNA의 단일가닥이 상보적인 염기쌍을 이용해 다른 RNA의 단일가닥과 짝을 이루는 자연스러운 경향이 있다는 점을 잘 알고 있었다.[13] 이에 따르면 인트론의 말단에 공통으로 보존된 서열들이 U

RNA 중 하나와 결합하는 방식으로 스플라이싱 위치가 인식되고 표시될 수 있을 터였다. 조앤과 러너는 매칭되는 서열들이 있는지 면밀히 살펴보았고, 마침내 찾아냈다. U1 snRNA 한쪽 끄트머리의 서열이 이미 알려진 인간 인트론의 시작 부분에 자리한 서열과 딱 들어맞았다. 적어도 이론상으로는 그랬다. 단순한 우연이라고 보기에는 너무 완벽한 매칭이어서 이들은 도발적인 가설을 제안한다. U1이 인트론의 시작을 인지하는 요소로 작용하여, 정확히 그 지점에서 절삭이 일어나도록 유도하는 역할을 한다는 가설이다.[14]

이후 몇 년 동안, 두 사람의 추측은 수많은 검증을 거쳤다. 예를 들어 필 샤프의 연구실에서는 시험관 안에서 mRNA의 스플라이싱 반응을 재현할 수 있는 실험방법을 개발했다. 이들은 조앤의 연구실과 함께 snRNA와 단백질의 복합체를 인식하는 항체가 스플라이싱을

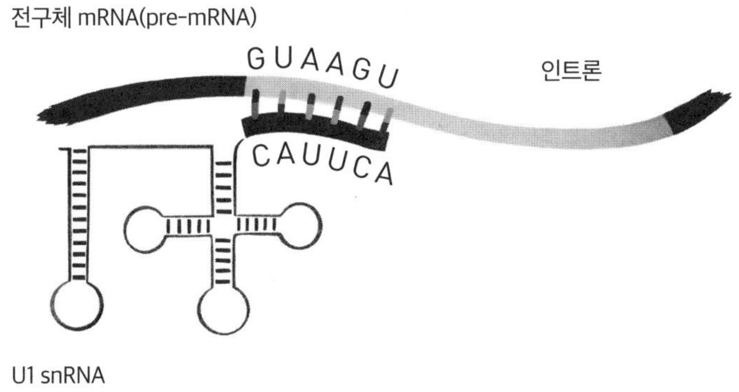

U1 snRNA는 염기쌍 짝짓기를 통해 인트론 서열의 한쪽 끝을 찾아내고, 그에 따라 mRNA 스플라이싱이 일어날 위치를 표시한다. RNA는 A-U 염기쌍을 형성하는데, 이것은 DNA의 A-T 염기쌍과 화학적으로 동등하다.

저해하는지 여부를 연구했다. U1 snRNA가 정말로 최초의 스플라이싱 부위를 인지하는 실체라면, 이 항체가 스플라이싱을 억제할 수 있어야 한다. 그리고 이들 공동의 노력으로 실제로 이런 현상이 일어난다는 것이 밝혀진다.[15]

인트론의 반대쪽 끝에 보존된 AG는 어떨까? 이쪽은 상황이 좀 더 복잡했다. U2 snRNA는 인트론의 끄트머리 근처에서 상보적인 염기서열로 짝지어졌지만, AG 스플라이싱 부위를 인식한 것은 U2 snRNA와 결합한 단백질이었다.[16]

snRNA가 mRNA 스플라이싱 장치의 일부라는 사실이 밝혀지면서 RNA 기능의 목록에 새로운 한 가지가 추가되었다. 마치 인터넷 지도 사이트에서 특정 지점에 핀을 꽂는 것처럼 중요한 위치들을 표시할 수 있다는 것이다. 이것은 단일가닥 RNA에 딱 맞는 기능이다. RNA는 언제나 A는 U와, G는 C와 짝지을 준비가 되어 있기 때문이다. 우리는 앞에서 이러한 현상을 이미 살펴본 적이 있다. 전달 RNA의 안티코돈과 짝짓는 mRNA 코돈, mRNA 스플라이싱 지점이나 그 근처에서 짝짓는 snRNA에서도 이런 기능이 드러난다.

인트론이 스플라이싱을 거칠 때 엄청난 정확성을 자랑하기는 해도, 자연에서 완벽한 것은 없다. 사고는 늘 발생하고, 특히 인트론에서라면 스플라이싱 오류는 치명적인 결과를 불러일으킬 수 있다.

타락한 RNA 스플라이싱

대체로 어떤 생화학적 과정이 인류의 건강에 매우 중요하다면, 이 과정이 잘못되었을 때 질병이 발생하게 된다. 실제로 mRNA 스플라이싱이 발견된 지 겨우 4년 만인 1981년, 스플라이싱에 오류가 생겨 발생하는 질병이 최초로 밝혀졌다. 혈액 질환인 베타 지중해성 빈혈 beta-thalassemia이 바로 그것이다.

베타 지중해성 빈혈은 지중해 인근 국가들이나 중동, 아시아에서 매우 흔한 유전질환 가운데 하나다. 이 질환을 앓는 환자는 적혈구 수가 적어 빈혈을 겪고 산소 수치가 낮아 피로를 많이 느끼며, 조기 사망의 위험이 있다. 사람의 적혈구에서 산소를 운반하는 단백질인 헤모글로빈은 서로 같은 알파 글로빈 사슬 2개와 베타 글로빈 사슬 2개, 총 4개의 아미노산 사슬로 이루어진다. 베타 지중해성 빈혈 환자는 베타 사슬의 헤모글로빈이 짧아 빈혈에 걸린다. 이 점은 베타 글로빈 유전자의 단일 돌연변이가 원인인 겸상 적혈구 빈혈증과 다르다. 베타 지중해성 빈혈의 경우에는 이 병증을 설명할 코돈 돌연변이가 없다.

예일 대학교의 셔먼 와이스먼Sherman Weissman과 동료들은 베타 지중해성 빈혈을 앓아 수혈에 의존해 살아가던 12세의 그리스계 키프로스 섬 소녀에게[17] 특별함을 느꼈다. 연구자들은 이 소녀가 가진 베타 글로빈 유전자의 서열을 분리하고 분석해서 수수께끼를 풀었다. 돌연변이는 mRNA의 코돈에 있는 게 아니라 오히려 그 유전자의 인트론에 있었다. 이 돌연변이는 스플라이싱이 일어나는 AG 서열이 삽입되어 스플라이싱 장치를 교란해 잘못된 RNA 위치로 가게 했다. 같은 해 말에 런던의 연구자들은 인트론의 돌연변이가 비정상적인 mRNA 스플라이싱을 일으켰음을[18] 직접 증명했다. 스플라이싱 장치가 이 진짜 같은 가짜 돌연변이 부위를 활용할 때마다 비정상 mRNA가 생겨나 더는 베타 글로빈을 암호화하지 못하게 됐다.

베타 지중해성 빈혈의 사례처럼 RNA 스플라이싱은 질병을 일으키기도 하지만, 치료제가 되기도 한다. 1890년 의사들이 처음 발견해 이름을 지은 척수성 근위축증Spinal Muscular Atrophy, SMA은 신생아 1만 1,000명 중 1명꼴로 발병하는 치명적인 신경퇴행성 질환으로 비교적 흔하다. SMA를 앓는 아이들은 점진적으로 몸이 쇠약해져 몸을 움직일 수 없게 되며, 2세가 되기 전에 대부분 사망한다. 이 질환은 Survival of Motor Neuron Gene Number 1SMN1[19], 즉 첫 번째 운동 뉴런 유전자에 돌연변이가 생겨 발생하는 유전병이다. 건강한 사람의 경우 SMN1 유전자는 snRNA가 관련 단백질과 결합하는 것을 돕는 단백질을 만든다.[20] 이 기능은 모든 세포 유형에 필수적이지만, 운동신경이 SMN 단백질 손실에 특히 더 예민한 이유는 명확히 밝혀지지 않았다.[21] 하지만 실제로 운동신경은 SMN1 유전자 돌연변이에 더 큰 영향을 받는다.

따라서 SMA를 치료하고자 하는 과학자들이 직면한 문제는 사라진 SMN 단백질을 어떻게 보충할 것인가 하는 것이다.[22] 실제로 인간 게놈에는 수많은 중복 유전자가 존재하고, SMN1과 동일한 단백질을 암호화하는 Survival of Motor Neuron GeneSMN2, 즉 두 번째 운동 뉴런 유전자가 있다. 중요한 점은 SMN2가 다른 인트론을 가진다는 것이다. mRNA가 스플라이싱을 거치며 정상적인 SMN 단백질을 만드는 데 필요한 코돈 덩어리가 보통 생략되어 기능이 없는 mRNA가 만들어진다. 하지만 SMN2 RNA의 스플라이싱을 살짝 바꿔서 SMN1 돌연변이로 잃어버린 단백질을 보충할 수 있다면 어떨까?

2002년 콜드 스프링 하버 연구소의 에이드리언 크레이너Adrian Krainer는 SMN2의 스플라이싱을 회복해서 SMN1의 손실을 보충할 수 있는 방법을 고민했다. 먼저 크레이너는 SMN2의 mRNA 속에서 적절한 스플라이싱을 방해하는 한 지점을 발견했다. 대체 mRNA 스플라이싱은 종종 조직 특이적인 단백질인 스플라이싱 인자splicing factor에 의해 조절되는데, 이 단백질들은 전구체 mRNA의 특정 서열에 결합해서 특정 스플라이싱 부위의 사용을 촉진하거나 억제한다. 이 부위는 정상적인 방식으로 스플라이싱을 조절하도록 진화하는데, 이 경우 스플라이싱 인자는 적절한 스플라이싱을 방해한다. 에이드리언은 이러한 방해 서열을 어떻게든 덮거나 숨길 수 있다면 SMN2 mRNA의 올바른 스플라이싱을 복구할 수 있으리라 추론했다.

이러한 아이디어를 검증하고자 에이드리언은 샌디에이고에 자리한 이오니스라는 바이오 제약회사와 협력했다. 소위 안티센스 RNA 조각으로 신약을 개발하는 회사였다. 이러한 RNA는 어떤 정상 RNA 서열과 상보적인 서열을 갖도록 설계된다. 예컨대 mRNA가 글라이신 아미노산의 GGG 코돈을 가진다면, 안티센스 RNA는 CCC 서열을 갖도록 만들어진다. 이러한 상보성 때문에 안티센스 RNA는 G-C 염기쌍으로 표적 RNA와 결합해 단백질이 표적 RNA와 결합하지 못하도록 물리적으로 차단한다.

에이드리언과 아이오니스는 SMN2 RNA의 적절한 스플라이싱을 방해하는 서열과 결합해서 '숨길 수 있는' 안티센스 RNA 조각을 설계하기 시작했다. 여기에는 약물로 전달되는 과정을 더욱 용이하게 하는 몇 가지 화학적 변형이 포함되었다. 몇 년에 걸친 노력 끝에 이들은 관념을 현실로 바꾸었다.[23] 먼저 배양된 세포에서 정상 SMN 단백질을 다시 생산하는 데 성공했으며, 그다음으로 인간 SMA를 유발하는 유전자 조작 쥐에서도 성공했다.

하지만 진정한 검증은 실제 환자들을 대상으로 실시한 임상시험일 것이다. 이 질병을 연구하면서 에이드리언은 롱아이랜드의 한 가족과 친분을 쌓게 됐다. 이 가족의 딸 엠마 라슨Emma Larson은 중등도 중증 척추성 근위축증을 진단받았는데, SMN1 유전자가 부분적으로 활성화되어 있었기 때문이다. 엠마는 한 살까지는 정상적인 발달을 보였으나, 갑자기 물병을 붙잡거나 심지어 고개를 드는 것조차 어려워하기 시작했다. 하지만 엠마는 병을 치료하겠다는 굳건한 의지를 보였고, 부모는 딸을 위해 가능한 모든 수단을 동원하기로 결심했다. 안티센스 RNA 약물의 임상시험에 엠마를 등록할 기회도 놓치지 않았다.

엠마의 어머니 다이앤 라슨Dianne Larson은 딸이 지금은 뉴시너센으로 불리는 안티센스 약물 주사를 두 번째로 맞은 뒤 무슨 일이 일어났는지 들려주었다. "저는 침실에 있었고 엠마는 서재에 있었죠. 뭐랄까, 그때 엠마는 몇 피트도 움직이지 못했답니다. 갑자기 딸의 목소리가 저를 향해 점점 더 가까워졌어요. 무슨 일일까 싶어 '엠마?' 하고 딸을 불렀죠. 곧 저는 엠마가 문 옆, 침실 바닥에 있다는 사실을 깨달았어요. 제 바로 옆이었죠. 저는 깜짝 놀랐답니다! 엠마가 서재에서 여기까지 기어 왔다는 것을 믿을 수 없었어요."[24]

엠마처럼 뉴시너센의 긍정적인 효과는 다른 임상시험에서도 확인됐다. 효과가 너무 확실해서 미국 식품의약국이 임상시험을 1년이나 앞당겨 종료하고 이 약을 곧바로 승인했을 정도다. 2020년 기준으로 40개국에서 8,000명 넘는 SMA 환자가 뉴시너센으로 치료를 받았다. 물론 이 약은 완전한 치료제는 아니었다. 치료를 받게 될 때쯤이면 이미 신경세포에 돌이킬 수 없는 손상이 있었을 테니 말이다. 그래도 뉴시너센은 환자의 생명은 구했다. 앞으로의 희망은 유전적 결함이 있는 신생아를 찾아내면 즉시 치료해 SMA가 환자의 몸을 장악하지 않도록 막는 것이다.

뉴시너센의 성공 사례는 안티센스 치료제와 이를 통한 RNA 스플라이싱을 안정적으로 조절할 수 있는지에 관해 폭넓은 관심을 불러일으켰다. 예컨대 디스트로핀이라는 중요한 단백질이 결핍되어 근육 기능이 점진적으로 손상받아 몸이 쇠약해지는 유전 질환인 뒤센 근위축증Duchenne Muscular Dystrophy은 RNA 스플라이싱의 패턴을 바꿔 손실된 단백질을 공급함으로써 개선될 가능성이 있다.[25] 반대로 췌장암 폐암, 대장암처럼 병원성 단백질에 의해 일어나는 흔한 암의 경우에는, mRNA 스플라이싱을 억제하는 안티센스 핵산에 의해 암을 유발할 가능성이 있는 단백질이 만들어지지 못하도록 방지하고 암이 더 이상 진행하지 못하게 막을 수 있다. 앞으로 계속 살펴보겠지만, 이렇듯 불량품이 된 RNA는 만병의 근원이다. 그렇기에 RNA 기반의 치료법(RNA와 결합하는 안티센스)은 미래의 의학 발전에 기여할 것으로 보여 전망이 밝다.

• • •

스플라이싱의 발견은 mRNA가 언제나 DNA 이중나선에 저장된 정보의 단순 복사본이 아니라는 사실을 밝혀냈다. 인간을 포함한 고등생물에서 mRNA가 될 RNA는 일단 DNA를 있는 그대로 복사한다. 그 안에는 암호를 중단시키는 긴 서열인 인트론도 포함된다. 하지만 이후에 RNA 스플라이싱이 일어나 인트론을 잘라낸 다음 암호화 서열을 꿰매 붙이고, mRNA를 만들면 이 mRNA가 세포핵을 빠져나가 리보솜과 결합한다. 언뜻 보기에 이 과정은 놀랄 만큼 비효율적이다. 인트론을 굳이 끼워 넣어 유전자의 암호화 서열을 방해하고, 이후 RNA 수준에서 유전자들을 다시 스플라이싱하다니 자연은 대체 무슨 꿍꿍이일까? 하지만 이 지난한 과정에는 중요한 장점이 있다. 한 곳이 아니라 여러 대체 부위에서 RNA 스플라이싱이 일어날 수 있으므로, 제한된 유전체로는 상상조차 할 수 없었던 다양성이 생겨나 우리가 현재와 같은 모습으로 존재할 수 있게 되었다.

우리가 mRNA 스플라이싱에 대해 점차 이해하게 되면서 RNA의 역할은 더 다양해졌다. 작은 핵 RNAsmall nuclear RNA, snRNA가 스플라이싱 부위를 정확하게 표시하는 데 필수적이라는 사실이 밝혀졌기 때문이다. 그에 따라 snRNA는 전달 RNA, 리보솜 RNA와 함께 세포 생물학에서 중요한 역할을 하는 비암호화 RNAnoncoding RNA의 대열에 합류했다. 하지만 훨씬 더 놀라운 사실이 기다리고 있다.

과학자들은 곧 비암호화 RNA가 단백질 합성을 위한 기초를 마련하고 작용 부위를 표시하는 것 이상의 일을 할 수 있다는 사실을 발견했다. 이 RNA들은 스스로 반응을 일으킬 수 있다. 많은 중요한 세포 반응에서 RNA는 촉매제로서 역할을 한다.

3장

혼자 힘으로 스플라이싱하다

GOING IT ALONE

여러분을 실제로 작동시키는 것은 무엇일까? 답은 늘 효소다. 효소라는 물질은 모든 생물체에서 생화학적 반응을 가능하게 한다. 심장을 뛰게 하고 위에 든 음식을 분해하며 알코올을 대사한다. 또한 효소는 우리 몸속 모든 세포의 구석구석을 전부 합성한다. 세포를 붙들어 고정하는 뼈대부터 DNA를 깔끔하게 포장하는 염색체, 세포막을 구성하는 지질로 된 껍질에 이르기까지, 효소의 손이 닿지 않은 곳이 없다. 대자연의 축제를 여는 것이 바로 효소다.

화학적으로 보자면, 효소는 화학반응을 일으키거나 이를 가속화한다. 여러분이 그 놀랄 만한 힘을 충분히 이해하기 전까지는 무슨 말인지도 모르고 따분하게 들리겠지만 말이다. 효소는 두 화학 물질이 서로 반응하는 자연스러운 과정을 100억 배쯤 가속화할 수 있다. 효소가 존재할 때 1초 걸리는 반응이, 효소가 없다면 317년이나 걸릴 것이다. 인간에게만 약 1만 개의 효소가 있다. 몇몇 효소는 우리가 속한 동물계에만 있지만, 우리 몸이 유지되게끔 돕는 소위 '살림꾼 housekeeping 효소'라 불리는 상당수의 효소들은 호랑이에서 두꺼비에 이르기까지 여러 종에 걸쳐 공통적으로 존재한다.

19세기에 이미 과학자들은 시험관 안에서 일어나는 효소의 작용을 들여다볼 수 있었다. 독일의 화학자 에두아르트 부흐너Eduard Buchner는 효모의 세포에 '치마아제zymase'라는 효소가 들어 있어서 설탕을 알코올과 이산화탄소로 바꾸어 거품으로 나오게 한다는 사실을 발견했다. 이 과정이 우리가 익히 아는 '발효'다.

일찍이 과학자들은 이러한 효소의 촉매 반응이 굉장히 특이적 specific이라는 사실을 관찰을 통해 깨달았다. 즉 더 무질서한 화학 반응과는 달리, 효소는 자신이 무엇과 반응해 어떤 물질을 생성할지를 매우 까다롭게 골랐다. 과학자들은 효소 촉매 반응의 속도를 측정하고 예측할 수 있었다. 예컨대, 치마아제나 설탕을 추가하면 발효 속도가 어떻게 바뀌는지 알 수 있었다. 그동안 효소의 작용에 대해서는 책 여러 권을 가득 채울 만큼 많이 밝혀졌다.[1] 그럼에도 놀라운 점은 과학자들이 효소가 정확히 무엇으로 구성되었는지를[2] 아직 밝히지 못했다는 사실이다. 이 질문에 대한 답을 찾는 과정은 오랜 시간 논쟁이 끊이지 않은 과학적 여정이었다. 이러한 탐구는 몇 가지 본질적인 측면에서 나중에 DNA 이중나선의 발견으로 이어진 유전 물질의 정체를 쫓는 여정과 비슷하다. 아우구스티노회의 수도사 그레고

어 멘델이 완두콩의 형질을 결정하는 유전 단위가 분명히 존재한다는 것은 알아도 그게 무엇으로 이루어졌는지는 전혀 몰랐듯이, 과학자들은 생화학 반응을 촉매하는 강력한 물질이 존재한다는 것은 알았지만 그것이 무엇인지에 대해서는 합의에 이르지 못했다.

사냥 사고로 팔을 잃은 뒤 화학 분야에 뛰어든 제임스 섬너James Sumner는 1920년대에 효소는 단백질이라는 이론을 내놓으며 주류 과학계에 등장했다. 섬너는 코넬 대학교 연구실에서 요소(소변에서 발견)를 암모니아와 이산화탄소로 분해하는 효소인 우레아제urease를 분리해 결정화하는 데 성공했다. 결정이란 아주 순수한 물질이어서, 예컨대 여러분이 햄버거에 뿌리는 소금의 조그만 정육면체 결정은 순수한 염화나트륨이다. 결정화된 우레아제는 그 자체로 순수한 단백질인 데다 여전히 효소의 활성을 유지했다. 그래서 섬너는 이 효소가 사실 단백질이라는 결론을 내릴 수 있었다. 물론 여전히 프로 불편러들이 있었다. 하지만 그 후 30년 동안 수많은 다른 효소들이 결정화되고 그 성분이 단백질이라는 사실이 속속 밝혀지면서 패러다임이 바뀌었다. 1946년 노벨상을 받은 섬너는 노벨상 수상 강연에서, 이미 모두가 정설로 받아들이던 그 사실을 말하는 데 거리낌이 없었다. "모든 효소는 단백질이다."[3]

그렇지만 30년이 지난 뒤, RNA를 연구하는 젊은 과학도가 된 나는 이 근본적인 원리가 사실은 근본적으로 틀린 것이 아닐까 하는 의문에 직면하게 된다. 틀린 게 맞다면, 나와 다른 과학자들은 RNA를 전혀 다른 시각으로 바라보아야 했다. 단순히 DNA의 전달자나 단백질을 만드는 데 쓰이는 수동적인 역할이 아닌, 생명 현상을 가동시키는 촉매제로 바라보아야 했다.

연못 섬모충이 준 교훈

1978년 MIT에서 박사 후 연구원을 마친 나는 볼더에 있는 콜로라도 대학교의 조교수로 일자리를 옮겼다. 나는 아주 낡은 화학과 건물 3층의 한 연구실을 배정받았다. 나는 첨단 과학을 지향했지만, 내 연구실은 검은 동석으로 만든 닳고 닳은 작업대와 니스를 칠한 오크 목재 서랍이 있는, 19세기에나 볼 법한 환경이었다. 하지만 독립 과학자로서 배정받은 첫 연구실이었기에 나에겐 감지덕지였다.

휑한 연구실을 멍하게 바라보고 있노라면 앞으로 무엇을 탐구하고 발견해야 할지 감이 잡히지 않았다. 그래도 최소한 나에게 도움의 손길이 필요하다는 것은 확실했다. 나는 제일 먼저 연구실 테크니션을 고용하기로 결심했다. 〈덴버 포스트The Denver Post〉지에 하루 동안 광고를 게재하자 30명 남짓 되는 지원자가 연락했다. 오직 한 지원자만이 추천서를 함께 보냈다. "이 사람은 금손을 가졌습니다. 그가 하는 실험은 무조건 됩니다."라고 쓰여 있었다. 아트 자우그Art Zaug는 코네티컷주의 웨슬리언 대학교에 근무 중이어서 나와 전화로 인터뷰했다. 높은 월급이나 정규직을 약속할 수 없었으나, 자우그는 내 제안을 수락했다. 그리고 내가 근무하는 콜로라도주에 와서 테트라히메나라고 불리는 연못에 사는 단세포 생물을 대상으로 실험에 돌입했다. 우리가 함께 다룰 새로운 현미경 속 기니피그였다.

당시 나는 지구상의 모든 생물학자와 마찬가지로 RNA가 일종의 중개자이며 언제나 DNA의 보좌역을 한다고 생각했다. 나는 DNA 파였다. 박사과정과 박사 후 연구원 시절 내내, 나의 연구는 이중나선을 중심으로 진행되었다. 하지만 이즈음 내 연구는 조금씩 RNA에 가까워지고 있었다. 볼더에 도착한 이후로 전사transcription 과정에서 DNA가 어떻게 복사되어 RNA가 만들어지는지를 연구하고 있었다. 중세 수도사들이 새 양피지에 성경을 필사하듯, 세포 속 효소도 DNA를 RNA로 그대로 옮겨 전사한다.

박테리아에서 일어나는 전사의 기본 원리는 이미 잘 밝혀져 있었다. 하지만 당시 내가 아트에게 설명한 것처럼, 나는 핵 속에 자신의 DNA를 격리하는 생명체인 진핵생물에서 전사가 어떤 방식으로 일어나는지 밝히고 싶었다. 그동안 진핵생물에 대한 기초적인 연구는 주로 유전자 조작이 가능한 효모나 초파리, 쥐를 대상으로 이루어졌다. 아니면 의학적인 중요성 때문에 인간의 세포와 조직을 활용하기도 했다. 하지만 나는 이러한 선택지에 끌리지 않았다. 효모나 초파리, 쥐에 있는 유전자는 수많은 유전자 중 하나에 불과해서 말 그대로 건초 더미 속 바늘일 뿐이기 때문이었다. 나는 본래의 단백질 파트너와 함께 온전한 유전자 전체를 분리하고 싶었기에 이 일을 가능케 해줄 진핵생물이 필요했다.

그렇게 나는 전 세계 담수 연못에서 발견되는, 섬모로 뒤덮인 둥근 단세포 생물 테트라히메나 테르모필라*Tetrahymena thermophila*를 만났다. 조그만 수박 모양을 하고 섬모로 덮인 테트라히메나를 현미경으로 보면 얼굴이 없는 햄스터처럼 귀엽기까지 하다. 테트라히메나 세포는 매우 빠르게 자라서 3시간마다 분열한다. 3시간마다 단백질 함량을 2배로 늘려야 한다는 뜻이다. 리보솜이라는 단백질 공장이 이 목표를 달성할 수 있도록, 테트라히메나 세포 하나에는 리보솜 RNA를 만드는 유전자가 1만 개 정도 있다.[4] 일반적인 인간 유전자가 보통 2개씩인(엄마한테서 하나, 아빠한테서 하나) 것과 1만 개 유전자를 비교해보면, 어째서 이 조그만 녀석이 내 관심을 끌었는지를 이해할 수 있을 것이다. 아무리 건초 더미 속 바늘이라도 바늘이 1만 개라면 찾기가 더 쉬워진다. 게다가 테트라히메나의 리보솜 RNA 유전자는 또 다른 놀라운 특징을 가졌다. 어떤 알 수 없는 이유에서, 그것은 거대한 염색체의 일부로 다른 유전자들과 나란히 들어앉아 있지 않고 짧은 DNA 조각들로 존재한다. 이러한 특성 덕분에 우리는 테트라히메나의 리보솜 RNA 유전자를 온전히 분리할 수 있는데, 이보다 몇천 배는 큰 인간 염색체로는 불가능에 가까운 일이다.• 테트라히메나의 DNA가 마치 리본으로 정성껏 포장된 선물처럼 과학자들이 자신을 가져가주기만을 기다리는 듯했다.

• 테트라히메나의 유전자를 약 30센티미터 길이의 마른 스파게티 면이라고 생각해보자. 이 스파게티 조각을 부수지 않고 길을 따라 운반하는 건 꽤 쉬운 일이다. 하지만 같은 축척으로 환산하면 전형적인 인간 염색체의 길이는 축구장 3곳의 가로 길이를 이어 붙인 약 300미터에 달한다. 그렇게 기나긴 스파게티가 한 조각이라면 집어 들기만 해도 이곳저곳이 부서지고 말 것이다.

어쩌고저쩌고가 또 나와?

우리의 목표는 이 테트라히메나 유전자가 어떻게 RNA로 전사되고, 진핵생물 염색체의 특징인 DNA 결합 단백질이 이 과정을 어떻게 조절하는지를 이해하는 것이었다. 아트의 금손이 발휘되는 데는 오랜 시간이 걸리지 않았다. 아트는 놀라울 정도로 정확하게 실험을 수행했고, 이는 연구실 학생들에게 여러모로 큰 자산이 되었다. 학생들은 얼른 아트가 만든 무기물 용액을 얻기 위해 줄을 섰다. 아트가 만든 것은 잘되었고, 그들이 만든 것도 그래야 한다는 것을 잘 알고 있었기 때문이다. 연구실 사람들은 논문을 출판할 때가 되면 아트에게 '마지막으로 한 번만' 핵심적인 실험을 다시 해달라고 부탁하곤 했다. 그들의 데이터가 그럭저럭 괜찮았어도, 아트가 실험하면 완벽하다는 것을 알았기 때문이다.

우리는 곧 연구하던 테트라히메나 유전자에 약 400개의 염기쌍으로 구성된[5] 다소 작은 인트론 하나가 들어 있다는 사실을 발견했다. 처음에는 '어쩌고저쩌고'가 이 유전자에도 있네, 라고 단순히 여겼다. 필 샤프와 리치 로버츠Rich Roberts가 이미 2년 전에 mRNA에 관해 발표한 것처럼 유전자의 주요 부위를 끊어놓는 서열이라고 생각했다. 비록 우리의 연구 대상은 mRNA가 아닌 리보솜 RNArRNA이기는 했지만, 기본적인 원리는 똑같으리라고 짐작했다. 당시 과학자들은 인트론이 유전자에 어떤 식으로 삽입되는지에 대해 의견의 일치를 보지는 못했지만, 인트론이 제거되어야 한다는 점은 확실했다. 유전자가 RNA에 복사될 때마다, 단백질을 암호화하는 mRNA든 단백질을 합성하는 리보솜의 일부인 rRNA이든 간에 제대로 기능하는 RNA 분자를 생산하려면 인트론을 매우 정밀하게 잘라내야 했다.

DNA파였던 나는 인트론에 별로 관심이 없었다. 대신 전사 과정을 이해하는 것이 내 관심사였다. 우리가 첫 번째로 던진 질문은 단순했다. 아트와 내가 과연 DNA에서 RNA가 복사되는 순간을 관찰할 수 있을까?

초기 실험에서 우리는 테트라히메나 리보솜 RNA 유전자를 물리적으로 분리할 필요가 없었으며 대신 일종의 마법 소스를 사용했다. 아트는 테트라히메나 세포핵을 정제한 다음 아름다운 붉은 갓을 가진 광대버섯속*Amanita* 버섯에서 뽑아낸 독소를 살짝 넣었다. 이 소스는 물론 소고기 요리 뵈프 부르기뇽에 들어가지는 않지만, 우리의 생화학적 조리법에서는 mRNA와 tRNA를 만드는 RNA 중합효소를 독으로 망가뜨리면서 rRNA를 만드는 효소는 손상시키지 않는 유용한 특성이 있었다. 그러니 시험관에서 만들어지는 모든 RNA는 오직 rRNA 유전자에서만 나오는 셈이었다. 또한 우리의 생화학적 조리법에는 약간의 방사성 뉴클레오티드도 포함되어 있어 그것이 분리된 핵에서 합성되는 모든 RNA에 끼어들어 갈 수 있었다. 이렇게 하면 실험 과정에서 이 RNA를 계속 추적할 수 있다. 이 모든 것을 한데 섞은 후 시험관을 한 시간 정도 놔둬서 세포핵에서 RNA가 만들어질 시간을 주었다.

그 후 아트는 이렇게 만들어진 RNA를 분석하고자 겔 전기영동gel electrophoresis(전기의 성질을 이용해 단백질, 핵산 등 유기물질을 분리하는 기법-편집자)이라는 방법을 사용했다. 겔은 말랑말랑한 젤리 같은 소재로 된 판 조각인데, 전기장이 겔에 걸리면(위쪽에 음극, 아래쪽에 양극) 음전하를 띤 RNA 분자들이 겔에서 아래쪽으로 점점 밀려난다. 작은 RNA들은 큰 것들보다 더 빠르게 꿈틀대며 겔을 통과할 수 있어서, 결국 RNA 분자들은 크기에 따라 서로 구별되는 줄무늬, 또는 띠를 형성한다.

그런 다음 아트는 겔을 암실로 가져가서 엑스선 필름 한 장을 위에 놓은 뒤 하룻밤 동안 노출시키고 다음 날 아침에 현상했다. RNA 분자에 방사성 동위원소가 붙어 있었던 데다 각각의 RNA 띠가 필름의 인접한 부분을 서서히 노출시켰기 때문에 이 엑스선 필름은 효과가 있었다. 원래 의사가 환자의 뼈가 부러졌는지 확인하는 데 사용하는 필름으로 겔 속에 있는 RNA의 이미지를 얻을 수 있었던 것이다.

아트와 나는 리보솜 RNA를 직접 보고 싶었고, 이 실험 결과 RNA는 엑스선 필름에 어두운 띠의 모습으로 나타났다. 놀랍게도 400개의 염기로 이루어진 훨씬 작은 RNA였다. 이게 대체 무엇일까? 몇 번의 추가 실험 끝에 아트는 그것이 인트론 RNA라는 사실을 알아냈다. 시험관 반응에서 더 큰 rRNA 전구체로부터 튀어나온 RNA들이었다.

갑자기 우리는 인트론에 대해 큰 관심을 갖게 되었다. 당시의 과학자들은 아무 상관도 없는 인트론이 RNA에서 빠져나오는 **방법**을 매우 궁금해했는데, 우리가 우연히도 그 순간을 포착한 것 같았다. 생화학 반응의 메커니즘을 이해하기 위한 첫 번째 단계는 살아 있는 유기체 밖에서, 즉 시험관 내에서 그 반응이 일어나도록 하는 것이다. 반응에 필요한 모든 요소를 제어할 수 있기 때문이다. 이러한 생화학적 반응 조건을 맞추는 데 몇 년이 걸리는 경우도 왕왕 있었다. 하지만 이 테트라히메나 RNA 스플라이싱은 우리가 RNA를 합성할 때마다 일어나고 있었다. 이 RNA는 우리에게 스플라이싱이라는 쇼를 맨 앞자리에서 보여주는 것 같았다.

우리는 단백질 효소가 이 RNA 스플라이싱을 일으킨다고 가정했다. 잘려 나온 인트론의 길이가 일정하다는 점은 특정 효소가 작용하고 있음을 의미하고, 섬너가 말했듯이 '모든 효소는 단백질'이었기 때문이다. 그래서 아트와 나는 테트라히메나 스플라이싱 효소를 찾는 실험을 고안했다. 효소들일 수도 있었다. 하나는 인트론을 잘라내고, 다른 하나는 rRNA의 쓸모 있는 부분을 다시 꿰매 붙이는 역할을 하는, 두 가지 효소일 수도 있기 때문이다. 우리는 RNA 스플라이싱이 일어나는 장소를 알고 있었다. 바로 테트라히메나 세포핵 내부였다. 또한 우리는 무엇이 스플라이싱되는지도 알았다. 막 복사된 RNA가 그 대상이었다. 그래서 우리는 먼저 스플라이싱에 들어가기 전의 RNA를 분리하는 방법을 찾아야 했다. 그래야 그 안에 인트론이 포함될 것이다. 우리는 시험관을 가져다가 스플라이싱되지 않은 RNA와 테트라히메나의 핵 추출물을 한데 섞었다. 그리고 RNA를 겔에 집어넣은 다음 엑스선 필름을 활용해 RNA 스플라이싱 활성을 관찰했다.

아트가 이 실험을 처음 시도했을 때 우리는 더 큰 rRNA에서 400 염기로 이뤄진 인트론 RNA가 스플라이싱되어 나오는 것을 보고 흥분했다. 과학계에 몸담으면서 이렇게 빨리 자연 현상을 실험실에서 재현하는 것은 드문 일이다. 실제로 우리의 친구이기도 한 캘리포니아 대학교 샌디에이고 캠퍼스의 존 아벨슨John Abelson은 효모 mRNA

의 스플라이싱을 시험관 안에서 구현하는 데 4년이라는 길고도 험난한 시간이 걸렸을 정도였다.[6]

하지만 뭔가 이상했다. 여느 숙련된 과학자들처럼 아트는 우리가 관찰한 반응이 전부 제대로 작동하는지 확실히 하고자 여러 대조군을 만들었다. 좋은 대조군 샘플이라면 생화학적 조리법의 재료 중 하나를 제외하고 다른 모든 것은 동일하다. 만약 '실험'이 케이크 만들기라면, 대조군에서는 밀가루나 달걀, 초콜릿 중 하나를 생략하는 식이다. 제빵사라면 곧 밀가루와 달걀은 필수적인 재료지만 초콜릿은 선택적인 재료라고 지적하며 케이크를 굽는 데 관한 자신의 지식을 뽐낼 것이다. 아트의 RNA 스플라이싱 실험에서 테트라히메나의 핵은 스플라이싱 반응을 촉진할 효소의 공급원으로 가정되었기에, 테트라히메나 핵을 생략한 샘플은 좋은 대조군이었다. 우리는 핵이 없는 이 샘플이 아예 아무것도 만들어내지 못할 것이라고 예상했다. 하지만 놀랍게도 RNA 스플라이싱은 여전히 일어났다. 마치 스플라이싱에 효소의 도움은 필요하지 않다는 듯 400개의 염기로 이루어진 인트론이 엑스선 필름에서 밝고 선명하게 모습을 드러냈다.

이것은 단순히 별나기만 한 일이 아니었다. 그야말로 전례 없는 사건이었다. 당시 출판된 고등학교나 대학교 생물학 교과서를 펼쳐보면 단백질로 이뤄진 효소만이 전적으로 세포 내 반응을 촉매한다고 설명하고 있다. 하지만 놀랍게도 여기서 그 과정은 RNA만으로도 일어나는 것처럼 보였다. 실제로 그런 것일까? 이후 1년 동안 나는 정제 과정에서 테트라히메나의 단백질 효소가 어떻게든 RNA에 달라붙었고, 그 효소가 시험관에서 관찰되었던 RNA 스플라이싱을 일으

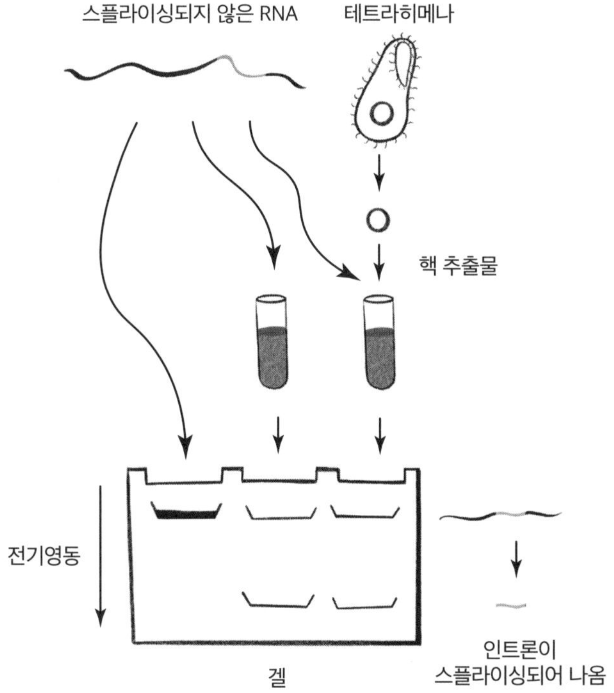

테트라히메나에서 리보솜 RNA 스플라이싱을 촉매하는 효소를 찾으려는 초기 실험은 예상치 못한 결과를 낳았다. 처음에는 RNA 스플라이싱 과정에서 효소를 제공하는 세포핵 추출물이 필요할 것으로 예상되었지만, 겔 전기영동 기술(작은 RNA를 큰 RNA와 분리하는)로 밝혀진 바에 따르면 RNA 스플라이싱은 핵 추출물이 없어도(가운뎃줄), 핵 추출물이 있어도(오른쪽 줄) 둘 다 일어났다. 여기서 다음과 같은 문제가 제기되었다. 핵 추출물 속 효소가 없을 때 과연 무엇이 이 반응을 촉매했던 것일까?

켰던 것이 아닐지 계속해서 염려했다. 만약 우리가 실험한 RNA가 단백질로 오염되었다면, RNA가 스스로 스플라이싱을 촉매할 수 있다고 확실히 단언할 수는 없었다. 어쩌면 그 가상의 단백질을 털어낼 방법을 찾아냈어야 했는지도 모른다. 그러면 RNA는 스플라이싱을 멈추고, 우리는 다시 스플라이싱 효소를 찾는 일로 돌아갔을지도 모른다.

그 시점에서 나는 훌륭한 과학자라면 누구나 마땅히 해야 할 일을 했다. 데이터를 믿기로 한 것이다. 그 여정은 곧 RNA 과학이라는 작은 세계로 나를 이끌었다. DNA파였던 나는 이제 RNA파로 거듭나고 있었다. 그 당시에는 미처 깨닫지 못했지만, 원래 일하던 배를 버리고 새로운 배로 갈아타는 이 선택은 내 인생에서 가장 중요한 결정이었다.

RNA로 만든 작은 도넛

아트와 내가 스플라이싱 반응을 계속 탐구하는 동안, 우리 연구실에 새로 들어온 대학원생 폴라 그라보스키Paula Grabowski가 전례 없는 또 다른 발견을 했다. 우리는 RNA가 정말로 스스로 스플라이싱을 할 수 있는지 의구심을 품고 있었는데, 폴라의 정말 이상한 실험 결과로 인해 더욱 미궁 속에 빠졌다. 이해는 되지 않았지만, 외계에서 온 것 같은 이상한 실험 결과가 두 개나 있다 보니 우리가 완전히 무능하거나 미친 것만은 아니라는 생각에 왠지 위안이 되었다.

폴라가 그 발견을 하기 위해 손을 뻗은 것이 아니고 오히려 그 발견이 폴라를 찾아왔다. 당시에 폴라는 RNA 스플라이싱 반응을 우리가 보통 맞춰놓는 표준 온도인 30°C 대신 39°C에서 실행하기로 했는데, 두 온도 모두 테트라히메나가 성장하는 범위 내에 있었다. 그러자 잘려 나온 인트론 산물이 하나가 아니라 둘이었다. 새로 등장한 인트론에는 이상한 점이 있었다. 겔 전기영동으로 분석했을 때 새 인트론은 매우 느리게 움직였다. RNA가 특이한 모양을 하고 있어서 겔을 통해 움직이는 속도를 느리게 하는 것 같았다.

전기영동 중에 보이는 이 인트론의 이동 양상을 보면 확실히 원형이나 가지 친 구조물 같았다. 비록 원형의 RNA는 드물었고 바이러스라든가 바이러스와 비슷하게 감염성을 갖는 RNA에만 국한된 것으로 여겨졌지만 말이다. 폴라는 새로 발견된 인트론이 정말로 원형임을 암시하는 몇 가지 증거를 제시했다. 그래도 RNA를 전자현미경으로 들여다보기 전까지는 단언할 수 없는 일이었다. 이 과제는 우리 연구실에서 유일하게 전자현미경을 다룰 줄 아는 나에게 떨어졌다.

내가 연구실을 열고 아트를 고용한 지 어언 2년이 지난 뒤였다. 그때 나는 온종일 강의를 하고 있었기 때문에 실험은 주로 밤에 이루어졌다. 너비가 약 8분의 1인치인 구리 격자판에 폴라의 RNA 샘플을 올렸다. 같은 날 저녁에 캠퍼스 전자현미경 하나를 예약해뒀었다. 암실의 고압 전류 스위치를 올리자 핼러윈에나 어울릴 법한 형광 녹색의 화면이 내 얼굴을 비췄다. 접안렌즈로 들여다보자 작은 도넛 모양의 RNA가[7] 격자판을 뒤덮은 모습이 보였고, 나는 흥분했다. 보여야 믿을 수 있는 것이다! 물론 그 당시에는 원형의 인트론 RNA가 중요한 발견이라기보다는 호기심의 대상에 가까웠다. 한참을 더 연구하고서야 그 중요성을 깨달을 수 있었다.

그해 여름, 나는 핵산을 주제로 뉴햄프셔에서 열린 권위 있는 학술대회에 초대되어 우리의 새로운 RNA 연구에 관해 발표할 기회를 얻었다. 조교수로서는 아주 드문 기회였다. 나는 출장 중에도 연구가 차질 없이 진행되도록 수시로 연구실에 전화를 걸어 진행 상황을 확인했다. 뉴햄프셔에 도착한 바로 다음 날 나는 폴라에게서 전화를 받았는데, 그의 목소리에서 흥분을 느낄 수 있었다. 폴라는 더 큰 RNA에서 스플라이싱되어 나온 이후의 테트라히메나 선형 인트론을 분리했는데, 이 형태의 인트론을 시험관 안에 놓아두면 점점 원형으로 바뀐다는 사실을 발견했다. RNA 연구의 역사를 짚어보면 RNA를 얻어 원형을 만들려면 핵산의 양쪽 끝을 연결하는 단백질 효소를 첨가해야만 했다. 이러한 현상이 저절로 일어나는 법은 없었다.

나는 폴라의 흥분된 감정을 공감하고자 애썼지만, 대부분의 이야기를 믿을 수 없었다. 조금은 성가시기도 했다. 저명한 과학자들 앞에서 발표하기 직전인데, 왜 이 시점에 경험도 부족한 한낱 대학원생이 말도 안 되는, 아마 터무니없는 실수에서 비롯되었을 결과로 나를 귀찮게 하는 걸까? 나는 그런 괴상하고 별난 실험 결과를 다음 날 강연에서 언급할 생각이 전혀 없었다.

하지만 볼더로 돌아온 뒤, 나는 그 말도 안 되는 폴라의 실험 결과가 사실이라는 것을 알았다. 그것은 완전히 재현 가능했다. 그에 따라 역사가 오래되지도 않은 우리 실험실은 교과서에 실린 지식과 위배되는 엉뚱한 결과를 두 가지나 발견하게 되었다. 효소를 공급할 원천이 전혀 없는 상태에서 RNA가 스스로 스플라이싱되었던 일, 그리고 잘려 나온 인트론이 효소가 전혀 없는 상태에서 동그랗게 다시 묶인 일이 그것이었다. 대체 무슨 일이 벌어지고 있는 것인가?

1981년 말에 우리는 RNA의 스플라이싱과 환형화circularization 반응을 개별적인 인과 산소 원자의 수준까지 분석했다.[8] 하지만 촉매 작용의 원천에 관해서는 제임스 섬너가 등장한 1917년 이전의 효소 학자들과 완전히 같은 상황에 놓여 있었다. 무슨 일이 벌어지고 있는지는 알고 있었지만, 무엇 때문에 그런 일이 벌어지고 있는지 몰라 혼란스러울 뿐이었다. RNA가 저절로 잘리거나 자발적으로 결합해 원형이 되는 일 따위는 수천 년을 지켜봐야 한 번 일어날까 말까 한 일이다. 심지어 일어난다 해도 우리가 관찰했던 것처럼 아주 섬세하고 정확하게 일어날 수는 없다. 촉매가 있어야만 했다.

하지만 알고 보니 그것은 우리의 얼굴을 똑바로 응시하고 있었다.

데이지 꽃잎 따기

그해 화학과의 크리스마스 파티에서 폴라는 내게 손수 만든 조그마한 선물을 줬다. 플라스틱 데이지꽃이었는데, 폴라는 꽃잎 한 장 한 장마다 '단백질이다', '단백질이 아니다'를 번갈아 세심하게 인쇄해놓았다. 바로 우리가 부딪친 난제였다.

우리가 실험에 사용한 RNA는 엄격한 정제 단계를 거쳐 단백질이 제거된 상태였다. RNA에서 단백질을 제거하는 데 보통 쓰이는 기술은 우리가 옷에 묻은 얼룩을 제거하는 데 사용하는 방식과 크게 다르지 않다. 우리가 뜨거운 물로 옷을 세탁하는 이유는 높은 온도에서 단백질 사슬이 풀리고 불활성화되기 때문이다. 우리가 쓰는 세제도 단백질 사슬을 푼다. 심지어 '효소 활성 세탁 세제'를 넣기도 하는데,

데이지꽃에서 꽃잎을 한 장씩 떼는 것은 테트라히메나 리보솜 RNA의 스플라이싱이 단백질 효소를 필요로 하는지 여부를 밝히는 방법은 아니었다.

여기에 든 단백질 효소가 다른 단백질들을 분해하기 때문이다. 우리의 RNA는 이러한 모든 처리를 거쳤고, 그럼에도 계속해서 스플라이싱을 거친 다음 저절로 원형으로 모습을 바꿨다. 실험 결과들은 분명 우리 샘플에 단백질이 오염되어 있을 수 있다는 가설을 뒷받침하지 않았다. 하지만 내가 아무리 단백질이 없다고 주장해도, 즉 RNA가 혼자서 이 모든 곡예를 했다고 주장한다 해도, 의심 많은 과학자들은 우리가 정제 과정에서 사용한 온갖 처치들을 견딜 수 있는 단백질에 대해 들어본 적 있다고 언급할 것이 분명하다.

우리에게 필요한 것은 테트라히메나를 이용하지 않고 인트론을 포함한, 스플라이싱되지 않은 RNA를 만들어내는 것이었다. 그러면 테트라히메나 효소에 의한 오염 가능성을 배제할 수 있게 된다. 만약 인공적으로 생성된 RNA가 살아 있는 세포 내에서 스플라이싱에 사용되는 동일한 부위에서 여전히 스플라이싱을 거친다면, 우리는 그 RNA가 스스로 촉매 작용을 한다고 주장할 수 있다. 만약 그것이 사실이라면 효소가 무엇으로 만들어지는지, RNA가 무엇을 할 수 있는지에 대한 우리의 이해에 혁명적인 변화가 일어날 것이다.

당시는 유전공학의 초창기여서, 우리 연구실은 아직 그 기술을 습득해 활용하지 못하는 여러 연구실 가운데 하나였다. 우리가 써야 할 기법은 오늘날 신약을 개발하는 생명공학 기업들이 유전자를 조작하는 데 사용하는 방법과 동일하다. 우리는 대장균을 속여서 테트라히메나 리보솜 RNA를 만들도록 해야 했다. 이를 위해선 테트라히메나 DNA를 대장균 세포에서 복제될 수 있는 플라미스드라 불리는 원형 DNA에 넣어줘야 한다. 그러면 페트리 디쉬에 담긴 대장균을 그야말로 유전자 복사기로 만들어 우리가 원하는 유전자를 필요한 만큼 뱉어내도록 만드는 셈이었다.

지금은 학부생이 하루면 할 수 있는 실험이지만, 1982년 당시에 우리가 이 실험을 완벽하게 해내기까지는 수개월이 걸렸다. 일단 살아 있는 테트라히메나 세포에 노출된 적이 없는, 빤딱빤딱한 깨끗한 유전자를 얻는 데 결국 성공했지만, 이 유전 물질을 RNA로 복사하려면 RNA 중합효소라는 단백질 효소가 여전히 필요했다. 다행히도 아내 캐럴이 대장균의 RNA 중합효소를 정제하는 전문가였고, 이 마지막 재료를 기꺼이 제공해주었다. (물론 캐럴이 내 아내가 아니었더라도 이 효소를 나에게 조금 나누어 주었으리라 확신하긴 하지만, 어쨌든 동료 생화학자와 결혼하면 이렇게 가끔씩 도움받는 일이 생긴다.)

아트 자우그는 인공 유전자로 RNA를 만든 뒤, 이미 익숙한 공정을 활용해 이 실험에 넣어준 단 하나의 단백질, 대장균 RNA 중합효소를 제거했다. 그런 다음 스플라이싱 반응에 필요한 재료들을 다른 농도로 시험관에 담은 뒤 정제된 RNA를 넣어줬다. 다시 말하지만 이것은 요리와 약간 비슷하다. 케이크를 구우려면 밀가루, 설탕, 달걀, 베이킹파우더, 물을 준비하고 정해진 조리법을 따라야 한다. 우리 실험에서는 필요한 재료가 RNA와 모든 세포에 공통으로 들어 있는 약간의 무기물, 그리고 구아노신이었다. 구아노신이란 RNA의 알파벳을 구성하는 4가지 요소 가운데 G에 해당하는 뉴클레오티드이다. 그런 다음 이전과 같이 RNA 반응의 산물을 겔 전기영동으로 분리해 엑스선 필름으로 현상했다.

마침 몇 년 전에 테트라히메나를 우리에게 소개한 코펜하겐의 대학교수인 내 친구 얀 엥베르Jan Engberg가 볼더의 실험실을 방문했다. 그때 우리는 인공 박테리아에서 만들어진 테트라히메나 RNA가 여전히 고유의 마법을 부릴 수 있는지 실험하고 있었다. 새로 현상한 필름을 본 얀의 반응이 아직도 기억난다. 인트론이 더욱 큰 RNA로부터 저절로 스플라이싱되어 겔 위에 400염기짜리 선명한 띠를 만들었다. 이번에야말로 우리는 여기에 단백질 효소가 관여하지 않는다는 사실을[9] 확실히 알았다. 얀은 목소리를 낮게 깔면서 고개를 들어 멋진 덴마크 억양으로 말했다. "해냈구나."

이제 좀 즐길 때가 됐다. 이 놀라운 RNA를 뭐라고 불러야 할까?

나는 연구실 칠판 구석에 이름 붙이기 콘테스트를 마련했다. 시간이 지나자 점점 더 많은 출품작이 등장했다. 그 가운데는 '스스로 잘라 내는self-excising RNA'의 줄임말인 '섹스sex RNA'도 당연히 있었다. 자기 자신을 원으로 바꿀 수 있는 새로운 슈퍼 히어로라는 의미로 '서쿨론Circulon'이라는 이름도 있었다. RNA에 대한 프랑스어 약자인 ARN을 넣은 ARN자임ARNzyme이라는 합성어도 후보로 나왔는데, 'RNA자임'보다는 혀 굴려 발음하기가 더 나은 듯했다. 그러다 한 후보가 눈에 띄었다. '효소 활성을 지닌 리보핵산'이라는 뜻이 담긴 '리보자임ribozyme'이었다. RNA가 스스로 스플라이싱을 거칠 뿐 아니라 저절로 맞붙어 원형이 된다는 사실은, 그것이 마치 효소처럼 작용할 수도 있다는 확신을 주었다. 스플라이싱 반응이 끝난 뒤에도 꾸준히 무언가 일을 계속할 만한 힘이 있다는 뜻이기 때문이다.

물론 그렇게 포괄적인 용어를 채택한 것은 대담한 결정이었다. 우리는 단 한 가지 사례만 보았을 뿐인데 분자 전체를 아우르는 이름을 골랐다. 하지만 나는 그렇게 문제 될 일이 없다고 생각했다. 만약 두 번째 사례가 발견되지 않는다면, 우리의 발견은 보통의 범주에서 벗어난 별난 예가 될 테고 우리가 그것을 뭐라고 부르든 크게 중요하지 않을 것이다. 하지만 만약 테트라히메나가 활성을 가진 RNA 분자라는 거대한 무리에 대해 최초로 발견된 사례라면 어떨까?

이 질문에 대해 '실제로 그렇다'라는 답변을 하는 데는 그리 오랜 시간이 걸리지 않았다. 1982년 12월에 출판된, 스스로 스플라이싱하는 RNA에 관해 발표한 논문이 나온 지 불과 몇 달 만에 나는 세인트루이스, 암스테르담, 올버니에서 연구하는 동료들로부터 곰팡이,[10]

효모,[11] 심지어 세균에 감염되는 바이러스인 박테리오파지에서도[12] 인트론 리보자임을 발견했다는 소식을 들었다. 마지막 사례는 RNA 스플라이싱이 진핵생물에서만 벌어지는 현상이라는 기존의 '법칙'을 깬 것이기도 하다. 스스로 작동하는 RNA가 존재한다는 사실을 알게 된 과학자들은 자연 곳곳에서 그와 같은 RNA를 발견하기 시작했다.

스스로 스플라이싱하는 RNA는 '모든 효소는 단백질이다'라는 생물학의 기본 교리를 완전히 박살 내는 듯 보였다. 물론 섬너가 완전히 틀린 것은 아니다. 대부분의 효소는 실제로 단백질이다. 그럼에도 스스로 스플라이싱하는 RNA는 어쩌면 단백질이 등장하기 전 아주 먼 고대에는 리보자임이 촉매 작용을 담당했을지도 모른다는 추측을 불러일으켰다.

그뿐만 아니라 이 발견은 자연계에 아직 발견되지 않은 RNA 촉매가 더 존재할 가능성을 시사했다. 이전에는 단지 단백질의 전유물로만 여겨졌던 온갖 화려하고 눈부신 반응을 RNA가 담당할지도 모른다. 실제로, 굉장히 다른 종류의 RNA 촉매가 바로 눈앞에서 발견되기만을 기다리고 있었다.

소금 한 톨을 더하면 생기는 일

제우스의 머리에서 완전한 모습을 갖추고 심지어 완벽하게 무장한 채 태어난 여신 아테나와는 달리, RNA 분자는 DNA로부터 활성을 가진 최종 형태로 바로 전사되지 않는다. 그 대신 RNA는 자기 일을 하기 전에 가공 과정을 거친다. 인트론을 잘라내고 남은 RNA 서열을 꿰매는 스플라이싱 작업은 확실히 드라마틱하기는 하지만 RNA가 가공되는 한 가지 방식일 뿐이다. 새로 만들어진 RNA는 말단이나 그 근처에서 가공이 일어난다. 예컨대 DNA에 의해 암호화되지 않은 염기를 추가하거나 불필요한 서열을 잘라내는 식이다.

tRNA(transfer RNA, 전달 RNA)가 좋은 예다. tRNA는 한쪽 끝에서 mRNA 코돈을 인식하고, 다른 쪽 끝에서는 코돈과 맞는 아미노산을 운반하는 일종의 어댑터다. 처음에는 어댑터의 시작 부분에 여분의 RNA가 전사되는데, tRNA가 제 기능을 하려면 정확히 특정 염기에서 이 부속물을 잘라내야 한다. 이때 RNA를 절단하는 효소를 리보뉴클레아제ribonuclease라고 하며, 줄여서 RNAase 또는 RNase라고도 부른다. 그리고 tRNA 앞에 있는 원치 않는 여분의 서열을 절단하는 특정 효소를 리보뉴클레아제 PRNase P라고 한다. P는 processing(가공)의 앞 글자를 딴 알파벳이다. 프랜시스 크릭과 시드니 브레너Sydney Brenner가 일했던 영국 케임브리지 대학교 연구소에서 박사 후 연구원으로 연구하던 시드니 올트먼Sidney Altman이 대장균에서 이 효소를 발견했다.

그 후로 시드니 올트먼은 예일 대학교의 자기 연구실에서 리보뉴클레아제 P에 관한 연구를 계속했다. 리보뉴클레아제 P는 정말로 신기한 효소였다. 수십 년에 걸쳐 개발된 단백질 정제 기술로 이 효소를 대장균에서 정제할 때마다 성가신 RNA 분자가 같이 따라왔다. 시드니 밑에서 일하는 대학원생이었던 벤 스타크Ben Stark는 박사 논문을 완성하려면 리보뉴클레아제 P를 정제해야 한다는 압박을 느끼

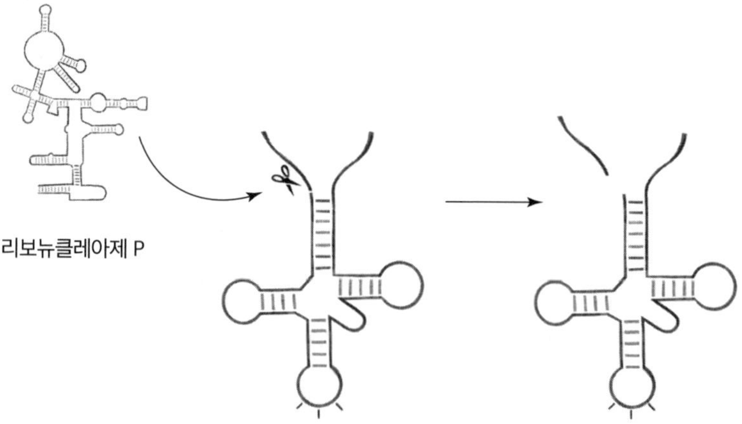

대장균의 리보뉴클레아제 P는 RNA 분자(여기에 그려진)와 결합 단백질(여기에 그려지지 않은)로 구성되며, tRNA 전구체 분자의 특정 부위를 절단해 tRNA가 적절한 말단 부위를 갖도록 한다.

고 있었고, 효소에서 이 RNA를 제거하지 못한다고 놀림을 당하기도 했다.[13] '모든 효소는 단백질'이므로, 실력 좋은 대학원생이라면 RNA가 없는 상태로 리보뉴클레아제 P 효소를 정제할 수 있어야 한다고 여겨졌기 때문이다. 하지만 스타크는 자신이 무능하다는 평을 거부할 만큼 충분히 강하고 숙련된 연구자였다. 결국 실험을 통해 스타크는 RNA 성분이 리보뉴클레아제 P 효소를 활성화하는 데 필수적[14]이라는 점을 입증해 시드니 올트먼과 논문 심사 위원회를 설득하는 데 성공한다. 스타크는 RNA와 단백질 성분을 따로 정제한 다음 tRNA 절단 활성을 회복하기 위해 이 둘을 다시 섞어 줘야만 했다. 하지만 그것이 효소에 대한 황금률을 뒤집어 법칙을 다시 쓴다고 여기지는 않았다. 여전히 반응을 일으키는 것은 RNA가 아니라 시스템 속의 단백질 성분이라고 생각했기 때문이다.

그렇다면 리보뉴클레아제 P에는 왜 단백질에 더해 RNA도 추가로 필요했을까?[15] 이 질문에 대한 답을 알아내는 데 약간의 우연이 필요했다. 올트먼 연구실은 콜로라도에 있는 놈 페이스Norm Pace 연구실과 함께 여러 요소를 짜 맞추는mix and match 일련의 실험을 진행하고 있었다. 예컨대 올트먼의 연구실은 정제된 리보뉴클레아제 P 단백질과 RNA를 가지고 있었고, 놈 연구실은 대장균과 먼 친척인 고초균Bacillus subtilis의 두 가지 성분을 가지고 있었다. 이들은 종의 경계를 넘어 대장균의 RNA와 고초균의 단백질을 조합하면 과연 효소적으로 활성을 보일지 궁금했다. 1983년 9월 23일 금요일, 올트먼의 연구실에서 일하던 과학자 세실리아 게리어-다카다Cecilia Guerrier-Takada가 전광석화와 같이 재빨리 이 실험을 수행했다. 실력이 뛰어난 과학자였던 세실리아는 아트가 우리 연구실에서 했던 것처럼 성분들을 조합하는 한편 대조군 실험도 여러 번 시행했다. 결정적으로, 세실리아는 이전에 활성이 없음을 이미 확인했던, RNA 또는 단백질만 포함시키는 반응을 다시 했다. 그리고 이번에도 활성을 보이지 않을 것이라 확신했다.[16]

하지만 이번에는 좀 다르게 했다. 놈은 올트먼에게 전화를 걸어 모든 살아 있는 세포에서 흔히 볼 수 있는 무기물인 염화마그네슘을[17] 반응에 추가하는 것이 도움이 될 수도 있다고 제안했다. 이는 요리사들이 요리책에서 조리법을 이리저리 시험할 때 흔히 하는 작업이었다. 달걀을 몇 개 더 넣거나, 설탕을 조금 덜 넣는 것처럼 재료를 조금 바꾸면 결과물인 케이크가 더 맛있어질지 시험하는 것이다. 그래서 세실리아는 tRNA의 전구체와 다양한 리보뉴클레아제 P의 RNA, 단백질 성분을 혼합할 때 이 새로운 조건을 기존의 표준 조건에 더해 실험했다. 그런 다음 겔 전기영동을 활용해 tRNA의 전구체를 다른 물질들과 분리하고 엑스선 필름에 밤새 노출시켰다.

다음 날인 토요일에 필름을 현상한 세실리아는 항상 그렇듯이 대장균과 고초균 둘 모두에서 리보뉴클레아제 P 효소에 의해 tRNA의 전구체가 정확한 위치에서 잘려 나갔음을 확인했다.[18] 그동안 수십 번은 관찰한 결과였다. 하지만 그다음이 중요했다. 짠! 단백질 성분 없이 용액에 리보뉴클레아제 P의 RNA만을 포함하는 실험에서도, 마그네슘염을 함께 쏟아부은 결과 tRNA의 전구체가 정확하게 잘려 나갔다. 단백질만 포함된 샘플은 비활성 상태인 반면, RNA는 자체적으로 효소 역할을 하는 것처럼 보였다.

이 결과가 몰고 올 엄청난 영향을 곧장 알아차린 세실리아는 누군가에게 말하기 전에 실험 결과가 정확한지 다시 확인하고자 했다. 시험관을 잘못해서 뒤섞는 등 실수를 하지 않았는지 확인하기 위해 같은 날인 토요일에 반복 실험을 한 것이다. 그리고 일요일에 엑스선 필름을 현상하자, 염을 많이 집어넣은 조건에서 대장균과 고초균의 RNA는 다시 효소 활성을 보였지만, 단백질 성분들은 RNA 없이는 활성을 보이지 않았다. '모든 효소는 단백질'이라는 주장은 이제 끝났다! 마침 올트먼이 일요일에 사무실에 출근했기에 세실리아는 놀라운 결과를 그에게 보여주었고 함께 기쁨을 나누었다.

월요일 아침, 올트먼은 이 결과를 발표할 논문의 대략적인 초안을 이미 작성해놨다. 그리고 놈의 연구실에 전화를 걸어 결과를 공저자들과 공유했다. 놈 역시 올트먼 못지않게 깜짝 놀랐다. '모든 효소는 단백질'이라는 공리가 그의 머릿속에도 단단하게 자리 잡았기 때문이다.[19]

우리 실험실에서 스스로 스플라이싱하는 RNA를 보고한 지 1년 만에 리보뉴클레아제 P가 리보자임이라는 사실이 밝혀지면서 리보자임의 개념이 새로운 차원으로 확장되었다. 이 점은 꽤 중요했다. 우리는 실험에서 스스로 스플라이싱하는 RNA, 다시 말해 자기 자신의 **내부** 촉매 역할을 하는 RNA를 발견했다. 그리고 올트먼의 팀은 RNA가 **외부** 촉매로 작용해 무언가 다른 물질, 즉 tRNA의 전구체에 작용할 수 있음을 발견했다. 두 경우 모두 RNA는 단순히 DNA에서 단백질로 정보를 전달하는 역할만이 아니라 세포 반응을 일으키는 적극적인 동인이 되는 분자로 등장했다. 바로 이 점이 그로부터 고작 6년이 지난 1989년에 올트먼과 내가 상호보완적인 이 발견으로 노벨 화학상을 받게 된 이유다.

더 많은 촉매 RNA 찾기

과학은 신비로운 방식으로 작동한다. 여러분은 가설을 세우고, 증거를 모아 실험을 수행하고, 데이터를 확인한다. 이때 운이 좋다면 동료들로부터 해당 분야에 의미 있는 공헌을 했다고 인정받는 발견을 하게 된다. 하지만 그다음에 무슨 일이 벌어질지, 누가 배턴을 이어

받아 어디로 달리게 될지는 예측할 수 없다. 리보자임의 경우, RNA 촉매는 이후에 호주에서 등장했다. 식물을 감염시키는 이른바 '아보카도 선블로치 바이로이드Avocado Sunblotch Viroids(바이러스보다 작은 감염성 입자-옮긴이)' 안에 숨어 있었다. 이 '망치 머리' 모양의 리보자임은 매우 간단한 반응을 촉매한다. 실제로 못을 박는 건 아니고, 특정 부위에서 자신이나 다른 RNA 분자를 절단하는 반응이었다. 이 촉매는 약 30개의 뉴클레오티드로 이루어져 있는데, 크기가 작다는 이유로 많은 관심을 끌었다.[20] 효소처럼 작동하는 데 엄청나게 큰 RNA가 필요하지는 않았다.

과학자들은 곧 mRNA 스플라이싱에 관여하는 snRNA에도 촉매 능력이 숨어 있었다는 것을 발견했다. 자연은 스플라이싱이 일어나는 곳을 단순히 표시하는 역할보다 훨씬 더 많은 것을 snRNA에 의존한다는 사실도 밝혀졌다. 스플라이싱 위치를 표시하는 역할 외에도 mRNA 스플라이싱에 필요한 절단과 결합 반응을 촉매하는 데 여러 snRNA가 협력한다. 수많은 과학자가 수없이 다양한 생물 시스템에서 snRNA의 이러한 역할을 밝히는 데 기여했는데, 그중에는 캘리포니아 대학교 샌프란시스코 캠퍼스의 크리스틴 거스리Christine Guthrie가 있다.

처음에는 크리스틴이 사용했던 생물학적 시스템도 다른 여러 RNA 과학자들이 그랬듯 가망이 거의 없어 보였다. 바로 우리가 맥주를 빚을 때 쓰는 효모였다. 하지만 효모는 놀라울 만큼 유전학적으로 다루기가 쉬워서 유전자를 변형시키면 어떤 결과가 생기는지 확인하기가 쉬웠다. 그래서 1980년에 크리스틴은 효모를 사용하면 스플라이싱의 기본적인 메커니즘에 대한 통찰을 얻을 수 있으리라 기대했다. 크리스틴은 자주 '효모 유전학의 놀라운 힘'을 높이 평가하곤 했다. 만약 효모에서 당시 mRNA 스플라이싱에 필수적인 요소로 여겨졌던 포유류의 U1, U2, U4, U5, U6 snRNA에 해당하는 것을 찾아낼 수만 있다면, 크리스틴은 이 효모 snRNA의 서열을 살짝 변경해 염기가 mRNA와 짝을 이루는지, 아니면 다른 snRNA와 짝을 이루는지 알아낼 수 있을 것이라 생각했다. 이것이 성공한다면 크리스틴은 mRNA 스플라이싱이 작동하게 하는 절단과 결합 반응의 메커니즘을 밝힐 수 있었다.

크리스틴이 연구에 대한 열정이 있어서 너무 다행이었다. 그간 별로 응원을 받지 못했기 때문이다. 크리스틴의 대학원 지도교수는 "여학생은 생화학을 연구할 수 없다. 시험관을 원심분리기에 고정하는 무거운 로터를 들어 올릴 수도 없고, (생화학 실험에서 정제 작업을 하는 거대한) 냉장실에서 오랜 시간을 보낼 수도 없으니 말이다"[21]라고 말하곤 했다. 크리스틴이 효모의 snRNA를 분리하고자(유전자가 뭔지 알아야 그 유전자를 변형시킬 수 있기에) 여러 해에 걸쳐 고군분투하자, RNA 연구 커뮤니티의 많은 연구자가 그 작업을 폄하했다. 연구자들은 효모 유전자 가운데 극소수만이 인트론을 가졌고, 효모 mRNA의 스플라이싱 메커니즘은 매우 특별한 것이라서 인간의 것과는 관련이 없을 것이라고 반복해서 지적했다.[22] 돌이켜 생각해보면, 진화론에 그토록 익숙한 몇몇 생물학자들이 인트론을 가진 종들 사이에서 스플라이싱의 근본적인 요소가 보존될 것이라는 생각을 의심했다는 점은 정말 이상한 일이다. 하지만 효모의 snRNA를 찾기 어렵다는 점이 이들의 의심을 부채질했다. 효모는 혹시 snRNA를 갖지 않은 게 아닐까?

크리스틴과 연구실 동료들은 5년이라는 긴 세월 동안 효모 세포를 샅샅이 뒤진 끝에 마침내 snRNA인 U5를 처음으로 발견하기에 이르렀다. 이들은 효모 유전학자들에게 익숙한 기법을 활용해 이 RNA가 없는 세포들은 성장을 멈추며 스플라이싱되지 않은 RNA가 만들어진다는 사실을 증명했다. 이것은 효모의 U5가 스플라이싱에 반드시 관여한다는 증거였다.[23] 뒤이어 다른 연구팀도 사냥에 동참했고, 곧 snRNA들이 스플라이싱 반응의 다른 스텝들을 조절한다는 사실이 밝혀졌다.[24]

이제 크리스틴은 스플라이싱 메커니즘의 서로 다른 퍼즐 조각을 발견한 셈이었다. 그리고 조각들이 하나 이상의 방식으로 서로 맞춰지거나, 반응 과정에서 위치를 바꾸기도 한다는 사실을 알아냈다. 이러한 발견은 누구나 쉽게 하루아침에 할 수 있는 게 아니다.

1986년이 되어서야 약간의 진전이 이뤄졌다. 연구자들은 러너와 스타이츠가 처음 제안한 대로 U1이 각 인트론의 왼쪽 끝에 결합하는 것은 맞지만,[25] 나중에 그 자리에서 떠난다는 사실을 확인했다. 그리고 크리스틴의 실험실에서 연구하던 학생인 로이 파커Roy Parker는 U2가 각 인트론의 오른쪽 끝 주변에 결합한다는 사실을 증명했다.[26] 하지만 그 후에 무슨 일이 벌어지는지는 여전히 수수께끼로 남았다.

그 무렵 나는 매년 로키산맥에 모여 스키를 타고 같이 요리해 먹는 RNA 연구자들의 모임에 속해 있었다. 톰 스타이츠Tom Steitz는 이 모임을 '리보스키'라고 불렀다. 눈 속에서 하루를 보낸 뒤, 크리스틴과 조앤 스타이츠Joan Steitz, 존 아벨슨John Abelson은 RNA 스플라이싱 데이터를 몇 시간에 걸쳐 비교하기 시작했고, 위스콘신 대학교의 엘스베트 룬드Elsebet Lund와 짐 달버그Jim Dahlberg, 볼더에서 온 올케 울렌벡Olke Uhlenbeck과 나는 이들을 지켜보았다. 우리는 다들 mRNA 스플라이싱 반응의 여러 단계에서 snRNA가 어떻게 서로에게 달라붙는지 궁금했다. 활기 넘치는 분위기에서 좋은 아이디어가 많이 나오기는 했지만, 이후로 크리스틴은 스플라이싱 반응의 각 단계를 완전히 밝히기까지 몇 년에 걸쳐 파고들어야만 했다.

돌파구가 찾아온 것은 1992년의 어느 날 밤이었다. 크리스틴은 샌프란시스코의 연구실에 늦게까지 남아 U6라는 snRNA에[27] 대해 제자인 히텐 마다니Hiten Madhani와 함께 얻은 새로운 결과를 곰곰이 생각하는 중이었다. 그것이 바로 열쇠였다. 당시 크리스틴이 스플라이싱 메커니즘을 대략 그렸을 때, 그것은 생화학 반응이라기보다는 복잡하게 안무를 짠 발레처럼 보였다. U6가 U4와 단단하게 엮여 있고, 둘은 함께 인트론 안에서 그들이 머물 자리를 찾는다. 이때 U2가 끼어들어 U6의 자리를 빼앗고, U4는 허겁지겁 무대를 빠져나간다. 이제 U6와 U2는 U5의 도움을 받아 스플라이싱이 일어나는 데 필요한 화학반응을 할 수 있게 된다. 이들은 함께 mRNA 스플라이싱 과정을 촉매하는 리보자임의 역할을 도맡는다.

크리스틴은 자신의 발견에 무척 놀란 나머지 누구에게라도 털어놓고 싶었다. 하지만 건물은 거의 어둠에 잠겨 있었고, 밖으로 나온 크리스틴은 복도를 쓸고 있는 관리인을 붙잡고 외쳤다.

"드디어 해냈어요!"[28]

• • •

처음에 나와 시드니 올트먼, 놈 페이스의 연구팀이 그랬듯, 왜 그렇게 많은 과학자가 RNA가 효소일 수 있다는 아이디어에 콧방귀를 뀌었을까? 어째서 우리는 단백질이 촉매작용의 중심에 있어야만 한다는 생각에 그토록 얽매여 있었을까? 그 이유 중 하나는 단백질이 자기가 수행하는 작업에 맞게 복잡한 모양으로 접힌다는 사실이 알려졌기 때문이었다. 그래서 단백질을 끓이거나 유전자 돌연변이를 일으켜 구조를 파괴하면 활성이 사라진다.

그때까지만 해도 RNA가 어떻게 접혀 촉매가 되는지에 대한 구조적인 측면은 제대로 밝혀지지 않았다. 특히 mRNA는 푹 끓인 스파게티 가닥처럼 항상 잘 구부러지고 안정적인 모양새를 이루지 못한 것처럼 보였다. 접시 위의 스파게티가 아무리 돌돌 말려 있어도 포크로 집어 들면 곧게 펴진다.

당시 과학자들은 RNA를 1차원, 또는 2차원적으로만 상상했다. 우리는 문장을 이루는 글자처럼 RNA가 A, G, C, U로 일렬로 죽 늘어서 있으며, 앞에서 예로 든 U1 snRNA의 구조처럼 염기가 서로 짝을 이룬다고만 생각했다. 하지만 RNA가 어떻게 효소가 될 수 있는지 이해하려면 그것을 3차원적으로 볼 필요가 있었다. DNA의 3차원 구조인 이중나선을 알기 전까지 우리가 유전학의 분자적 메커니즘에 대해 얼마나 무지했는지를 기억하라. 마찬가지로 RNA의 다양한 구조를 규명하기 전까지는 촉매로서의 RNA에 대해 올바로 이해한다고 할 수 없다.

4장

변신의 귀재

THE SHAPE OF A SHAPESHIFTER

'형태는 기능을 따른다'[1]는 말은 건축학에서 유명한 공리다. 이것은 물리 세계의 거의 대부분에 적용된다. 망치와 드라이버의 머리는 각각 용도에 맞게 모양이 다르지만 손잡이는 비슷하게 생겼다. 사람의 손에 잡히는 동일한 기능을 가졌기 때문이다. 세포 수준에서도 같은 원리를 적용할 수 있다. 단백질 효소가 음식물을 대사 가능한 작은 조각으로 분해할 때, 효소에는 감자 전분 등의 음식물 분자가 들어갈 틈이 있다. 또한 근육을 움직이는 것이 단백질의 기능이라면, 확장과 수축을 할 수 있는 잘 늘어나는 부위가 있어야 한다.

이와 같은 형태와 기능의 관계를 생각해볼 때, 생명체의 분자를 제대로 이해하려면 분자들의 구조와 그것이 어떻게 서로 맞물려 돌아가도록 만들어졌는지 알아야 한다. 생명과학 연구자들이 이런 구조를 모른다면, 암흑 속에서 자동차 엔진을 수리하려는 기술자와 다를 바 없다. 작업은 매우 느리고 비효율적이며 답답하게 진행될 것이다. 그러다가 구조를 알게 되면 조명을 환하게 켜는 것과 같아진다. 기술자들은 엔진의 모든 부품이 서로 어떻게 들어맞는지, 어떤 부품이나 연결부에 결함이 있는지, 그것을 어떻게 고쳐야 할지 눈으로 볼 수 있다.

1세대 분자생물학자들은 단백질과 DNA의 물리적 구조를 알아내고 해독하는 작업을 대단하고 가치 있는 도전 과제로 여겼다. 이때 이들이 사용한 기술을 엑스선 결정학X-ray crystallography이라고 한다. 단백질 분자의 결정과 같은 시료에 엑스선을 쏘이고, 회절된 방사선의 영상을 찍은 다음, 그렇게 회절이 이루어지려면 시료의 구조가 어때야 했는지를 역으로 계산하는 방식이다. 고요한 연못에 조약돌을 던졌다고 생각해보자. 그러면 물결이 연이어 생길 테고, 물결을 잘 보면 조약돌이 수면에 부딪힌 정확한 위치를 결정할 수 있다. 이제 조약돌 한 줌을 연못에 던진다고 가정하자. 물결의 패턴은 훨씬 더 복잡하고 서로 겹칠 테지만, 그 안에는 각각의 조약돌이 어디에 떨어졌는지에 대한 정보가 들어 있다. 단백질 결정에 겨냥해서 쏜 엑스선도 마찬가지다. 회절 패턴을 통해 단백질 속 개별 원자의 위치를 밝힐 수 있다.

그렇다면 RNA는 어떨까? 우리는 지금까지 RNA에 놀라운 기능이 있다는 사실을 살펴보았고, 앞으로도 더 많은 기능을 만나게 될 것이다. 이러한 기능에는 각각 상응하는 형태, 다시 말해 그런 기능을 가능하게 하는 특정한 구조가 동반되어야 한다. 하지만 RNA는 DNA에 비해 그 구조를 밝히기가 훨씬 어려웠다.

제임스 왓슨은 고생만 하다 이 사실을 알게 됐다. DNA의 이중나선을 공동으로 발견한 왓슨은 비슷한 방식으로 RNA의 구조 역시 밝히겠다고 다짐했다.[2] 하지만 곧 예상치 못한 문제에 부딪혔다. DNA에는 이중나선이라는 한 가지 형태만 있고 각 가닥이 자매 가닥과 짝을 이룬다. 그래서 마치 꼬인 사다리처럼 두 가닥이 고정되어 옴짝달싹 못 하게 되어 있다. 우리 RNA 과학자들은 DNA 가닥들이 이 고정된 구조 때문에 다른 흥미로운 일들(예컨대 촉매작용 같은)을 못 하는 것이라 농담하기도 한다. 반면에 RNA는 한 가지가 아니라 수백만 가지의 형태를 취할 수 있다. 이중나선의 구조적 제약에서 벗어난 RNA는 사실상 무한정의 형태를 가질 수 있으며, 그에 따라 놀랄 만큼 여러 가지 일을 해낸다. RNA가 변화무쌍하기에 그러한 다양한 포즈를 포착하고 살피는 일이 더욱 중요하다. 하지만 수시로 모양을 바꾸는 이 물질을 지도 그리듯 매핑하는 작업은 까다롭기로 악명 높다.

왓슨 역시 RNA의 구조를 파악하는 데 거의 10년을 고생했다. 먼저 왓슨은 식물 바이러스, 송아지의 간, 효모 등 다양한 재료에서 나온 RNA를 정제한 다음 엑스선 회절 실험을 수행했으며, 그 결과 얻은 매우 어설픈 데이터를 바탕으로 이 다양한 RNA가 하나의 공통적인 구조를 가졌다는 결론을 내렸다.[3] 이것은 마치 안개가 자욱한 날 200미터 거리에서 코끼리와 폭스바겐 자동차를 바라보며 둘이 동일하다고 결론을 내린 것과 다를 바 없었다. 해가 날 때까지 기다렸다가 쌍안경으로 제대로 관찰하면 완전히 다른 결론에 도달할 것이다.

왓슨은 결국 이 문제를 포기하지 않고 옳은 방향으로 한 걸음 내딛기는 했다. 왓슨은 다양한 기능을 가진, 따라서 구조가 다양한 여러 RNA가 섞여 있는 샘플로 연구하다 정제된 리보솜으로 옮겨 갔다.[4] 리보솜을 구성하는 RNA는 단백질 합성에서 특정 기능을 수행할 수 있도록 특정 구조를 가지고 있다. 하지만 리보솜의 구조를 밝혀낼 기술과 노하우가 충분히 발전하려면 그로부터 40년은 더 지나야 했다.

그럼에도 복잡한 RNA 구조를 눈앞에서 목격하면 RNA가 어떻게 마법 같은 일들을 수행하는지 직접 확인할 수 있다. 예컨대 RNA가 어떻게 필수적인 단백질 분자를 만드는 기계가 되는지, 염색체의 말단을 어떻게 증축하는지, 인간 세포의 DNA를 얼마나 정확하게 편집하는지 알 수 있을 것이다. RNA의 촉매 능력에 관한 모든 중요한 발견이 앞으로 속속 이뤄질 예정이었다. 작은 것이라도 성공해야 첫 단추를 끼울 수 있다.

RNA의 구조, 첫걸음마를 떼다

코넬 대학교의 밥 홀리Bob Holley는 제임스 왓슨이 그만둔 그곳에서 연구를 시작했다. 1950년대 후반, 홀리는 여러 가지가 혼합된 RNA로부터 단 하나의 구조를 찾아내려는 작업이 어리석은 일이라는 사실을 깨달았다.[5] 그래서 홀리는 아미노산과 트리플렛 코돈을 연결하는 어댑터인 tRNA에 집중했다. tRNA는 꽤 작았기에 뉴클레오티드 서열을 전부 읽어내는 것이 가능할 수도 있었다. 당시로서는 어떤 종류의 RNA에서도 이루어진 적 없는 일이었다.

홀리는 왜 RNA의 구조를 규명하려 애쓰는 대신 먼저 RNA의 배열 순서를 알아야 했을까? RNA의 구조를 밝히는 것은 하나의 문장을 도식화하는 것과 비슷하다. 그리고 여러분이 아무리 세계 최고의 문법학자라 해도, 일단 읽을 수 있어야 문장을 도식화할 희망을 품을 수 있다. 이때 뉴클레오티드 서열은 문장 속 단어에 해당하는 A, U, G, C라는 염기의 순서로 나타나며, 이것들을 전부 연결해야 분자를 도식화할 수 있다. 그러면 이러한 요소가 공간 안 어떤 위치에 놓이는지, 서로 어떻게 작용하는지 알아내는 것이 가능하다.

홀리는 빵을 만들고 맥주를 주조하는 데 사용하는 효모를 tRNA의 공급원으로 선택했다. tRNA가 효모에 상대적으로 풍부하다는 사실을 알았기 때문이다. 그는 동네 빵집에서 플라이슈만 효모(미국의 효모 브랜드명-옮긴이)를 원하는 만큼 구입할 수 있었다. 하지만 한 종류의 tRNA를 1그램(건포도 한 알의 질량 정도[6]) 정제하는 데만 약 136킬로그램의 효모와 3년이라는 세월이 걸렸다.

홀리가 나머지 재료와 분리했던 tRNA는 우연히도 아미노산 알라닌의 어댑터였다.[7] 일단 이 tRNA를 분리한 홀리와 연구팀은 화학적인 분석이 가능할 만큼 작은 조각으로 자른 다음, 그 조각이 어떻게 배열되었는지 알아내기 시작했다. 1년 만에 이들은 뉴클레오티드 배열을 해독해 첫 번째 RNA 구조물을 분석하는 길을 열었다.

1965년, 밥 홀리의 연구팀에 소속된 노련한 연구자였던 엘리자베스 켈러Elizabeth Keller는 알라닌 tRNA가 2차원에서 어떻게 접힐지 예측하는 작업에 착수했다. 염기의 순서는 알려져 있었지만, 그것들이 과연 어떻게 상호작용할까?

RNA는 보통 한 가닥으로 이루어진다는 사실을 기억하는가? DNA라면 한 가닥의 염기가 다른 가닥의 염기와 짝을 이루어 DNA 사다리의 가로대를 형성하는데, 서열에 상관없이 비슷한 이중나선 형태를 만든다. 하지만 RNA에서는 가닥의 일부에서 나온 염기가 같은 가닥의 다른 부분과 짝을 이루기 때문에, 서열이 모양을 결정한다. G-C 쌍이 하나만 있다면 너무 약해서 구조를 붙들기 힘들지만, 예를 들어 4개의 연속된 C와 짝을 이룰 4개의 연속된 G가 있다면 4개의 염기는 구조를 붙드는 것이 가능하다. RNA의 서열에 따라 결정되는 이 짝들은 RNA가 겹쳐 접히도록 해서 '머리핀', 나뭇가지, 고리, 매듭을 비롯한 수많은 모양을 만들어낸다. 곧 켈러는 다양한 조합으

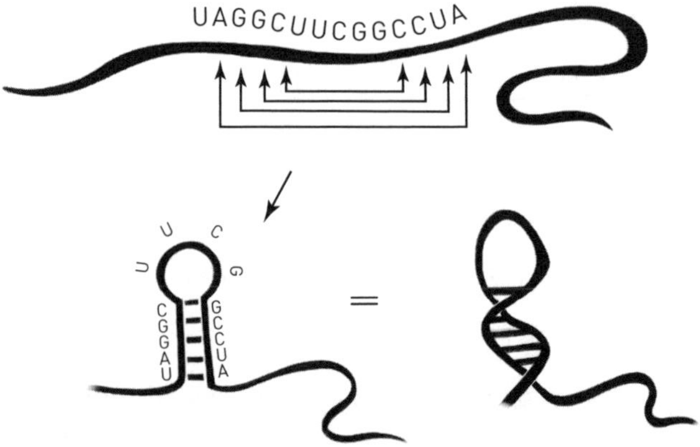

단일가닥 RNA는 분자 내에 염기쌍을 형성해 이 그림처럼 줄기에 둥근 고리가 달린 '머리핀' 같은 모양을 만들 수 있다. 아래쪽 그림에서 왼쪽은 어떤 염기가 쌍을 이룰 수 있는지를 보여주고, 오른쪽은 이 '머리핀'의 3차원적 형태를 보여준다.

로 염기쌍을 형성해 tRNA를 접을 수 있다는 것을 알아냈다. 하지만 이 중에서 어떤 구조가 정답일까?

이에 관한 한 가지 단서는 mRNA 코돈과 연결되는 tRNA의 세 염기와 관련이 있다. 이 3개의 염기는 코돈과 상보적인 서열을 가지며 안티코돈이라 불린다. 켈러와 홀리가 보기에 이 안티코돈은 mRNA와 더욱 쉽게 짝을 짓기 위해 tRNA 구조 안에 묻히지 않고 튀어나와야 상식적으로 말이 되었다.[8]

켈러는 담배 파이프 청소 도구와 벨크로 조각으로 서로 다른 염기가 짝지을 여러 경우의 수를 모델링했다. 그러다 켈러는 독특한 세잎 클로버 패턴에 정착했다. 이 패턴에서는 안티코돈이 이 구조 중간의 고리에서 염기쌍을 이루지 않기에, 안티코돈이 상응하는 mRNA 코돈과 짝을 이룰 준비가 되어 있어야 한다는 조건에 부합했다.

곧 10여 종의 다른 tRNA 염기서열이 결정되었고,[9] 이론적으로는 이들 모두 클로버잎 구조로 접힐 수 있었다. 모든 tRNA는 단백질 합성 과정에서 아미노산을 전달하기 위해 리보솜 안의 같은 슬롯에 끼어 들어가야 하므로, 그 모양도 같아야 했다. 이렇듯 '전부 들어맞는 하나의 모양'을 가진 클로버잎이 tRNA의 실제 구조일 가능성이 높았다.

분명 이것은 혁신적인 발견이었다. 하지만 켈러의 클로버잎 모델에는 한 가지 큰 단점이 있었다. tRNA가 테이블에 납작하게 누운 것처럼 2차원으로만 보여준다는 점이었다. 나는 가끔 그런 2차원적인 표상을 '로드킬'이라고 부르는데, RNA가 트럭에 치여 납작하게 되면 그런 모습이 될 것이기 때문이다. 납작해진 다람쥐를 해부하고 분석

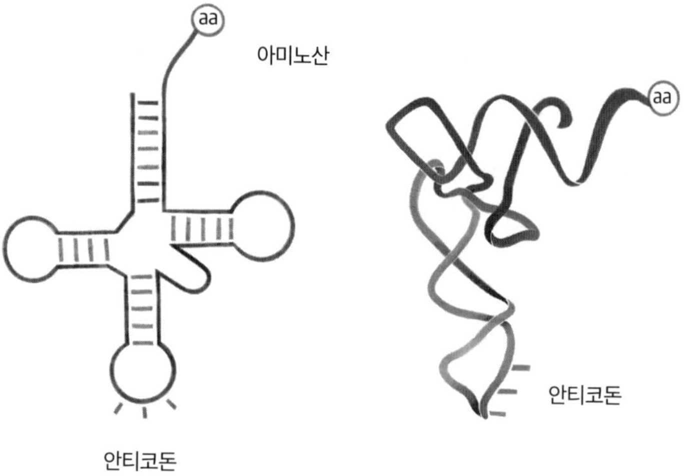

tRNA에서 염기가 짝을 이루면 클로버잎 모양이 되고(왼쪽), 이 형태는 좀 더 접혀서 3차원적으로 L자 모양이 된다(오른쪽).[10] 이때 3개의 염기로 이뤄진 안티코돈이 노출되어 mRNA의 코돈과 짝을 이루어 리보솜에 올바른 아미노산(aa)을 가져다준다.

한다고 해서 다람쥐의 행동을 이해하기 어렵듯, 이런 2차원 모델을 통해 RNA의 행동을 제대로 이해하기는 힘들다.

그러다 1960년대 후반, 누가 tRNA의 3차원 구조를 발견하는지를 두고 경쟁이 벌어졌다. 케임브리지 대 케임브리지의 대결이었다. 한 팀은 미국 매사추세츠주 케임브리지에 있는 MIT의 김성호와 알렉스 리치Alex Rich가 이끌었고, 다른 한 팀은 영국 케임브리지 대학교 분자생물학 연구소의 J. D. 로버터스J. D. Robertus와 애런 클러그Aaron Klug가 이끌었다.

이들이 선택한 방식은 엑스선 결정학이었으며, 이 기술을 통해 당시 이미 여기저기서 단백질 구조가 밝혀지고 있었다. 실험실에서 결정 시료를 얻으려면 정제된 분자의 고농도 용액과 다양한 농도로 준비된 첨가제(이를테면 염과 같은)가 필요하다. 이 과정을 통해 결정이 나올 딱 안성맞춤의(골디록스) 조건을 찾을 수 있다. 분자가 주어진 첨가제 방울에 지나치게 많이 용해되면, 용액은 선명하게 유지되지만 결정이 생기지 않는다. 반면에 분자가 지나치게 용해되지 않으면 용액에서 쓸데없는 덩어리가 침전된다. 잘 용해되는 것과 잘 용해되지 않는 것 사이의 어딘가에서 분자는 열을 맞춰 다른 분자 옆에 바짝 엉겨 붙는다. 현미경을 들여다보면 가장자리가 날카롭고 아름다운 결정이 나날이 조금씩 커지는 모습을 지켜볼 수 있다. 이렇게 얻은 결정 하나를 엑스선 앞에 두고 방사선이 나오도록 한 다음 회절된 엑스선 광선의 패턴을 조사한다. 몇 가지 처리를 더하고 수많은 계산 끝에 구조가 풀리게 되는 것이다. 말하자면, 분자 속 모든 원자가 3차원 공간의 어디에 위치하는지에 관한 모델을 얻는 것이다.

결정을 만드는 일은 반은 과학이고 반은 기술이라서, 연구자들은 얻을 수 있는 것만 취할 수 있다는 점을 배운다. 결정이 가장 쉽게 만들어지는 것이 페닐알라닌 tRNA였기에, 경쟁하던 두 팀 모두 그 구조를 풀어냈다. 이 tRNA 구조는 엘리자베스 켈러가 구상한 클로버잎 모양 구조가 옳은 모델이며, 실제로는 클로버잎이 더 접혀서 L자 모양의 분자를 이룬다는 사실을 보여주었다. L자 구조의 한쪽 끝에는 세 염기로 이뤄진 안티코돈이, 다른 쪽 끝에는 안티코돈에 상응하는 페닐알라닌 아미노산이 있었다.

1974년 영국 케임브리지의 연구팀이 발표한, 생물학적 기능이 알려진 RNA의 3차원 구조는 최초로 발견된 만큼 그야말로 짜릿한 성과였다. 이런 경우에는 첫 번째 성과가 등장한 이후로 후속 성과가 빠르게 연이어 나타나곤 한다. 최초의 도미노가 넘어져 연쇄반응을 일으키는 것이다. 하지만 RNA의 구조를 밝히는 작업에서는 결코 그렇지 않았다. 페닐알라닌 tRNA의 구조가 밝혀지고 15년이 흐르는 동안 이 tRNA보다 큰 RNA의 구조가 밝혀지는 일은 없었다. 수많은 연구자의 엄청난 노력에도 불구하고 그동안 알려진 다른 RNA의 구조는 잡힐 듯 결코 잡히지 않았다. 가이드가 될 구조가 알려지지 않은 상태에서 테트라히메나 리보자임과 같은 큰 RNA에서 개별 뉴클레오티드의 역할을 찾아내는 작업은 힘들고 지난한 과정이었다.

나비를 쫓는 사람들

연구자들이 더욱 복잡한 RNA를 결정화할 수 있을 정도로 기술이 더 발전하기만을 기다리는 동안, 프랑수아 미셸François Michel은 공상을 하기 시작했다. 프랑수아는 파리 외곽의 지프 쉬르 이베트에 자리한 프랑스 국립과학연구센터CNRS의 연구원이었다. 그가 열의를 갖고 진행하는 연구는 나비의 여러 종을 수집하고 번식시키며, 유전적인 기초 지식을 이해하는 것이었다. 그뿐만 아니라 프랑수아는 나비 RNA의 염기서열도 열심히 모았다. 그는 이러한 염기서열을 놀랄 만큼 자세하게 기억했다. 잠자는 동안에도 서열을 비교해 머릿속에서 다양한 배열로 맞춰보았다. 머리카락을 크게 부풀리고 수염을 무성하게 기른 괴짜 천재가 프랑수아의 이미지였다. 내가 그를 학회에서 만났을 때도 몇 달 동안 나비를 쫓아다니다가 숲에서 막 나온 게 아닌가 하는 생각이 들 정도였다.

지프Gif에서 연구하던 프랑수아의 동료들은 효모의 미토콘드리아(세포에서 에너지를 내는 소기관)에서 매력적인 유전적 특성을 지닌 새로운 인트론들을 발견했다. 이들은 거의 동일한 서열의 작은 조각들이 9개의 서로 다른 인트론에 산재한다는 사실을 발견했다. 인트론을 하나하나 살펴보니, 그 조각들은 같은 서열과 방향으로 존재했다. 이는 이들의 기능이 유사하다는 것을 암시했다. 프랑수아는 이 RNA 서열이 스플라이싱 반응에 없어서는 안 될 중요한 요소임을 알았다. 이 서열에 돌연변이가 생기면 스플라이싱 반응이 일어나지 않았기 때문이다. 게다가 이 서열은 앞의 그림과 같이 지퍼처럼 서로 쌍을 이뤄 결합해 줄기-고리 구조를 형성했다. 1982년 프랑수아는 효모의 미토콘드리아 인트론들에서 이처럼 짝을 이뤄 결합하는 RNA 서열들이 모두 비슷한 2차원 형태를 만든다고 주장했다.[11]

인트론이 특정한 형태를 띠어야 하는 이유가 뭘까? 이 효모 인트론이 필 샤프와 리치 로버츠가 발견한 mRNA 인트론과 비슷하다면, 이 인트론 RNA는 U1, U2 snRNA와 결합할 수 있도록 구조가 풀려 있어야 할 텐데 말이다. 이 수수께끼는 머지않아 풀렸다. 프랑수아가 인트론의 구조화 모델을 제안하고 얼마 안 되어 우리 연구팀이 테트라히메나에서 리보자임을 발견했다고 발표했기 때문이다. 테트라히메나 인트론의 염기서열을 살펴본 프랑수아는 순식간에 자신의 2차원 모델이 스스로 스플라이싱하는 인트론에도 적용될 수 있음을 깨달았다.[12] 이 점은 매우 놀랍고도 예상치 못한 결론이었다. 효모는 테트라히메나 같은 섬모충류와 진화적으로 매우 거리가 멀며, 미토콘드리아의 유전자 역시 세포핵의 유전자와는 매우 다르기 때문이다. 그런데 이토록 관련이 없어 보이는 RNA들이 왜 비슷한 모양으로 접힐까? 그 이유는 이러한 모양이 스스로 스플라이싱하는 촉매에 필요하고, 효모 미토콘드리아의 인트론도 스스로 스플라이싱을 하기 때문일 것이다. 이제껏 듣도 보도 못한 완전히 새로운 개념인 것이다. 1985년에 네덜란드의 한 연구팀이 이 예측을 실제로 확인했다.[13]

프랑수아의 2차원 모델은 tRNA의 클로버잎의 확장판처럼 보였다. 인트론의 RNA는 tRNA보다 몇 배는 더 컸고 구조도 훨씬 복잡했다. tRNA에 4개의 머리핀 모양 구조들이 있는 데 반해, 인트론 RNA는 10여 개 이상 있다는 점이 특징이었다. 이 로드맵을 리보자임의 한 종류에 적용할 수 있었던 것은 상당한 성과였지만 프랑수아는 RNA의 촉매작용이 2차원에서 일어나지 않는다는 사실을 알고 있었다. 그래서 그는 염기서열만으로 완벽한 3차원 모델을 구축하고 싶어 했다. 거대한 RNA를 다루는 것은 이제껏 아무도 시도하지 않은 작업이었다.

1983년에 프랑수아는 한 학회에서 스트라스부르 대학교의 에릭 웨스토프Eric Westhof를 만났다. 오늘날 콩고민주공화국이 된 벨기에령 콩고에서 어린 시절을 보낸 에릭은 벨기에의 리에주 대학교에서 물리학을 전공했으며, 이어 미국 위스콘신 대학교에서 엑스선 결정학을 활용해 tRNA의 구조를 연구했다. 프랑수아에게는 에릭의 숙련된 기술과 연구 경험이 필요했다. 두 사람의 공통 관심사는 RNA의 2차원 모델을 3차원 현실로 구현하는 것이었다.

스트라스부르는 포도밭이 넓게 펼쳐진 라인강 계곡에 있다. 파리에서 그리 가깝지 않은 탓에 프랑수아는 3차원 모델 작업을 위해 에릭을 방문할 때면 침낭을 들고 가곤 했다. 에릭은 컴퓨터 앞에 앉아 테트라히메나의 인트론에서 이미 알려진 염기 구역에 상응하는 RNA 나선을 만들었다. 이 작업은 그리 어렵지 않았다. RNA 나선은 DNA 이중나선의 작은 한 토막과 같고, 나선의 각도 등 구체적인 수치들은 tRNA의 결정 구조에서 얻을 수 있었기 때문이다. 이 작은 나선 조각들이 어떻게 3차원 공간에서 서로 결합해 촉매의 형태를 만드는지 알아내는 게 특히 어려웠다. 나선들을 연결하는 RNA 서열들이 3차원 배열에 대한 단서를 제공하기만을 바랄 뿐이었다. tRNA의 클로버잎이 L자 모양의 3차원 구조로 접히게 하는 것이 바로 이 연결 서열들 때문인 것처럼 말이다.

프랑수아는 에릭 옆에 앉아 87가지 인트론 서열들이 프린트된 서류들을 살피고 있었다. 모두 스스로 스플라이싱하는 것들이었다. 프랑수아는 이미 머릿속에 수많은 서열을 기억하고 있었는데, 이제 프린트된 서열들까지 더해졌다. 에릭이 컴퓨터로 RNA 일부를 이리저리 움직이면, 프랑수아는 다른 인트론들에서 비슷한 서열들을 찾아 3차원 공간에서 이들이 서로 맞닿아 있을 수 있는지 확인했다. 그런 증거를 발견하면 프랑수아는 외쳤다. "바로 이거야!" 밤이 되면 프랑수아는 에릭의 컴퓨터 옆에 침낭을 깔고 몸을 웅크린 채 머릿속에서 나비처럼 춤추는 RNA 서열의 환영을 보았을 것이다.[14]

1990년, 프랑수아와 에릭은 테트라히메나 인트론의 3차원 모델을 얻는 데 성공했다.[15] RNA를 연구하는 생물학자에게 이것은 그야

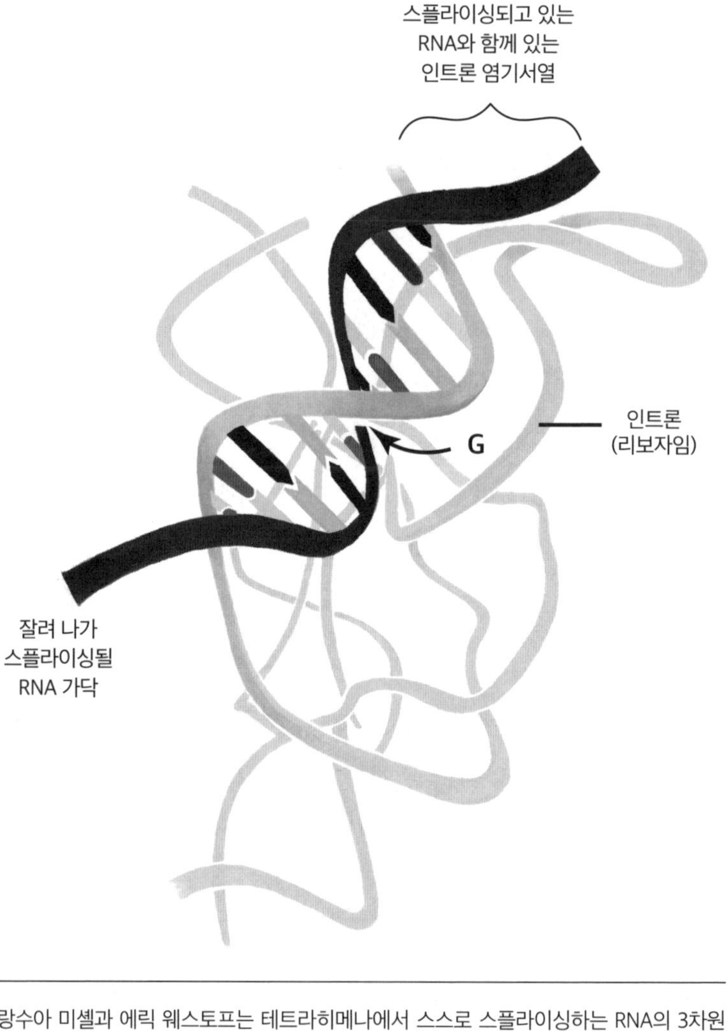

프랑수아 미셸과 에릭 웨스토프는 테트라히메나에서 스스로 스플라이싱하는 RNA의 3차원 구조를 모델링했다. 인트론(연한 색)은 스플라이싱 부위(진한 색) 근처의 RNA와 짝을 이룬다. 또한 인트론은 RNA의 구성 요소 중 하나이기도 한 구아노신(G) 분자에 결합한 뒤, 화학적 가위를 사용해 스플라이싱 위치에서 이 분자의 검은색 RNA 가닥을 절단한다.

말로 아름다운 작업이었다. 이 모델은 마치 아기가 부모 두 사람에게 안긴 듯한 모양새였다. 여기서 '아기'는 절단되고 스플라이싱되어야 할 부위를 포함한 RNA 나선이었다. 또한 '부모' 중 하나는 프랑수아가 이전에 이미 밝힌 RNA 구조의 일부로 구아노신의 위치를 지정했다. 이 부위는 인트론을 잘라내는 '가위' 역할을 했다.[16] P4-P6paired regions 4-6이라 불리는 또 다른 '부모'는 이러한 주요 RNA 구조가 제 위치를 잡도록 도왔다.

이 모델은 이론상 완벽했다. 하지만 실제 구조와 얼마나 가까울까? 이 질문에 답하는 데 필요한 것은 엑스선 결정학, 그리고 하와이에서 온 한 젊은 여성의 재능과 불굴의 용기였다.

수정처럼 명료하게

제니퍼 다우드나Jennifer Doudna는 하와이 빅아일랜드의 푸릇한 동쪽 해안에서 자랐다. 제니퍼는 어린 시절부터 신기한 바닷가 웅덩이들을 탐험하고 연기를 내뿜는 킬라우에아 화산의 경계를 따라 하이킹하면서 과학에 푹 빠졌다.[17] 대학에 진학하고자 태평양을 건넌 제니퍼는 캘리포니아의 포모나 칼리지에서 생화학을 전공했고, 이후 미국 대륙을 건너 하버드 의과대학으로 옮겨 박사학위를 시작했다. 제니퍼의 박사학위 논문 주제가 바로 테트라히메나 리보자임의 기능이었다.

그래서 우리는 일종의 경쟁자가 되었지만 우호적인 관계를 유지했다. 대학원 과정을 밟던 제니퍼가 볼더의 우리 연구실을 방문했을 때, 나는 이 여성의 다재다능함에 감명받지 않을 수 없었다. 약간은 주눅 들었다는 게 더 맞는 표현일지도 모른다. 제니퍼는 어떤 가설이라도 그것을 검증할 수 있는 가장 확실한 실험을 설계하는 놀라운 재능을 가졌고, 내가 그동안 만난 어떤 과학자보다도 에너지와 추진력이 넘쳤다. 그랬던 만큼 1989년에 박사학위를 취득한 제니퍼가 볼더의 우리 연구실에서 박사 후 과정을 하고 싶다고 지원했을 때 즉시 승낙했다.

제니퍼와 나는, RNA 연구자들의 상당수가 그랬듯, 리보자임의 작동 원리를 이해하려면 리보자임의 3차원 입체 형태를 알아야 한다고 믿었다. 하지만 당시 RNA 구조 연구는 진전 없이 긴 가뭄을 겪고 있었다. 15년 전 tRNA의 구조가 밝혀진 이후로 이렇다 할 RNA의 구조가 규명되지 않았기 때문이었다. 우리는 그런 3차원 이미지를 얻는 것이 상당히 도전적인 프로젝트라는 사실을 알고 있었다. 일단 해내기만 하면 전 세계 교과서에 실릴 획기적인 업적이 될 터였다.

리보자임의 구조는 진실이 숨어 있는 노다지와 같았다. RNA가 어떻게 접혀서 촉매를 이루는지에 대한 난해한 수수께끼는 물론이고, 더 나아가 RNA의 일반적인 구조에 대한 근본적인 질문에 관한 해답을 찾을 수 있었기 때문이다. 일단 단백질이 어떻게 접히고 효소의 활성 부위를 형성하는지는 잘 알려져 있었다. 단백질 효소는 기름과 친화력이 높은 곁사슬을 전부 안쪽으로 싸매어 소수성(물을 꺼리는) 중심을 이루며, 바깥쪽 친수성(물을 좋아하는) 표면에는 촉매 활성을 가진 움푹 들어간 부분이 있다. 하지만 RNA에는 소수성인 부위가 없어서 단백질 효소와 동일한 원리로 구조를 형성할 수 없다. 게다가 단백질 사슬은 대부분 전하를 띠지 않지만 RNA는 사슬을 따라 모든 부위가 음전하를 띤다.* RNA로 작은 구조를 만든다는 것은 이 모든 음전하를 한데 묶어야 한다는 뜻이다. 이것은 마치 S극이 안쪽을 향하도록 여러 개의 자석을 배열한 다음 밀어 넣는 것과 같다. 당연히 서로 밀어낼 것이다. tRNA는 RNA 구조에 단지 하나의 틀을 제공했을 뿐이며, 그 자체로 촉매도 아니었다. 리보솜과 mRNA가 없는 상태라면 tRNA는 아무것도 하지 못했다. 테트라히메나의 리보자임 구조는 커다란 RNA가 근본적인 단점을 극복하고 어떻게 단백질처럼 접히는지 보여주는 첫 사례가 될 것이다.

제니퍼가 1991년 볼더의 연구실에 합류하고 나서, 우리는 테트라히메나 리보자임의 전체 구조를 규명하는 것은 무리라고 생각했다. 414개 염기로 이루어진 이 RNA는 rRNA보다 약 6배나 컸다. 대신에 우리는 일단 이 분자의 절반을 엑스선 결정학으로 분석하기로 결정했다. 다만 아무렇게나 고른 절반이 아니라 기능적으로, 또 구조적으로 추적할 만한 가치가 있는 표적이어야 했다. 우리 연구실의 대학원생 펠리시아 머피Felicia Murphy가 발견한 리보자임의 핵심 요소 'P4-P6'가 적격이었다.[18] 펠리시아는 P4-P6가 옛날 나무 빨래집게처럼 서로 접혀 있으며, 비록 원자 수준의 세부 사항은 몰랐지만 그 구조

---

* 단백질에서 발견되는 20개의 아미노산 가운데 15개는 전하를 띠지 않고, 2개는 음전하를 띠며, 다른 2개는 양전하를 띤다. 나머지 하나인 히스티딘은 주변 환경이 산성화되면 전하를 띠지 않은 상태에서 양전하를 띠기 시작하는 매우 유용한 특성을 가지고 있다.

가 2개의 스플라이싱 자리 중 하나를 포함하는 RNA 부위를 올바로 자리 잡게 하는 데 매우 중요하다는 사실을 발견했다. 자세한 부분까지 밝히는 건 제니퍼가 할 일이었다.

제니퍼는 우리 연구실의 연구원이었던 앤 구딩Anne Gooding과 함께 팀을 이루었고, 곧 그들은 P4-P6 RNA를 합성한 뒤 여러 염 조건에서 결징을 분석했다. 얼마 지나지 않아 이들은 가장자리가 날카롭고 아름다운 결정을 재현성 있게 얻을 조건을 발견했다. 아마도 RNA 분자들은 좌우 앞뒤 간격이 완벽하게 정렬해 있을 테지만 처음에는 결정의 엑스선 회절 패턴이 그렇게 선명하지 않았다. 방사선이 결정의 RNA를 손상시켜 깨끗한 이미지를 얻을 수 없었다.

1993년, 리보스키 모임에 빼놓지 않고 참석하던 예일 대학교 교수 조앤 스타이츠와 톰 스타이츠는 볼더에서 안식년을 보내고 있었다. 두 사람은 우리 연구팀과 나의 동료 올케 울렌벡의 연구팀을 방문했다. 톰 스타이츠는 세계적으로 유명한 엑스선 결정학자였고, 예일 대학교 연구팀에서 핵심적인 RNA-단백질 복합체와 DNA-단백질 복합체의 구조를 밝혀낸 적이 있었다. 휴게실에서 우리 연구팀과 함께 과학에 관해 이야기하며 어울리기를 즐기던 톰은 제니퍼와 대화하던 중 자신이 엑스선 손상을 최소화하기 위해 결정 시료를 동결하는 방식에 대해 이야기했다. 액체 질소를 사용해서 액체 프로판을 매우 차갑게 식힌 다음, 액체 프로판에 결정을 떨어뜨려 얼음이 생기기 전에 빠르게 동결시킨다는 것이다. 제니퍼와 앤은 곧 이 기술을 익혔고, 이후에 나온 P4-P6 RNA의 엑스선 회절 패턴이 전보다 훨씬 개선되어 몹시 기뻐했다. RNA가 접힌 상태에서 개별 원자들이 어디에 있는지 알아내는 데 충분했다.

하지만 늘 그렇듯, 연구란 2보 전진하면 1보 후퇴다. 1보 후퇴면 그나마 다행이다. 이 1보 후퇴의 기술적 문제는 제니퍼가 볼더에서 지내는 내내 우리를 괴롭혔다.[19] 구조를 계산하려면 연구하려는 분자의 결정뿐만 아니라 '중원자 치환체'의 결정도 필요하다. 중원자들이 분자 내에 하나 혹은 몇 개의 고정된 위치에 자리 잡은 것을 말한다. '중원자'란 백금, 금, 은, 수은, 셀레늄, 텅스텐, 오스뮴처럼 많은 수의 양성자와 중성자, 전자를 가진 원자를 말한다. 원래 분자의 회절 패턴을 중원자 치환체의 회절 패턴과 비교해야만 분자의 3차원적 구조를 계산할 수 있었다. 이때 단백질 주머니에 쉽게 자리 잡는 중원자들은 많이 알려져 있었던 데 비해 RNA는 아예 다른 존재였고, 단백질에 작용하는 중원자가 RNA에 똑같은 작용을 하지 않는 난점이 있었다.

그래서 한동안 P4-P6의 구조는 밝혀지지 않은 채로 남아 있었다. 하지만 볼더에서 3년을 보낸 뒤 제니퍼는 하버드 대학교에서의 박사학위 연구와 볼더에서의 RNA 구조 연구에 대한 획기적인 진전으로 명성을 얻었고, 대학마다 그를 영입하기 위해 경쟁하는 중이었다. 결국 제니퍼는 예일 대학교를 선택했는데, 그 이유는 톰 스타이츠, 조앤 스타이츠와 이미 맺은 인연 때문이었다. 이때 제니퍼는 볼더 시절의 대학원생인 제이미 케이트Jamie Cate를 데려갔는데, 제이미는 중원자 치환체를 위한 금속을 이것저것 계속 시도했다. 꽤 많은 금속으로 실패를 맛본 뒤, 제이미는 오스뮴 이온이 접힌 RNA 안에서 마그네슘 이온을 대체할 수 있을 만큼 적절한 크기라는 것을 알게 된다.

다행히 은퇴를 앞둔 스탠퍼드 대학교의 화학자가 마침 적절한 오스뮴 화합물을 합성한 참이었다. 제이미는 우연한 기회에 실험실이 정리되기 직전 그에게 연락했고, 나중에 마법의 금속이 될 선물을 받을 수 있었다. 실제로 이 오스뮴 화합물이 RNA의 특정 부위에 결합된[20] 마그네슘 이온 중 3개를 대체해서, 제이미와 제니퍼는 1996년 마침내 P4-P6 RNA 구조를 밝힐 수 있었다.

숨이 막힐 정도로 놀라운 그 구조는 RNA 분자가 어떻게 스스로 다시 접혀서 내부에 조밀한 중심을 형성할 수 있는지 알려주었다. 이것은 단백질에서 흔히 볼 수 있지만 RNA의 경우에는 꽤 어려워 보였다. 생각해보면 촉매 역할을 하는 RNA가 단백질 같은 구조를 형성하는 것은 충분히 말이 된다. RNA가 단백질처럼 행동하는데 단백질처럼 보이지 말란 법이 있는가? 그 구조는 양전하를 띤 마그네슘 이온(살아 있는 세포의 구성성분)이 적절히 자리를 잡아 음전하를 띠는 RNA가 접힐 때 발생하는 전하 반발을 상쇄한다는 것도 보여주었다. 자석을 예로 들어보면, 두 자석의 음극을 가까이 모으려면 그사이에 자석의 양극을 끼워 넣으면 된다.

다음 단계는 리보자임의 전체 구조를 밝혀내는 것이었다. 박사 후 연구를 위해 볼더에 온 바브 골든Barb Golden은 1998년 RNA 결정학 분야에서 가장 큰 시료를 분석하는 새로운 기록을 달성했다. 바로 생체 촉매로 활성을 지녔으며[21] 247개의 뉴클레오티드로 이뤄진 테트라히메나 인트론이었다. 이 RNA는 P4-P6 도메인을 포함하고 있었고, 우리가 예측한 바와 같이 활성을 가진 리보자임의 P4-P6 도메인과 분리된 P4-P6 도메인은 거의 동일해 보였다. 바브의 인트론 구조 역시 RNA에 의해 형성된 '요람' 같은 구조가 있었는데, 이것은 스플라이싱이 일어날 RNA 나선 부위가 자리한 곳이다. 그것은 8년 전 미셸, 웨스토프가 예측했던 것과 만족스러울 정도로 비슷했다.

테트라히메나 P4-P6 도메인 구조의 해독은 이 작은 RNA 구조학계를 자극했고, 곧이어 또 다른 커다란, 기능하는 RNA 분자들의 구조도 밝혀지게 된다.[22] 이들 구조는 RNA가 지닌 방대한 능력을 살짝 보여주었다. 물론 기능성 RNA 각각이 나름대로 형태를 지니지만, 테트라히메나 리보자임에서 나타난 일반적인 원리는 다른 많은 RNA에도 다시 적용될 것만 같았다. A, G, C, U만으로 복잡한 기계장치를 만들 수 있다는 사실을 알려주는 멋진 광고판이었다.

이 결과를 바탕으로 이후 10년 동안 RNA 구조 연구는 계속 발전했다. 매년 한두 개의 구조가 밝혀졌다. 이렇듯 과학자들이 꾸준하게 성과를 올렸지만, 단백질의 구조가 수만 가지 밝혀진 데 반해 RNA의 구조가 밝혀진 경우는 1퍼센트도 되지 않았다.[23] 이것은 결코 바람직한 상황이 아니었다. RNA의 기본 원리에 대한 이해를 늦췄을 뿐만 아니라 잠재적으로 생명을 구할 수 있는 의료 혁신에도 도움이 되지 않았기 때문이다. 질병을 퇴치할 약물을 개발하는 산업계의 과학자들은 그들의 표적 분자에 대한 자세한 구조도가 있어야 연구를 계속할 수 있었다. 단백질 표적이라면 보통 다른 누군가가 이미 밝힌 구조를 찾아볼 수도 있고, 비슷한 구조들의 방대한 데이터베이스를 기반으로 직접 계산할 수도 있다. 하지만 RNA 표적은 대부분 구조가 알려지지 않았기에 신약을 개발할 시도조차 못 하는 것이다. 그야말로 RNA 구조 연구 패러다임의 변화가 필요했다.

집단 지성

RNA 구조를 예측하는 데는 느리고 불확실한 엑스선 결정학만 있는 것은 아니다. 우리가 찾아낸 방법은 다음과 같았다. 프랑수아 미셸과 에릭 웨스토프처럼 RNA가 접히는 원리에 대해 깊은 지식을 가진 아주 똑똑한 사람들을 찾아서 몇 년에 걸쳐 문제를 해결하도록 시간을 주는 것이다. 하지만 반대로 해보면 어떨까? RNA 구조에 대해 전혀 모르는 수천 명의 일반인들을 모아 각자 한두 시간씩 문제를 풀어보도록 하는 것이다. 우리 모두 '크라우드소싱'(소비자나 대중을 생산과 서비스에 끌어들이는 과정-옮긴이)이란 말을 들어본 적 있다. 이것이 RNA 접힘 같은 불가사의한 문제에도 효과가 있을까? 애초에 여기에 참여하겠다고 관심을 보이는 사람이 얼마나 될까?

2017년 1월, 나는 스탠퍼드 대학교에 있는 리주 다스Rhiju Das의 사무실에 앉아 입을 다물 수가 없었다. 나는 상상조차 못 한 일들을 다른 과학자들이 해냈다는 걸 듣고 있으면 정말 겸손해진다. 리주는 전 세계 3만 7,000명에게 'eteRNA(또는 에테르나)'라 불리는 컴퓨터 게임을 시켰다. 사람들은 게임을 하면서 RNA 접힘 문제의 해결책을 찾고 있었다.[24]

2009년, eteRNA는 첫 번째 도전 과제를 온라인에서 발표했다. '별이나 십자가 모양의 RNA를 디자인하시오.' 즉 A, G, C, U가 각각 상보적 쌍을 이루어 목표로 하는 모양으로 접히려면 어떤 서열이어야 할까? 각계각층에서 참가자가 나왔다. RNA를 직접 연구하는 대학원생도 있었고, RNA에 대해 거의 들어본 적은 없지만 새로운 퍼즐을 풀고 싶어 안달이 난 스도쿠 애호가도 있었다. 이들은 RNA를 접을 수 있는 컴퓨터 프로그램을 개발하기도 했고 종이와 연필만으로 문제를 풀기도 했다. 참가자들이 eteRNA 웹사이트에 답을 제출하면, 목표하는 모양으로 접힐 가능성이 가장 높다고 생각되는 염기서열에 모두가 참여해 투표했다. 가장 많은 표를 얻은 8종류의 염기서열은 스탠퍼드 대학교에서 실제로 합성되었다. 이 RNA들은 SHAPE라는 아주 영리한 실험법으로 테스트되었다. SHAPE는 케빈 위크스Kevin Weeks가 개발한 기술이다. 그는 우리 연구실에서 박사 후 연구원을 지냈고 지금은 채플힐의 노스캐롤라이나 대학교 교수로 있다. SHAPE 기술은 단일가닥 뉴클레오티드하고만 반응하는 화학물질을 사용해 어느 뉴클레오티드가 반응성을 보이는지 알아내는 방법을 활용한다. 예컨대 어떤 RNA 염기서열이 정말로 5개의 뾰족한 끝을 가진 별 모양으로 접힌다면, 다음 그림과 같은 SHAPE 반응성 패턴을 가져야 한다.

총 3만 7,000명의 도전자가 참가했으며 최고의 참가자들이 각 문제에 대한 해결책을 밝혀냈다. 그 결과는 매우 놀라웠으며, 결국 100명의 eteRNA 게임 참가자가 공동 저자로 실린 논문이 출간되는 전에 없던 사태가 발생했다.[25] 2022년을 기준으로 418만 1,632개의 RNA 구조 퍼즐이 참가자들에 의해 해결되었다. 대부분은 이 게임에 빠져들기 전까지는 RNA에 대해 거의 알지 못했던 사람들이었다.

최근 eteRNA는 더욱 대담하게 진짜 연구 과제들까지 해결하기에 이르렀다. 예컨대 2020년에 열린 오픈 백신 대회에서 참가자들은 초저온 보관이 필요 없는 개선된 버전의 코로나19 mRNA 백신을 개발

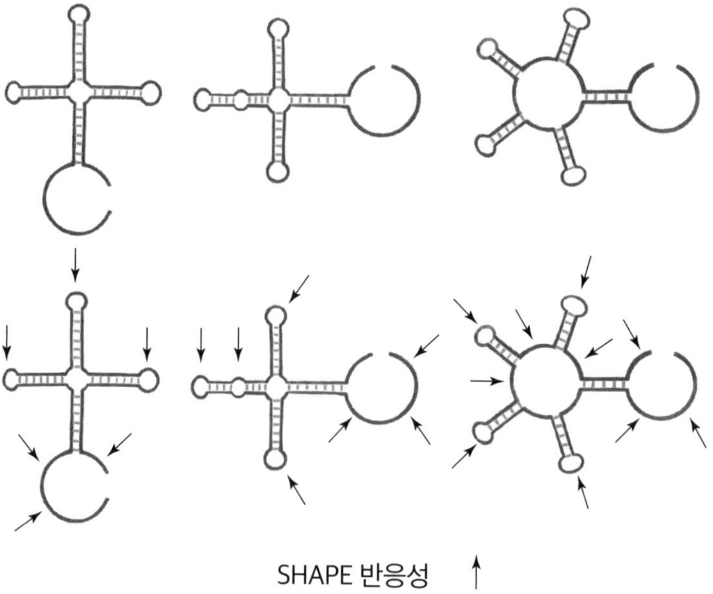

eteRNA 대회의 수상자들은 십자가, 끝이 불룩한 십자가, 또는 별 모양으로 접힐 것이라 예측한 RNA 서열을 내놓았다. 예측이 맞는지 시험하는 과정에서 각 구조의 단일가닥 영역을 확인하는 데 SHAPE 화학 반응이 사용되었고, 그중 일부를 화살표로 표시했다.

하기 위해 경쟁을 벌였다. 이들이 세운 가설은(더 정확히 말하자면 '경험에서 우러나온 추측'이겠지만), 코로나바이러스 스파이크 단백질에 대한 암호화 능력을 유지하면서 염기쌍이 많이 포함되도록 접히는 mRNA를 설계하면 보관할 때뿐만 아니라 사람의 팔에 주입할 때도 mRNA가 더 안정적으로 보존된다는 것이었다. 상당수의 아미노산이 2개, 4개, 심지어 6개의 코돈으로 암호화되기 때문에 스파이크 단백질을 암호화할 수 있는 서열은 셀 수 없이 많다. 10의 630제곱이라는 이 개수는 가히 무한대에 가까워서 어떤 컴퓨터도 이렇게 많은 서열을 분석할 수 없다. eteRNA는 이 문제를 게임 좋아하는 사람들에게 아웃소싱했고, 답이 나오길 기다리기만 하면 됐다. 2020년 3월 18일에 이 대회가 시작되었을 때도 코로나19 때문에 많은 사람이 집에 갇혀 있었던 터라 참가자가 많았다.

이들 참가자는 염기 대부분이 염기쌍으로 묶여 있는 진정한 '슈퍼 접힘 구조'를 가진 여러 mRNA 서열을 생각해냈다. 하지만 이런 서열이 실제로 더 안정적이었을까? 스탠퍼드 대학교에서는 슈퍼 접힘 구조를 가진 RNA 8종류가 보관 중이거나 사람 세포에 들어갔을 때 얼마나 안정적인지 테스트했다. 다행히도 이 염기서열은 오늘날의 컴퓨터 프로그램이 설계한 것보다 최대 2배는 더 안정적이었다.[26] 이제 스탠퍼드 대학교의 연구자들은 숨을 죽였다.[27] 이 RNA들이 너무 단단히 접힌 나머지 스파이크 단백질을 만드는 과정에서 리보솜 안쪽을 지나가지 못하는 건 아닐까? 우려와 달리 mRNA에서 단백질로의 번역 과정은 문제없이 작동했다. 마침내 이들은 슈퍼 접힘 mRNA를 화이자 백신 연구팀에게 넘겼고, 이들은 백신으로 만들었을 때 그 안에서 mRNA의 수명이 얼마나 될지 시험했다. 그 결과 따뜻한 온도에서 2주 동안 방치해도 슈퍼 접힘 백신은 대부분 손상되지 않았으며 당시의 기술로 만들어진 mRNA 백신보다 손상률이 훨씬 낮았다. 이미 승인된 코로나19 mRNA 백신들은 초저온 상태에서 보관, 배송되어야 하므로 가난한 국가에 백신을 전달하기가 어렵다. 따라서 온도 안정성이 개선되면 앞으로 더욱 저렴한 가격에 쉽게 백신을 이용하게 될 것이다.

인공지능이 구원자가 될 수 있을까?

이처럼 집단 지성을 이용해 RNA의 구조를 규명하는 것은 독특한 접근 방식이다. 하지만 미래에는 인간의 지력을 기계 학습으로 대체하는 일이 더 많아질 것 같다. 인공지능AI은 이미 스스로 신문 기사나 소셜미디어 포스트를 작성할 수 있고 음성을 텍스트로 변환할 수 있으며, 적어도 이론적으로는 자율 운전 차량이 동네를 안전하게 다니도록 해준다. 그렇다면 우리는 인공지능의 힘을 활용해 RNA의 구조를 예측할 수 있을까? 인공지능은 미셸과 웨스토프가 스스로 스플라이싱하는 인트론의 구조를 규명하는 데 걸린 7년의 세월을 절약할 수 있을까? 또한 우리 실험실 연구진이 엑스선 결정학을 통해 스스로 스플라이싱하는 인트론의 구조를 알아내는 데 걸린 7년의 시간을 단축시킬까? 인공지능이 있으면 3만 7,000명이나 되는 인원이 별이나 십자가 모양으로 접히는 최선의 RNA 배열을 찾는 eteRNA에 뛰어들지 않아도 될까? 이 질문들에 대한 답은 거의 확실하게 '그렇다'이다. 비록 아직 도달하지 못했지만 미래는 분명해 보인다.

2021년 eteRNA의 공동 개발자인 리주 다스, 그리고 스탠퍼드 대학교에서 함께 일하던 동료 론 드로Ron Dror는 중요한 발표를 했다.[28] 두 사람은 주어진 RNA 염기서열이 접힐 때 어떠한 3차원 구조를 이루는지 상당한 확률로 예측하는 인공지능 컴퓨터 프로그램을 만드는 데 성공했다. 이들이 직면한 한 가지 어려움이 있다면 적절한 '훈련 데이터training set'를 마련하는 것이었다. 인공지능 프로그램은 진짜 정보를 가지고 훈련해야 미지의 영역으로 나아갈 수 있다. 프로그램이 '개' 또는 '고양이'로 검색되는 인터넷의 수많은 이미지로 훈련하면, 인공지능은 고양이와 개의 사진을 문제없이 분류할 수 있다. 하지만 RNA 접힘의 경우, 다스와 드로는 훈련용 세트로 18개의 염기서열만을 가졌을 뿐이다. 게다가 이들은 인공지능이 단순히 RNA 구조를 보고 뭔지 맞추는 것보다 훨씬 더 어려운 수준의 과제를 해내도록 요구했다. A, G, C, U 뉴클레오티드들의 배열을 이용해 정확한 3차원 구조를 예측해내기를 바랐다. 그렇지만 놀랍게도 18개의 훈련용 세트는 인공지능 프로그램이 이전의 방식을 능가하는 데 충분하다는 사실이 밝혀졌다.

RNA 3차 구조 예측이 맞았는지 틀렸는지 어떻게 알 수 있을까? 에릭 웨스토프는 전 세계에서 RNA 구조를 연구하는 생물학자들을 모아 'RNA 퍼즐'이라 불리는 일종의 게임을 진행하고 있었다.[29] 만약 어떤 과학자가 엑스선 결정학으로 새로운 RNA의 구조를 풀어내면 해답을 공개하지 않다가 한 달 뒤에야 발표한다. 그동안 다른 참가자들은 염기서열 하나만을 가지고 최선의 구조를 예측한다. 즉 참가자들은 답을 모르는 상태다. 어떤 사람은 RNA 구조를 예측하기 위해 자동화된 웹서버를 개발하고, 어떤 사람은 손으로 모형을 직접 만드는 방식을 택한다. 참가자들이 자신의 답을 제출하고, 마감일이 되면 진짜 구조가 발표된다.

4개의 RNA 퍼즐 중 4개 전부에서 다스와 드로의 인공지능은 참가자들 가운데 가장 정확한 모형을 제시했다. 비록 아직 완벽하지는 않지만 이 프로그램은 학계에 믿을만한 도구가 되어가는 중이다. 언젠가 미래에는 과학자가 실험실에 들어가지 않고도 구조를 해명하는 날이 올지도 모른다. 과학적 진보 측면에서는 흥미진진하지만, 실험실에서 분자 레시피를 만들고 그 결과를 음미하는 데 평생을 바친 우리 같은 사람은 조금 씁쓸한 기분이 들기도 한다.

• • •

tRNA와 리보자임을 3차원적으로 들여다볼 수 있게 된 것은 RNA 연구에 큰 영향을 미쳤다. 과학자들은 tRNA가 어떤 식으로 접혀서 리보솜에 들어가는지, 어떻게 정확한 아미노산을 가져올 뿐만 아니라 다른 아미노산을 겨냥해 단백질 사슬을 형성하는지 알 수 있었다. 그리고 과학자들은 테트라히메나 리보자임이 어떻게 구아노신을 RNA 스플라이싱 자리에 정확히 자리 잡도록 이끄는지, 리보뉴클레아제 P가 어떻게 특정 결합이 끊어지도록 촉매 작용을 해서 tRNA를 만드는지, snRNA가 어떻게 mRNA의 스플라이싱을 조절하는지에 대한 세부 사항을 원자적인 수준까지 밝혔다.

단순히 생물학적인 작동 원리를 이해할 수 있게 되는 것 이상으로, RNA 구조를 알면 과학자와 공학자들이 새로운 구조를 창출해서 RNA를 새로운 목적으로 쓸 수 있다. 예컨대 생명공학자들은 새로운 리보자임을 디자인해서 우리 주변의 독성 물질이나 특정 바이러스를 검출하는 키트를 개발할 수도 있다. 오늘날 합성 생물학의 거의 전 영역에서 리보자임을 센서나 스위치로 사용하기는 하지만, RNA의 구조를 알고 출발점으로 삼아야 이점이 있다.

점점 더 큰 RNA의 3차원 구조가 밝혀지도록 이끈 획기적인 발전은 이 분야의 연구자들이 더욱 큰 야망을 갖도록 북돋웠다. 몇몇 용감한 과학자들은 심지어 세포의 마지막 한계, 끝판왕에 눈을 돌렸다. 모든 분자 기계의 어머니, 그 동력원이 무엇인지조차 오랫동안 몰랐던 수수께끼 그 자체, 바로 리보솜의 구조를 해명하는 작업이었다.

5장

분자 기계 리보솜

THE MOTHERSHIP

해리 놀러Harry Noller는 대부분의 생화학자와 다른 구석이 있다. '멋진'과 '생화학자'라는 단어는 같은 문장에 나오는 경우가 거의 없는데, 해리는 멋진 생화학자다. 캘리포니아 대학교 산타크루즈 캠퍼스의 교수인 그는 쳇 베이커Chet Baker와 함께 색소폰을 연주한 재즈 뮤지션이기도 하다. 여가 시간에는 빈티지 스포츠카 페라리를 개조하며 시간을 보낸다. 언어학에도 재능이 탁월하다. 언젠가 해리와 해외 컨퍼런스에 참석한 적이 있는데, 어느 나라든 일단 카페에 앉으면 현지 언어로 주문이 가능한 것처럼 보였다.

캘리포니아 대학교 산타크루즈 캠퍼스는 몬터레이만 북쪽 가장자리에 우뚝 솟은 삼나무들 사이에 아늑하게 자리를 잡고 있어 눈이 튀어나올 정도로 경관이 멋지다. 1968년 해리가 이곳에 연구실을 차렸을 때, 그의 목표는 리보솜이 어떻게 작동하는지 이해하는 것이었다. 모든 생물체에서 온갖 단백질을 만드는 이 강력한 분자 기계는 진정한 자연의 경이다. 리보솜은 철로 위의 기관차처럼 mRNA를 따라 움직인다. 그리고 각각의 트리플렛 코돈에 가까이 다가가면 잠시 멈춰 코돈에 맞는 정확한 tRNA가 짝을 이룰 때까지 기다리고, 성장하는 단백질 사슬에 정확한 아미노산을 더한다. 또한 놀랄 만큼 다재다능하기도 하다. 1,000개의 서로 다른 mRNA를 주면 여기에 해당하는 1,000개의 단백질이 만들어진다.

연구를 시작할 무렵 과학자들은 자연계에서 생물학적 반응을 촉진할 수 있는 것은 단백질뿐이라고 여겼다. 이러한 상황에서 해리는 리보솜 안에서 어떤 단백질들이 '단백질 합성'이라는 어려운 일을 해내는지 알아내는 것을 목표로 삼았다.[1] 가설적으로는, 하나의 리보솜 단백질이 mRNA와 결합하고 동시에 다른 1~2개는 tRNA에 결합할지도 모른다. 이 과정에서 과학자들이 '펩타이드 전달'이라고 부르는 과정, 즉 2개의 아미노산을 서로 결합하는 화학 반응을 촉매하는 단백질이 있을 수도 있다.

리보솜 전체 질량의 3분의 1만이 단백질이며 나머지 3분의 2는 리보솜 RNA로 구성되어 있다는 점은 일단 신경 쓰지 말고 넘어가자. 과학자들은 이 RNA들은 핵심 단백질들이 제대로 결합하는 데 도움이 되는 일종의 틀 역할을 한다고 믿었다. 해리가 연구했던 대장균을 포함해 박테리아 리보솜에는 이런 RNA가 3개 있었다.[2] 다시 말해 단백질이 왕이었고, 리보솜 RNA는 그저 왕을 섬기는 멍청한 소농들에 지나지 않는 셈이었다.

하지만 '핵심 단백질을 찾자'는 계획은 생각보다 잘 진행되지 않았다. 해리는 리보솜의 구성 요소인 RNA와 단백질을 가지고 리보솜을 재구성해 실제로 단백질 합성 활성이 있는지 확인하는 시스템을 구축했다. 덕분에 한 번에 단백질 하나씩 제외시킨 다음 결과를 살펴 그 단백질이 필수적인 재료인지를 확인하는 작업이 가능했다. 마치 빵을 구울 때 재료를 하나씩 빼서 빵이 잘 구워지는지 보고, 어떤 재료가 꼭 필요한지 살피는 과정과 비슷했다. 놀랍게도 리보솜의 경우 해리가 한 번에 하나씩 단백질을 제외시켰음에도 거의 아무런 일도 벌어지지 않았다. 리보솜은 여전히 자기가 할 일을 해냈다. 실망스럽고 꽤 당혹스러운 일이었다. 핵심적인 촉매 단백질은 대체 어디에 있는 걸까?

1972년, 해리의 연구실에서 공부하던 조너선 체어스Jonathan Chaires라는 학부생이 졸업논문을 마쳐야 할 시점이 오자, 해리는 조너선에게 근본적으로 완전히 새로운 접근법을 제안했다. 해리는 케톡살kethoxal이라는 화학물질이 RNA의 G 염기와 매우 특이적으로 잘 반응해 이웃 단백질에 영향을 미치지 않은 채 염기를 정상보다 몇 원자만큼 더 크게 만든다는 사실을 알았다. 그리고 리보솜 단백질들을 가지고 한 실험들에서 별 성과를 얻지 못했다. 그렇다면 리보솜 단백질은 놔두고 RNA를 가지고 뭘 좀 했었어야 하는 걸까?

단백질 합성에 대한 이들의 실험은 마셜 니른버그가 유전 암호를 해독하는 데 사용했던 방식과 동일했다. 대장균의 리보솜을 사용하고(케톡살 처리를 하거나 처리를 하지 않은 채), 인공 mRNA로 폴리U를 추가해서 아미노산 사슬인 폴리페닐알라닌이 만들어지는지 알아보는 것이다. 해리와 조너선이 처음으로 리보솜을 케톡살로 처리하자 단백질 합성이 멈춘 것이 확인되었다.[3] 더 나아가 각 리보솜 RNA에 들어 있는 수백 개의 G 염기 가운데 단지 10개만이 케톡살과 반응했을 뿐이지만, 이 정도만으로도 단백질 합성을 방해하는 데는 충분했다.[4] 리보솜은 자신의 RNA가 엉망이 되는 것을 정말로 좋아하지 않았다.

이 실험을 근거로 하면 tRNA에 결합하는 핵심적인 역할을 하는 것은 리보솜 단백질이 아니라 리보솜 RNA인 것처럼 보였다.[5] 해리는 자기가 모는 페라리가 캘리포니아 1번 고속도로에서 태평양으로 막 뛰어든 기분이었다. 이제 어디로 가야 할까?

코스를 변경하다

해리는 리보솜의 비밀을 풀기 위해 우선 RNA파가 되어야 했다. 과학에서 늘 되풀이되는 일이다. 어떤 과학자가 하나의 가설을 증명하고자 연구를 열심히 하고 있는데, 데이터는 진실이 다른 곳에 있다고 답하는 경우가 있다. 10년 뒤 내가 겪은 경험과 비슷하다. 우리 연구팀은 RNA 스플라이싱 반응 뒤에서 엉큼하게 숨어 있는 단백질을 쫓느라 고생했는데, 결국 RNA가 스스로 스플라이싱된다는 사실을 밝혀냈다. 어쨌든 이러한 기로에서 어떤 길을 택할지 결정하기란 결코 쉽지 않다. 많은 과학자가 자신이 전공한 특정 분야에만 집중하느라 혁신적인 도전을 꺼리는 경우가 많다. 윈스턴 처칠Winston Churchill이

한 말이라고 전해진 명언 중에 이런 말이 있다. "사람들은 종종 우연히 진실에 걸려 넘어지는데, 대부분은 아무 일도 없었던 것처럼 툭툭 털고 일어나 서둘러 떠나버린다."[6]

하지만 해리 놀러는 그런 사람이 아니었다. 해리는 리보솜 RNA의 구조를 이해해야 그 기능을 이해할 수 있다는 사실을 알았다. 하지만 1972년 당시만 해도 RNA의 구조는 미지의 영역이었고, 유일하게 알려진 거라곤 tRNA 클로버잎뿐이었다. 해리는 RNA의 크기가 클수록 구조를 알아내기 더 힘들다는 사실을 알고 있었다. 이것은 그에게 좋지 않은 소식이었는데, 모든 생물 종에서 리보솜 RNA 3개 중 2개는 크기가 아주 컸기 때문이다. 대장균의 경우 하나가 1,542개의 뉴클레오티드, 다른 하나가 2,904개의 뉴클레오티드로 이루어져 있었다. 나머지 세 번째는 좀 작아서 120개의 뉴클레오티드로 이뤄졌지만 여전히 tRNA보다는 컸다.

1975년 대학에서 안식년을 보내던 해리에게 문득 깨달음이 찾아왔다. 도서관에서 시간을 보내던 그는 일리노이 대학교의 미생물학자인 칼 우즈Carl Woese의 최근 논문을 우연히 발견했다. 칼은 몇 년 뒤 언뜻 보기에는 생물이 살 수 없을 듯한 옐로스톤 국립공원의 유황 온천에 서식하는 고세균이라는 완전히 새로운 생명체의 한 영역을 발견한 사람이기도 했다. 1975년 칼과 그의 연구원인 조지 폭스Geroge Fox는 120개의 뉴클레오티드로 구성된 가장 작은 리보솜 RNA의 2차원 구조를 찾아냈다. 이들의 방법은 1960년대에 tRNA의 클로버잎 구조를 알아내는 데 효과가 있었던 것과 비슷한 아이디어에 기초했다. 주로 박테리아나 개구리를 비롯한 10여 종의 생물체에서 이 작은 리보솜 RNA의 서열을 가지고 있었다. 형태는 기능을 따르게 마련이므로, 이들은 이 RNA들이 비록 종에 따라 서열이 달랐지만 리보솜에서 동일한 역할을 하는 만큼 모두 같은 방식으로 접힐 것이라고 가정했다. A가 U와 결합하고 G가 C와 결합하는 염기쌍의 규칙을 따르면서도 RNA의 사슬이 접힐 수 있는 방법은 많이 있었고, 이 중 12종의 유기체에 모두 적용할 수 있는 것은 오직 한 가지 형태뿐이었다.[7] 해리의 머리 위로 반짝 전구가 켜졌다. 이것이 바로 큰 리보솜 RNA의 구조를 밝힐 수 있는 길이다.[8] 비록 오르막을 오르는 데 몇 년이 걸릴지 모를 일이지만 말이다.

해리는 같은 해 칼 우즈에게 전화를 걸었고, 두 사람은 서로 비슷한 부류라는 사실을 깨달았다. 그들은 둘 다 별난 괴짜였다. 당시 99%의 과학자들은 여전히 리보솜 속 단백질이 mRNA를 이용해 단백질을 만드는 수고를 한다고 믿었다. 나머지 1%에 해리와 칼이 있었다. 두 사람은 그 수고를 리보솜 RNA가 한다고 믿었다. 해리는 이렇게 회상한다. "그때 다른 과학자들은 우리를 심각하게 받아들이지 않았죠. 하지만 장점도 있었답니다. 우리가 딱히 경쟁자 없이 10년 동안 편하게 연구할 수 있었다는 거예요."[9]

캘리포니아주 산타크루즈와 일리노이주 어바나는 꽤 멀었으므로, 두 사람의 공동 연구는 주로 전화와 우편을 통해 이뤄졌다. 둘은 각자 발견한 짧은 리보솜 RNA 서열들을 주고받았다. 이 짧은 조각들은 RNA를 리보뉴클레아제 T1이라는 효소로 잘라 얻은 것이었다. 이 효소는 RNA 서열에서 G 바로 뒤를 자른다. 이 과정은 마치 한 페이지의 문서를 종이 파쇄기에 집어넣는 것과 같았다. 당시만 해도 짧은

RNA 조각들만 해독할 수 있었기에 이 과정은 꼭 필요했다. 1,542개 뉴클레오티드 길이의 rRNA에서 100개 이상의 '단어', 즉 짧은 RNA 뉴클레오티드 서열이 나왔다. 우즈와 놀러 연구팀은 이 단어가 어떤 철자로 이루어졌는지 알아냈다(예컨대 CUCAG라든가 UACACACCG). 이렇게 rRNA를 구성하는 모든 단어의 철자를 알아낸 뒤에는, 그것들을 하나의 긴 문장으로 조립해야 했다. 이 과정은 종이 파쇄기에서 나온 조각들을 원래 문서로 재조립하는 것만큼이나 어려운 일이었다. 이 과정을 거쳐 연구팀은 1,542개로 이루어진 RNA의 완전한 서열을 발표할 준비가 되었다.• 일단 RNA 서열을 손에 쥔 이들은 서열의 일부가 어떻게 서로 짝을 지어 RNA를 접을지 알 수 있었다. 폭스와 우즈가 작은 리보솜 RNA에 대해, 그리고 나중에 프랑수아 미셸이 리보자임에 대해 적용한 방식과 같았다.

그 결과로 나온 이 rRNA의 2차원 지도는 1980년에 발표되었다.[10] 마치 시카고 오헤어 국제공항의 터미널 지도 같았다. 가운데 허브에서 뻗어 나온 수많은 광장홀 중 몇몇은 Y자로 갈라져 있기도 했다.

그로부터 1년이 지난 뒤에는 2,904개의 뉴클레오티드를 가진 리보솜 RNA의 2차원 구조도 밝혀졌다.[11] 더욱 복잡하고 많은 터미널과 홀을 가진 더 큰 공항이었다.

• 1970년대까지만 해도 완전히 마치는 데 약 20명의 인력이 필요했던 RNA의 염기서열 분석은 오늘날 자동화된 염기서열 분석기를 사용하면 놀랍게도 하루 만에 아무렇지 않게 완료된다. 리보솜 RNA 염기서열을 알면 인체의 특정 부위에서 면봉으로 얻은 샘플이나 주변 환경에서 얻은 샘플에 어떤 박테리아가 존재하는지 즉시 밝혀진다. 이러한 기술적 발전은 인체의 미생물 생태계를 밝혀내는 인간 마이크로바이옴 프로젝트를 가능하게 했다.

해리와 칼은 이 2개의 지도를 다른 배를 끌고 다니는 '모함'이라 불렀다. 전 세계 리보솜 연구자 수백 명이 실험 결과를 계획하고 해석하는 틀을 제공할 테니 말이다. 하지만 궁극적으로, 지도만으로는 부족했다. 촉매 작용은 2차원상에서 일어나지 않으며, 진짜 모습을 보지 않고서는 이 '모함'이 어떻게 작동하는지 진정으로 이해할 수 없었기 때문이다. 거듭 말하지만, 리보솜의 작동 원리를 이해하는 것은 과학의 진보뿐만 아니라 항생제 개발 같은 의료 혁신의 기초가 될

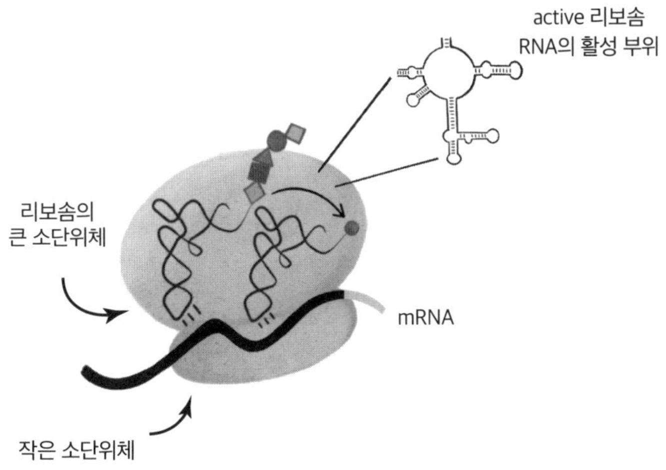

큰 리보솜 소단위체의 RNA는 여러 개의 곁가지를 가진 구조로 접히는데, 이 그림에는 펩타이드 전달 반응을 촉매하는 부분만이 표시되어 있다(오른쪽 위). 이 그림의 리보솜 안에는 2개의 tRNA가 들어 있는데, 각각의 tRNA는 인접한 mRNA의 트리플렛 코돈과 결합한다. 한 tRNA는 점점 길어지는 단백질 사슬(5개의 서로 다른 아미노산으로 이루어진)을 운반하며, 다른 tRNA가 사슬에 추가될 다음 아미노산을(어두운색 원) 리보솜으로 가져온다. 3차원의 사물을 2차원의 그림으로 정확히 표현하기란 어려우므로, 이 그림에서는 두 tRNA의 끄트머리에 달린 아미노산이 서로 멀리 떨어진 것처럼 보여도 실제로 3차원적으로 봤을 때는 리보솜 안에서 가까운 거리를 유지한다.

수도 있다. 해리가 리보솜을 처음 연구하기 시작했을 무렵에는 꿈도 꾸지 못했던 일이었다.

겨울잠을 자는 도마뱀과 사해

리보솜이 RNA를 비밀 동력원으로 사용한다는 확신을 가진 사람은 해리 놀러가 거의 유일했을지 모른다. 하지만 리보솜의 선명한 사진을 바라는 사람은 그뿐만이 아니었다. 전 세계의 여러 생명과학자가 유기체에서 단백질을 합성하는 분자 기계가 어떤 모습일지 3차원적으로 밝혀지기를 갈망했다. 그렇지만 분자 기계의 선명한 이미지를 얻는 건 네스호의 괴물 사진을 찍는 것 못지않게 어려운 일이었다.

tRNA이나 리보자임에도 쓰인 것처럼, 당시 가장 핫한 기술은 엑스선 결정학이었다. 이 기술을 활용한 연구자 중 한 사람이 에이다 요나스Ada Yonath였다. 에이다는 1970년대 이스라엘의 레호보트에 자리한 바이즈만 과학 연구소에서 박테리아 리보솜의 결정화를 위한 기초 작업을 수행했다. 리보솜 결정을 얻으려는 전 세계 모든 과학자와 마찬가지로, 요나스는 실패에 실패를 거듭하며 이 작업이 엄청나게 어려운 일이라는 것을 깨달았다. 포기하고 싶은 마음이 컸지만, 요나스는 겨울잠을 자는 곰이나 남부 이탈리아에 서식하는 도마뱀의 몸에[12] 리보솜이 결정화 상태로 존재한다는 보고서를 읽고 위안을 얻었다. 추울 때 살아 있는 동물의 몸속에서 리보솜이 질서정연한 결정 배열을 형성한다면, 실험실에서 리보솜을 결정화하는 것도

가능할 터였다.[13]

1980년에 요나스는 박테리아 리보솜의 결정을 얻을 수 있었고,[14] 엑스선 회절도 꽤 잘 일어났다. 하지만 이 박테리아 리보솜은 높은 염 농도 용액에서 불안정했다(결정을 만드는 데 보통 높은 염 조건이 선호됐다). 단백질 일부가 리보솜에서 떨어져 나가 불완전한 리보솜 조각들이 섞여 있기도 했다. 요나스와 그녀의 동료들은 호염성(소금을 좋아하는) 생물의 리보솜이 높은 염 조건에서 안정적일지도 모른다고 생각했다. 마침 연구실이 사해와 가까웠던 만큼, 이들은 할로박테리움 마리스모르투이('사해의 소금 박테리아'라는 뜻을 가진 미생물)를 실험했고 결국 성공했다.[15]

여기까지 살펴보면, 리보솜의 3차원 구조(3개의 RNA 분자와 55개의 단백질로 이루어짐)를 밝히는 것도 금방일 것처럼 보이지만, 사실 구조가 밝혀지기까지는 이후로 15년이 더 걸렸다. 제니퍼 다우드나와 우리 연구팀이 테트라히메나 리보자임의 도메인 구조를 밝히고자 했을 때도 경험했듯이, 엑스선 회절이 잘되는 좋은 결정을 얻는 것은 기나긴 전투의 절반에 지나지 않는다. 나머지 절반은 역시 '중원자 문제'를 해결하는 것이었다. RNA의 3차 구조를 계산하려면, RNA 분자에 중원자가 붙어 있는 것과 그렇지 않은 것 모두의 엑스선 회절 데이터가 필요하다. 여기서부터 톰 스타이츠와 벤키 라마크리슈난 Venki Ramakrishnan의 이야기가 시작된다.

크리스털 궁전의 베일을 벗기다

지금까지 우리는 리보솜이 단 하나인 것처럼 이야기했다. 하지만 사실 리보솜은 단일한 실체가 아니라, RNA와 단백질로 구성된 거대한 복합체 한 쌍('큰 소단위체'와 '작은 소단위체'라고 불림)으로 존재한다. 이 복합체가 모든 생물 종에서 단백질을 합성하는 일을 도맡는다. 리보솜의 작은 소단위체는 세 가지 rRNA 중 두 번째로 큰 것(1,504개의 뉴클레오티드로 이루어짐)과 22개의 단백질로 구성된다. 이 작은 소단위체가 mRNA와 최초로 결합한다. 이제 2개의 rRNA(각각 2,904개, 120개의 뉴클레오티드로 이루어짐)와 약 33개의 단백질로 구성된 큰 소단위체가 등장한다. 큰 소단위체에는 아미노산을 차례로 이어 붙이는 촉매의 중심이 존재해서, 여기서 우리가 단백질이라고 부르는 아미노산의 사슬이 만들어진다. 이러한 세부 정보가 중요한 이유는 우리 이야기의 다음 두 주인공이 다름 아닌 바로 이 소단위체들을 각각 연구했기 때문이다. 톰 스타이츠는 큰 소단위체, 벤키 라마크리슈난은 작은 소단위체를 연구했다.

1995년까지 톰 스타이츠는 생물학에서 가장 기본적인 분자 기계의 구조를 풀어내는 독보적인 업적을 남겼다. 톰은 이중나선 부모 가닥을 두 딸 가닥으로 복제하는 DNA 중합효소의 구조를 알아냈다. DNA에서 RNA로 정보를 복사하는 RNA 중합효소의 구조 역시 밝혔다. 여기에 그치지 않고 톰은 HIV RNA를 DNA로 복사해 인간 염색체에 삽입하는 HIV 역전사효소의 구조를 알아내고, tRNA 분자에 정확한 아미노산을 붙여주는 효소의 구조 또한 알아냈다.

그렇게 뛰어난 톰이라 해도 '모함'의 구조를 알아낼 수 있을까? 1995년 톰은 이 모험을 함께 떠날 박사 후 연구원 3명을 모아 연구팀을 결성했다.[16] 여기에 톰의 오랜 친구이자 예일 대학교의 동료인 리보솜 전문가 피터 무어Peter Moore가 합류했다. 에이다 요나스가 이미 길을 닦아 놓은 만큼, 이들은 리보솜 소단위체를 뽑아낼 재료로 사해 박테리아를 선택했다. 톰의 연구팀은 아미노산이 단백질로 되는 과정을 촉매하는 큰 소단위체에 초점을 맞추었는데, 그 구조를 알려면 중원자 문제라는 난관을 해결해야 했다.

배를 좋아하고 잘 몰기도 했던 톰은 이 문제를 배에 빗대 설명했다. 톰은 엑스선 결정학의 중원자 문제를 선장의 몸무게를 계산하는 것에 비유했다. 배와 선장을 더한 무게에서 빈 배의 무게를 빼면 선장의 몸무게를 얻을 수 있다고 말이다. 만약 배가 작은 돛단배였다면 이 작업은 꽤 쉬울 것이다. 하지만 배가 RMS 퀸 메리 호라면 어떨까? 퀸 메리 호와 선장의 무게를 합한 값에서 퀸 메리 호의 무게를 빼는 건 선장의 몸무게를 알기에 정말 까다로운 방법일 것이다. 리보솜으로 말하자면 25만 개의 원자로 이루어진 리보솜은 그야말로 생체 분자 기계의 퀸 메리 호였다.[17]

그래도 톰의 연구팀이 결국 '선장의 몸무게 재기' 문제의 해결책을 찾아내는 중요한 순간이 찾아왔다. 바로 극도로 몸무게가 많이 나가는 선장을 사용하는 것이다. 이 무거운 선장은 텅스텐 원자 18개가 뭉쳐진 덩어리였는데, 마침 리보솜 소단위체의 특정한 틈새에 자리 잡을 수 있었다. 텅스텐은 예전부터 사용하던 전구에서 빛을 내는 필라멘트의 재료였으므로 이 기술은 그야말로 소단위체 구조를 '밝혔다'. 이후 몇 년에 걸쳐 톰의 연구팀은 리보솜의 큰 소단위체에 대해 점점 더 나은 이미지를 연이어 공개했고, 2000년에는 여태껏 상상할 수 없을 정도로 선명한 이미지가 완성되었다.[18]

생체분자 기계의 3차원 구조를 밝혀내는 것은 어떤 작업일까? 그것은 마치 커다란 장막으로 오랫동안 덮여 있던 수정궁의 구조를 알아내는 것과 같다. 그동안 수백 명의 연구자들이 간접적인 방법을 사용해서 내부의 정보를 조금씩 알아냈다. 부엌 하나, 식당 하나, 여러 개의 침실과 욕실이 있는 건 분명했다. 하지만 아무도 방들이 어떻게 배치되어 있는지 알지 못했다. 수정궁의 평면도는 어떤 모습이고 방들의 기능에 맞게 잘 배열되었는가? 그러다가 얼마 지나지 않아 구조가 밝혀진다. 거대한 장막이 벗겨져 투명한 벽을 통해 안을 들여다보는 건 물론이고 심지어 방 안을 걸을 수도 있다. 엑스선 결정학으로 원자 구조를 밝히는 것이 바로 이런 작업이다. 전 세계 과학자들이 오랫동안 실험하고 연구하며 제안했던 모든 세부 사항이 눈앞에 드러나며, 기존의 아이디어 중 어떤 것이 옳고 그른지 알게 된다.

장막이 벗겨지는 순간이 스타이츠 연구팀에게도 찾아왔다. 그들이 큰 리보솜 소단위체의 촉매 중심부를 들여다봤을 때 그곳엔 온통 RNA뿐이었다. 근처에는 단백질이 전혀 없었다.

그에 따라 해리 놀러와 칼 우즈가 힘든 실험과 날카로운 직관에 따라 제안한 'RNA의 중심성'이 사실임이 입증되었다. 사실 리보솜은 그 자체로 촉매 역할을 하는 RNA 기계 중 하나인 리보자임이었다.[19] 이 RNA는 물론 단백질 틀의 도움을 받고 있긴 하다. 리보뉴클레아제 P RNA가 세포 안에서 잘 구조화되도록 단백질의 도움을 받는 것과 비슷하다. 하지만 리보솜의 핵심은 순수한 RNA였다.

그래도 이야기는 아직 절반밖에 진행되지 않았다. 물론 리보솜 큰 소단위체의 구조가 알려지면서, 아미노산을 연결해 단백질을 만드는 반응의 촉매가 단백질 효소가 아닌 RNA 효소라는 사실이 원자 수준에서 자세히 드러났다. 그렇지만 mRNA의 암호를 읽어내고 적절한 tRNA를 배열하는, 즉 어떤 아미노산이 연결되는지 결정하는 어댑터들이 줄지어 서 있게 되는 그 핵심 과정은 어떠한가? 메시지를 해독하는 비밀을 품은 것은 리보솜의 작은 소단위체다.[20]

인도 출생인 벤키 라마크리슈난은 미국 오하이오 대학교에서 물리학 박사학위를 받은 뒤 예일 대학교에서 박사 후 연구원으로 일하며 리보솜에 푹 빠졌다. 1995년 벤키는 유타 대학교 교수가 되면서 리보솜 작은 소단위체의 구조를 해명하는 작업에 관심을 쏟기 시작했다. 그는 대학원생 빌 클레몬스Bil Clemons와 함께 리보솜 소단위체의 결정을 만드는 방법을 완벽하게 개발했지만, 역시 두려운 중원자 문제에 직면했다. 이들은 얻을 수 있는 모든 무거운 원자를 시험한 끝에, 마침내 큰 소단위체를 연구하던 톰 슈타이츠와 마찬가지로 텅스텐 원자 클러스터를 통해 답을 얻었다. 1999년 벤키는 영국 케임브리지 대학교의 유명한 분자생물학 연구소로 옮겼고, 이후 1년도 채 되지 않아 그의 연구팀은 유타에서 시작한 작업을 끝마쳤다. 리보솜 작은 소단위체의 구조를 알아낸 것이다. 그들만의 수정궁을 아주 자세하게 들여다볼 수 있게 됐다.

하지만 이 작은 소단위체 구조에는 무언가가 빠져 있었다. 수정궁에 살던 가족인 mRNA와 tRNA가 없었다. 결정을 만들 때 같이 넣어주지 않았기 때문이다.[21] 리보솜을 연구하는 목적은 단백질 합성을 이해하는 것이었는데, 앞에서 살펴본 것처럼 리보솜은 단백질을 혼자서 만드는 것이 아니다. 어떤 단백질이 만들어질지 특정하려면 mRNA가 필요하고, 딱 맞는 아미노산을 가져오려면 tRNA가 필요하다. 그래서 리보솜의 구조를 들여다보는 것만으로는 단백질이 어떻게 만들어지는지 이해하기 어려웠다. mRNA와 tRNA가 정확히 어디에 들어가는지를 알아야 했다. 집과 그 집에 사는 거주자를 동시에 살펴야 했던 것이다.

tRNA와 mRNA 가족이 살고 있는 리보솜 집을 전체적으로 시각화하는 이 어려운 프로젝트는 제이미 케이트Jamie Cate의 손에 맡겨졌다. 제이미는 박사 후 연구를 위해 캘리포니아 대학교 산타크루즈 캠퍼스에 있는 해리 놀러의 실험실로 이제 막 옮긴 참이었다. 다행히 해리는 제니퍼 다우드나와 함께 예일 대학교에서 리보솜의 구조를 연구하며 이 작업에 익숙해졌고 준비를 잘 갖추고 있었다. 1999년, 제이미와 해리는 tRNA와 mRNA를 포함해 제 기능을 할 수 있는 상태에 있는 리보솜의 결정 구조를 밝히는 데 최초로 성공했다. 하지만 이들이 얻은 결정은 엑스선 회절을 완벽하게 하지 못해 사진이 약간 흐릿했다. 뿌옇게 김 서린 고글을 쓰고 수정궁을 보는 셈이었다.

하지만 완벽하지 않은 두 이미지가 서로를 훌륭하게 보완했다.[22] 제이미와 해리는 파트너를 전부 포함해 완전한 리보솜에 대한 뿌연 이미지를 얻었고, 벤키는 텅 비어 있는 작은 소단위체에 대한 아주 선명한 이미지를 얻은 상태였지만, 둘을 합치니 뭔가 결과가 나왔다. mRNA와 tRNA의 위치를 고해상도 이미지 위에 중첩시키자, 리보솜

RNA의 염기들이 mRNA 코드를 읽는 데 어떻게 도움이 되는지 알 수 있었다. rRNA 염기의 일부가 tRNA를 고정하고 있었고, 나머지 염기는 mRNA를 해독하기 위해 적당한 자리에 mRNA를 배치했다.

이 모든 과정이 RNA를 중심으로 진행되었다. tRNA와 mRNA를 고정하는 기능적 부위는 거의 모두 RNA로 이루어져 있었다. 작은 리보솜 소단위체와 큰 소단위체를 연결하는 매우 중요한 면도 대부분 RNA로 이루어졌다. 작은 소단위체 속의 22개 단백질 가운데 도움이 되는 건 하나뿐이었다. 나머지 작용은 전부 RNA에 의해 깔끔하게 통제되었다.

40년 동안, 과학은 mRNA 암호를 해독하는 것에서 시작해 단백질 합성 과정을 아주 세세하게 들여다보는 단계까지 발전했다. 놀러와 우즈의 한이 풀렸다. 두 사람은 이제 더는 RNA가 단백질 합성의 핵심이고 단백질이 부수적이라고 여기는 1%의 소수 집단에 머물지 않아도 되었다. 눈에 보이면 믿게 되는 법이다. 이제 과학계는 RNA가 왕이라는 사실을 받아들일 수밖에 없었다.

리보솜과 RNA, 누가 누구에게 도움을 줄까?

리보솜이 단백질을 합성하는 과정에서 거의 전적으로 RNA의 힘을 빌린다는 사실은 해리나 나 같은 생화학자들에게는 엄청난 계시처럼 놀라운 일이다. 하지만 여러분은 그게 뭐가 그렇게 대수냐고 여길 수 있다. 그래도 괜찮다. 리보솜 RNA의 구조와 기능을 이해하는 것에 어떤 실질적인 이점이 있을까?

항생제를 생각해보자. 리보솜의 구조를 알게 되면서 어느 항생제가 효과가 있는지, 항생제 내성이 어떻게 생기는지, 항생제가 앞으로 어떻게 개선될 수 있는지에 대해 그동안 상상할 수 없었던 통찰을 얻을 수 있게 됐다.

효과적인 항생제는 인체에 영향을 주지 않으면서 박테리아의 생명현상을 저해할 수 있다. 어쩌면 여러분은 리보솜이 표적으로는 그렇게 바람직하지 않다고 여길지 모른다. 큰 소단위체와 작은 소단위체, 결합하는 tRNA와 mRNA, 아미노산의 조립을 촉매하는 역할을 비롯해 리보솜이 지닌 근본적 특징은 모든 생명체에 공통적으로 나타나기 때문이다. 하지만 사실 진화론적으로 말하자면, 인간과 박테리아가 수억 년 동안 각자의 길을 걸어온 지 꽤 오래되었기 때문에, 인간과 박테리아의 리보솜 역시 굉장히 달라져서 박테리아의 리보솜만을 억제하는 약을 만드는 것도 가능하다. 놀랍게도 효과가 잘 드는 항생제들의 절반 정도가 박테리아의 리보솜을 표적으로 삼는다.[23]

항생제가 의료용으로 널리 보급되기 시작한 게 1960년대였고, 이때부터 과학자들이 항생제의 작동 원리를 이해하는 데 큰 관심을 보였다. 비슷한 시기에 리보솜, mRNA, tRNA, 유전 암호가 발견되면서 두 분야는 융합되었다. 결핵, 임질, 심지어 여드름을 치료하는 흔한 항생제들이 박테리아가 단백질을 합성하지 못하도록 억제해 박테리아를 죽인다는 사실이 밝혀졌다. 이어 과학자들은 이 항생제들이 박테리아 리보솜과 직접 결합한다는 사실을 재빨리 알아차렸다.

여기서 크기에 대한 센스를 발휘해보면 좋다. 보통 항생제 분자는 대략 100개의 원자로 구성되어 있고, 박테리아 리보솜은 25만 개 정도 된다. 리보솜이 항생제보다 약 2,500배나 더 크다. 멍키스패너로 기계를 망가뜨린다는 속담처럼(미국 속담-감수자), 작은 약이라도 리보솜 내의 기능적으로 중요한 부위에 결합하면 커다란 리보솜을 비활성화할 수 있다. 약이 리보솜의 바깥 표면에만 결합한다면 아무런 해를 입히지 못해 결코 항생제 역할을 할 수 없었을 것이다. 그렇기 때문에 항생제가 박테리아 리보솜에 결합하는 모습을 살피는 것은 제약업계뿐만 아니라 리보솜의 작동 원리를 이해하고자 하는 기초과학 연구자들에게도 관심거리였다.

이러한 이해의 중요한 첫 단추는 바로 항생제에 내성을 갖는 박테리아였다. 오늘날 그렇듯 어떤 항생제가 널리 사용되기 시작하자마자, 어떤 운 좋은 박테리아 녀석이 항생제로부터 자기를 보호하는 돌연변이를 갖게 된다. 옆에 있던 정상 박테리아가 항생제로 죽어가면 그 운 좋은 녀석이 증식해 개체군을 장악하는 것이다. 어떤 종류의 박테리아를 효과적으로 죽이는 항생제가 생기자마자 이렇게 항생제 내성이 나타나는 건 불가피한 일이다. 어떻게 리보솜의 돌연변이가 항생제 내성으로 이어질까?

리보솜을 mRNA 철길을 따라 움직이는 기관차라고 상상해보자. 이때 각각의 항생제는 매우 독특한 크기와 모양을 한 멍키스패너다. 어떤 건 엔진의 피스톤에 맞아 엔진이 고장 날 수도 있고, 다른 건 운전대에 끼어들어 기관차가 움직이지 못할 수도 있다. 기관차를 망가뜨릴 수 있는 스패너가 수없이 많은 것처럼, 리보솜을 망가뜨릴 수 있는 항생제도 수없이 많다. 이제 이 기관차와 미세하게 디자인이 다른 기관차를 상상해보자. 예컨대 피스톤의 크기가 다르거나 운전대로 이어지는 틈새가 조금 더 좁을 수도 있다. 그러면 다른 기관차를 망가뜨렸던 스패너를 이 새로운 기관차에 던져도 아무런 영향을 끼치지 않는다. 이 기관차는 그 스패너에 대한 내성이 있다.

항생제 내성이 워낙 흔하게 발생하는 만큼, 과학자들은 항생제에 내성이 있는 다양한 리보솜을 손에 넣는 데 어려움이 없었다. 이런 리보솜을 입수할 때마다 과학자들은 다음과 같은 질문을 던졌다. 항생제 내성을 일으키는 돌연변이는 어디에 있는가? 그것은 리보솜 RNA에 있는가, 아니면 여러 리보솜 단백질 중 하나에 있는가? 1970년대 이후로 과학자들은 항생제에 내성이 있는 세포에서 얻은 리보솜 RNA와 리보솜 단백질의 염기서열을 분석해 RNA와 단백질 양쪽 모두에서 사례를 찾았다. 어떤 경우에는 리보솜 단백질의 아미노산 서열이 바뀌어 항생제 내성이 생겼다. 리보솜 RNA 중 하나의 염기서열이 바뀌었을 때 내성이 생기기도 했다. 후자의 사례들은 초기에 RNA를 연구하던 해리 놀러, 칼 우즈를 비롯한 과학자들을 고무시켰다. 리보솜 RNA가 리보솜의 기능에 중요하다는 아직 날것에 가까운 아이디어를 뒷받침했기 때문이었다.

하지만 이 모든 증거는 다소 간접적이어서, 2000년경 리보솜 엑스선 결정이 밝혀질 때가 되어서야 톰 스타이츠, 벤키 라마크리슈난, 에이다 요나스를 비롯한 수많은 연구자들은 항생제가 리보솜 속 정확히 어디에 있는지 확인할 기회를 얻었다. 이상적으로는 항생제의 표적이 된 병원성 박테리아의 리보솜을 직접 들여다봐야 했다. 하지만 이 리보솜은 아직 결정화되지 않았기에, 연구자들은 비슷한 다른 박테리아의 리보솜에 항생제를 첨가한 다음 비슷한 작용을 할 것으로 생각하고 살펴봤다.

예컨대 톰 슈타이츠의 연구실에서는 7가지 항생제가 큰 리보솜 소단위체와 결합한 모습을 찍을 수 있었는데, 이 항생제들은 모두 촉매 중심에 달라붙었다.[24] 비록 각각의 약물이 조금씩 다른 위치에 결합하기는 했지만, 모두 tRNA의 말단이 리보솜에 붙어 단백질 합성에 관여하지 못하게 만드는 것은 분명했다. 더구나 각각의 약물은 단백질이 아니라 큰 리보솜 RNA에 결합했다. 결국 리보솜과의 체스 대결에서 승리를 거두려면 졸병인 단백질 중 하나보다는 왕인 RNA를 노리는 게 나을 것이다.

이 중 인후염 등의 박테리아 감염증을 치료하는 데 효과적인 에리트로마이신은 큰 리보솜 소단위체의 특정 부위에 결합하는 것으로 밝혀졌다.[25] 단백질 합성 과정에서 리보솜은 자신이 합성하는 단백질을 '출구 터널'로 밀어낸다. 에리트로마이신은 그 출구 터널을 막는 자리에 결합해 단백질 사슬이 계속 이어지지 못하게 막았다. 톰 스타이츠는 이러한 억제 메커니즘을 '분자적 변비'라고 말하곤 했다.[26]

리보솜의 작은 소단위체 역시 항생제가 악용할 취약점이 있었다. 벤키의 연구팀은 작은 리보솜 소단위체의 RNA에 달라붙는 스트렙토마이신과 테트라사이클린을 비롯한 항생제 6가지의 사진을 찍었다.[27] 이들 항생제는 모두 리보솜의 작동 방식에 관한 통찰을 주었다. 임질 치료에 쓰이는 스펙티노마이신을 예로 들어보자. 리보솜이 가진 재주 중 하나가 tRNA와 결합한 mRNA 코돈을 리보솜 내의 한 부

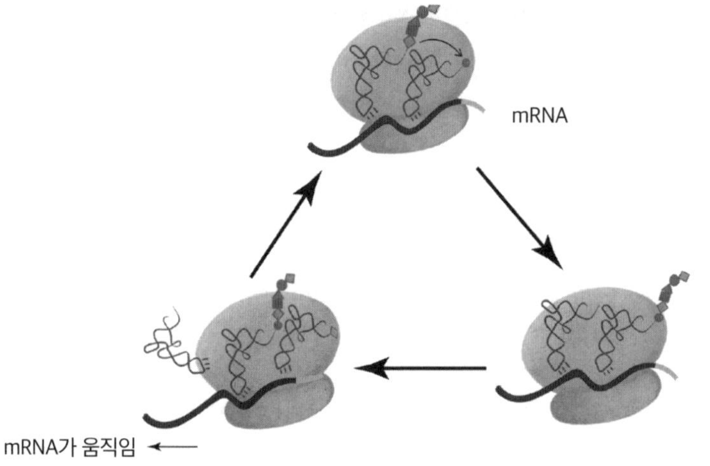

리보솜은 mRNA 코돈에 있는 정보를 이용해서 아미노산을 단백질 사슬로 연결한다. 구부러진 화살표(맨 위)로 표시된 펩타이드 전달 반응이 일어나면, 아미노산이 하나 더 붙은 사슬이 만들어진다(오른쪽 아래). 그러면 mRNA는 옆으로 이동해 2개의 tRNA를 리보솜의 새로운 자리로 옮겨 그다음 tRNA(다이아몬드 모양의 아미노산을 실어 나르는)가 결합할 공간을 만든다(왼쪽 아래). 이 순환 과정은 아미노산이 추가될 때마다 되풀이된다.

위에서 다른 부위로 옮기는 전위translocation다. 코돈을 하나 읽을 때마다 전위가 일어나야 그다음 tRNA가 들어올 자리가 생긴다.

전위가 일어나려면 작은 소단위체의 '머리'가 움직여야 한다. 마치 머리를 끄덕이는 것과 비슷하다. 머리를 한 번 끄덕이면 전위가 한 번 일어난다. 스펙티노마이신은 말 그대로 작은 스패너처럼 단단한 분자라서, 머리를 잇는 경첩 부근 리보솜 RNA의 특정 틈새에 끼어 들어간다. 그러면 머리를 끄덕이지 못하게 되어 전위가 일어나지 않는다. 그러니 스펙티노마이신이 박테리아를 죽이는 건 당연하다. 리보솜이 고개를 끄덕일 수 없다면 박테리아가 살아가는 데 필요한 단백질은 전혀 만들 수 없기 때문이다.

다양한 리보솜 구조들은 항생제 내성 박테리아와 싸울 강력한 새 무기가 될 수 있다. 소위 '구조 기반 약물 설계'를 통해 과학자들은 질병을 일으키는 단백질의 표면을 탐색한다. 항생제의 경우에는 병원성 박테리아가 살아가는 데 필수적인 단백질을 전부 검사한다. 표적 분자의 기능적으로 중요한 부위에서 푹 들어간 곳이 발견되면 과학자들은 컴퓨터 소프트웨어로 여기에 도킹해, 그 들어간 자리를 채울 작은 약물 분자의 모양을 예측한다. 기계에 딱 맞게 끼울 스패너를 찾는 것이다. 중요한 점은 구조에 대한 자세한 모델 없이는 구조 기반 약물 설계를 할 수 없다는 점이다. 리보솜 구조가 이런 이유에서 중요하다.

● ● ●

지난 20여 년 동안 과학계에서 RNA의 위상은 급격하게 업그레이드되었다. 1960년대 중반까지만 해도 과학자들은 RNA가 DNA와 단백질을 잇는 통로, 즉 하나의 메시지일 뿐이라 여겼다. 그 후 발견된 리보솜 RNA는 어떤 것도 암호화하지 않았지만 단백질 합성 기계 안에서 무언가 기능을 담당하는 듯했다. 그래서 처음에는 리보솜 RNA가 주요 단백질을 구성하는 발판이라고 추정되었다. tRNA 역시 mRNA 코돈과 여기에 들어맞는 정확한 아미노산을 연결하는 필수 어댑터로 여겨지기는 했지만, 여기에 광범위한 비암호화 기능이 존재할 것이라고는 아무도 짐작하지 못했다. 그러다가 1980년대가 되어서야 RNA가 생체 촉매가 될 수 있으며, snRNA가 mRNA 스플라이싱을 조율하고, 리보솜 RNA가 모든 생명체에서 가장 핵심적인 과정으로 손꼽히는 단백질 합성에 직접적으로 관여한다는 사실이 알려졌다. 바야흐로 RNA는 백업 가수에서 무대 중앙에 서는 스타 가수로 거듭났다.

이 모든 발견으로 생물학 교과서가 다시 쓰였고, 인간의 질병에 대한 이해와 치료법 개발에 큰 진전을 가져왔다. 하지만 RNA 연구는 '지금, 여기에서' 과학 규칙을 다시 쓰는 데 그치지 않았다. 그것은 인류의 가장 오래되고 심오한 질문 중 하나를 막 밝히려는 참이었다. 우리 행성 지구에서 생명체는 어떻게 시작되었을까?

6장

생명의 기원

ORIGINS

내가 콜로라도주 남서부의 메사 베르데Mesa Verde를 처음 본 것은 50여 년 전의 일이다. 그날의 일이 전부 기억나지는 않지만, 절벽을 따라 이어진 나무 사다리를 오르자 피부에 닿았던 이른 아침의 한기는 아직 기억난다.

국립공원 관리원은 이렇게 경고했다. "발밑을 조심하세요. 사다리 가로대에 아직 서리가 남아 있어요."

그렇게 정상에 오르자, 아침 햇살에 금빛으로 빛나는 오래된 옛 마을 사암 벽이 화려하게 전모를 드러냈다. 오늘날의 기준으로 볼 때는 작지만 150여 개의 방이 절벽의 큼직하게 파인 공간 안에 자리 잡은 모습이 신기했다. 비록 1,000년 전에 버려진 장소지만, 돌탑과 절벽

집터는 놀랄 만큼 보존 상태가 좋았다.

나머지 일행이 사다리를 타고 올라오자, 공원 관리원은 바위가 파인 것처럼 보이는 둥근 집터에 모이도록 우리에게 손짓했다.

"고대 푸에블로 사람들은 영적인 의식을 위해 키바라는 이 건축물을 지었습니다." 관리원이 설명했다. "아래를 내려다보면 바닥에 크고 둥근 구조가 보일 겁니다. 바로 화덕이죠. 이제 바닥에 작고 둥근 구멍이 보이나요? 이걸 시파푸라고 해요. 푸에블로 사람들은 여기를 통해 인간이 처음 이 세상에 들어왔다고 믿었죠."

이 절벽 궁전을 처음 보기는 했지만, 나는 모든 인류 문화권에 고유한 창조 이야기가 있다는 사실을 익히 알고 있었다. 신이 바쁘게 일주일을 보낸 창세기 이야기든, 번쩍이는 빛에서 나타난 가이아 여신 이야기든, 시파푸로 기어 나온 푸에블로인의 선조들이든 말이다. 물론 더 근본적인 문제는 우리가 어떻게 여기까지 이르렀는지, 지구상에서 생명이 어떻게 시작되었는지에 관한 문제일 수도 있다. 창조의 분자적 토대라 할 수 있는 생명의 구성 요소들을 오래 공부해왔지만, 나는 이 모든 것이 어떻게 시작되었는지에 관한 문제가 나 같은 화학자보다 철학자나 신학자에게 적합하다고 예전부터 생각했다.

그렇다고 해서 이런 질문에 화학적으로 접근하는 것이 불가능하다는 의미는 아니다. 지구상에서 생명이 어떻게 시작되었는지를 묻는 또 다른 방식은, 무기물이 어떻게 유기물로 변했는지 묻는 것이다. 아주 오래전 지구에는 생명체가 존재하지 않았다. 심지어 생명체의 가장 원시적인 형태조차 없었으며 단지 바위와 바다뿐이었다. 그러다 얼마 뒤 생명체가 모습을 드러냈다. 이 원시적인 생명체는 어떤 모습이었을까? 또 어떻게 생겨났을까?

생명의 기원에 관한 담론은 이 두 글자로 이루어진 단어, 즉 생명의 의미를 정의하는 데서 시작해야 한다. 과학자들은 이 문제에 대해 결코 하나로 마음이 모이지 않는다. 생명의 정의는 정의를 내리려는 사람의 수만큼 다양하다.[1] 그중 상당수는 성장하고 대사하며 자극에 반응하는 어떤 실체를 요구한다. 하지만 생명에 관한 가장 단순한 정의는 두 가지 기본적인 조건만 충족하면 된다. 생명체는 스스로 재생산할 수 있어야 하며, 또 돌연변이를 일으킬 수 있어야 한다는 것이다.

첫 번째 조건이 어째서 재생산인지는 명확하다. 재생산, 또는 복제는 생명체가 다음 세대로 계속 이어가는 데 필수적이기 때문이다. 이 조건 덕분에 생명체는 재생산하지 않는 바위 같은 무생물과 구별된다. 어떤 바위를 100만 년 동안 계속 지켜본다 한들, 바위의 자손이 나타나지는 않을 것이다. 하지만 두 번째 조건이 돌연변이라는 사실은 좀 놀라울 수도 있다. 돌연변이는 나쁜 일이 아닌가? 돌연변이란 다음 세대에 전해질 정보를 복사하는 과정에서 이따금 실수가 일어나는 것을 뜻한다. 예컨대 핵산이 복제될 때 DNA나 RNA를 이루는 4종류 염기들의 서열이 높은 정확도로 복사되지만 완벽하지는 않다. 만약 복제가 완벽했다면 원시 생명체는 원시 상태 그대로 남았을 것이다. 어떤 대안적인 형태도 생겨나지 않는다. 이러한 변이 형태는 자연 선택이 이뤄지는 데 필수 요소다. 돌연변이는 생명체의 후손이 세대를 거듭할수록 점점 나아지고 환경에 적응하며 진화하는 데 필요하다.

자, 그러면 우리의 논의로 돌아가 생명의 기원 문제를 다음과 같이 다시 표현해보자. "복제와 진화가 가능한 최초의 실체는 어떻게 생겨났을까?"

생명의 기원에 대해 곰곰이 고민하던 과학자들은 하나의 문제에 봉착했다. 생명이 복제를 의미한다면, 한 세대에서 다음 세대로 전해지는 어떤 지시, 정보가 있어야 한다. 오늘날의 생명체에서는 이런 정보가 DNA의 이중나선에서 발견된다. 하지만 DNA는 우리에게 생명에 대한 매뉴얼을 제공하기는 해도, 외부의 도움 없이는 스스로 복제하지 못한다. 복제효소replicase라 불리는 작은 단백질 기계가 분자 복사기처럼 작용해, 부모 가닥의 DNA 각각을 딸 가닥으로 복사해서 하나의 이중나선을 2개의 사본으로 만든다.

그렇기에 '닭이 먼저냐, 달걀이 먼저냐' 같은 문제들의 시초가 바로 생명의 기원에 대한 물음이다. 과학자들은 정보를 제공하는 분자와 기능을 담당하는 분자, 즉 DNA와 이것을 재생산하는 단백질 중 무엇이 먼저인지 알아낼 수 없었다. 두 가지 일은 본질적으로 동시에 일어나야만 했다. 하지만 무작위적인 화학 반응으로 DNA와 단백질로 작동하는 복사 기계가 동시에 그리고 정확히 같은 장소에서 만들어진다는 것은 도저히 상상할 수 없는 일이었다. 마찬가지로, 이러한 필수 요소 중 하나가 먼저 진화한 뒤 그 다음 요소가 나타나기까지 몇백만 년을 그저 기다리고만 있었을 가능성도 거의 없었다. 화학 법칙에 따르면 이 요소들은 안정성이 제한적이어서 복제되지 않았다면 그대로 사라졌을 것이다.

그래서 과학자들은 생명체의 기원에 대한 난제를 풀기 위해 어떻게든 두 가지 역할을 모두 할 수 있는 분자를 찾아야 했다. 생명의 암호인 정보를 전달하는 동시에, 그 암호 전체를 스스로 복제하는 분자 말이다. 다시 말해 닭과 달걀이 하나여야 했다.

작은 RNA의 세계

우리 연구팀이 테트라히메나에서 RNA 자체 스플라이싱을 발견하자, 다른 대학교에서 리보자임 연구에 관해 이야기해 달라는 요청이 빗발쳤다. 이런 기회는 특히 경력이 짧은 교수에게 중요하다. 연구를 널리 소개하다 보면 듣는 사람 중에 연구비 신청서나 논문을 심사할 교수진뿐만 아니라 박사 후 연구를 위해 실험실에 지원하려는 대학원생도 관심을 가질 수 있다. 더구나 많은 청중에게 지도학생의 연구 결과를 강조하며 드러내다 보면 그들이 좋은 일자리를 얻는 데 도움이 된다. 다른 직업이 그렇듯 이 분야도 네트워킹이 중요하다.

그래서 나는 가능한 한 강연 초대를 수락하려고 노력했다. 1982년에 리보자임에 대한 핵심적인 논문을 발표한 뒤로 1년 동안 나는 미국 전역을 가로지르며 10여 곳의 대학교와 5곳의 학회에서 강연을 했다.[2] 조금 힘들긴 했지만 우리 연구를 소개하고, 귀중한 피드백을 받으며, 새로운 사람들을 만났다. 이렇게 올바른 방향으로 가고 있다고 생각하던 나였지만, 시파푸의 어두운 구멍으로 머리부터 거꾸로 떨어질 위기에 놓일 줄은 꿈에도 몰랐다.

1983년 11월, UCLA에서 저녁 강연을 하기 위해 로스앤젤레스에 도착한 나는 이번에도 그저 평범한 연구 세미나일 것으로 생각했다.

나를 초대한 것은 진화학 그룹이라 불리는 단체였는데, 딱히 이상하게 여겨지지 않았다. 생화학자들은 늘 진화에 대해 떠들기 때문이다. 다윈이 갈라파고스섬에서 핀치새가 어떻게 다양한 먹이에 적응하고자 진화를 거쳤는지 관찰했듯이, 현대의 생물학자들은 박테리아가 항생제를 피하고자 진화하고, 분자가 새로운 기능을 얻기 위해 진화하는 모습을 지켜보곤 했다. 그래서 강연을 시작했을 때, 나는 '테트라히메나 인트론이 처음에 유전자 안으로 어떻게 들어갔다고 생각하시나요?'와 같은 자극적인 질문을 기대했다. 그런 질문들에 대해 생각해본 적이 있었고 내 추론을 공유할 마음의 준비도 되어 있었다. 진화학 그룹의 다른 과학자들도 자기 의견을 제시했을지도 모른다. 하지만 대신 내가 받은 질문은 "당신이 연구한 리보자임은 지구에서 생명체가 어떻게 시작되었는지를 설명할 수 있을까요?"였다. 나는 생명의 기원에 대해 그다지 생각해본 적이 없었기에 의미 있는 대답을 할 마음의 준비가 되어 있지 않았다. 내가 받은 질문에 굉장한 혼란을 느꼈다.

무엇보다도 나는 그런 원시적인 사건에 대해 곰곰이 고민하는 과학자들의 커뮤니티가 있다는 사실조차 금시초문이었다. 게다가 그들이 어째서 내 연구에 대해 그렇게 열성적인 관심을 보이는지도 이해가 가지 않았다. 당시에 자리한 참가자 중 한 사람인 UCLA의 고생물학 교수 빌 쇼프Bill Schopf는 아주 오래된 암석에서 세포적 구조를 보이는 미세화석을 찾아다니는 중이었다. 얼마 지나지 않아 쇼프는 호주 와라우나의 한 암석에서 33~35억 년 전 사이의 단세포 생명체 화석을 찾았고, 이를 주제로 발표할 참이었다.[3] 여기서 중요한 질문은 다음과 같았다. 그 세포 안에 대체 무엇이 들어 있는가? DNA나 RNA? 아니면 완전히 다른 것? 화석화된 세포의 외부와는 달리 내부의 분자는 너무 작아서 암석으로 변했을 때 모양을 유지할 수 없다. 그게 가능했다면 그 내부의 구성과 구조에 대한 단서를 쇼프가 발견했을지도 모른다.

화석이 고대의 사건에 대한 증거를 제공한다는 생각은 분명 나에게도 처음 듣는 이야기는 아니었다. 일리노이주 샴페인에 있는 하워드 박사 초등학교에 다닐 때, 당시 4학년이었던 나는 조개나 달팽이 화석을 수집했다. 한때 살아있는 생명체였지만 지금 석회암에 묻혀 있는 것들이다. 내가 읽던 문고판《암석과 광물 안내서 *Guide to Rocks and Minerals*》에는 화석이 가끔은 철 응괴에 둘러싸여 있다고 적혀 있었다. 그래서 나는 그럴듯한 생김새의 암석을 발견하면 가장자리로 물러나 돌을 깨는 데 쓰는 에스트윙 망치를 휘둘렀다. 그러면 놀랍게도 이따금 완벽하게 화석이 된 양치식물이 모습을 드러내곤 했다. 내가 발견하기까지 이 화석은 여기서 3억 년을 기다린 것이다. 그런 만큼 석탄기 화석이라면 익숙했다. 하지만 지구 생명체의 최초의 기원이라는 주제는 왠지 모르게 내 관심을 피해 갔다. UCLA의 그날 저녁까지는 말이다.

LA에서 집으로 돌아온 후 나는 오래된 과학 논문들을 찾아 읽기 시작했고, 그제야 깨달았다. 수십 년 동안 '생명체의 기원'을 연구하는 과학자들은 거의 40억 년 전에 스스로 재생산하는 최초의 시스템이 지구에 어떻게 등장했는지 고민하고 있었다. '닭이 먼저냐, 달걀이 먼저냐'라는 질문에 맞닥뜨렸을 때 그들은 이미 RNA가 해법을 제공한다는 이론을 세우고 있었다.

확실히 RNA는 DNA의 전달자 역할을 하는 정보 분자였으며, 단백질에 아미노산이 놓이는 순서를 지시하는 암호를 지니고 있었다. RNA 바이러스에서 RNA는 바이러스가 감염 주기를 수행하는 데 필요한 모든 유전 정보의 저장소였다. 따라서 RNA가 생명을 시작하는 데 필요한 지침인 정보를 전달할 수 있다는 데는 의문의 여지가 없었다. 문제는 단백질이 없던 원시 세계에서 어떻게 RNA를 복제하거나 재생산할 수 있느냐는 것이었다. 복제 없이는 이전 세대의 RNA에서 새로운 세대의 RNA를 만들어낼 수 없다.

이 문제를 연구하던 과학자 중에 레슬리 오겔Leslie Orgel이라는 영국 화학자가 있었다. 당시 레슬리는 캘리포니아주 라호야에 있는 솔크 연구소의 교수였다. 1960년대 이후로 레슬리는 단백질 효소 없이도 스스로 재생산할 수 있는 DNA 또는 RNA 분자를 찾아 헤맸다. '닭이 먼저냐, 달걀이 먼저냐'라는 문제를 풀고자 했던 것이다. 하지만 레슬리는 1968년, 오늘날까지 자주 인용되는 한 논문에서 그러한 분자가 존재했던 적이 있다는 '증거가 없다'라고 말하며, 원시적인 형태의 RNA가 생명의 책을 열 힘을 가졌을지도 모른다는 데 의구심을 표명했다.[4] 하지만 레슬리는 감질나게도 이렇게 덧붙였다. "하지만 확신할 수는 없다."

이 논문에서 레슬리는 RNA 촉매에 대한 아이디어를 빙빙 에둘러 가며 말했다. 그 뒤에 알게 됐지만 이것이 바로 UCLA 진화학 그룹과 레슬리 본인까지도 우리의 리보자임 발견에 대해 엄청 흥분했던 이유다. RNA는 정말로 하나의 분자 안에 정보와 기능을 둘 다 품고 있

였다! 하지만 내가 알아낸 건 그보다 훨씬 대단했다. 스스로 스플라이싱한 인트론에 의해 촉매되는 반응들은 모두 RNA 뉴클레오티드 사이에 새로운 화학 결합이 생성되도록 이끌었다.● 리보자임 복제효소가 RNA 자가 복제를 해내려면 바로 이런 기능이 있어야 했다. 아마도 태초에는 RNA만 존재했을 것이고 나중에 단백질과 DNA가 나왔을 것이다.[5]

비록 그날 밤 UCLA에서 나는 꽤 혼란스러웠지만, 이후로 생명체의 기원 문제에 대해 점점 더 관심을 갖는 계기가 되었다. 1980년대 내내, 태평양이 내려다보이는 레슬리의 연구실에서 우리는 리보자임의 자기 복제 가능성을 두고 활기찬 토론을 벌이곤 했다.

이런 'RNA 세계'는 화학자인 레슬리나 나에게 정말 흥미로워 보였지만, 이 세계로 여행하는 것은 그리 신날 것 같지 않았다. 만약 우리가 시간을 거슬러 올라가 관찰할 수 있다면, 지구 생명체의 첫걸음은 어떤 모습이었을까? 강력한 현미경의 도움이 필요할 정도로 작았을 것이다. 이 모든 작용은 분자 수준에서 일어났을 것이다. 암석의 작은 물방울이나, 혹은 어떤 연구자들에 따르면, 대기 중에 떠다니는 에어로졸이나 심해 열수 분출구 같은 데서 말이다. 이 시점의 생명체는 지구를 변화시키기는커녕, 자신의 존재를 드러낼 만한 무언가를 지을 힘도 없었을 것이다. 지구상에 있는 수많은 여러 서식지를 조사

● 그리고 다음 세 가지 반응이 포함되었다. 인트론에 구아노신을 첨가하는 것, 인트론에 의해 중단된 리보솜 RNA 서열의 결합, 잘라낸 인트론을 원형으로 묶는 것이 그 세 가지다.

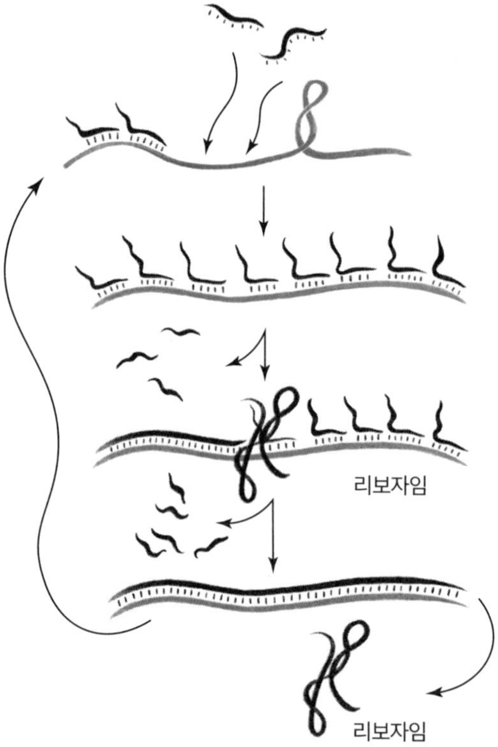

RNA 자가 복제는 작은 조각의 RNA가 기존의 RNA 가닥(밝은색 음영)에 염기쌍으로 결합한 다음 리보자임(어두운색 음영)에 의해 서로 연결되며 시작될 것이다. 그에 따라 이중가닥 RNA가 생성된다. 이후 태양 에너지에 의해 이 이중가닥 RNA는 두 가닥으로 분리된다. 어두운색의 가닥은 그 안에서 접혀 새로운 리보자임을 형성하며, 밝은색 가닥은 또 다른 복제를 위한 주형이 된다.

해 생명체의 가장 희미한 흔적이라도 찾아낸 다음, 갓 태어난 RNA가 진화의 도화선에 불을 붙이는 모습을 보려면 1억 년은 기다려야 한다.

RNA라는 집을 짓기 위한 벽돌 찾기

오늘날 벽돌로 담을 쌓을 때는 먼저 벽돌을 주문하는 것에서 시작한다. 적재소나 벽돌공장을 방문해 몇 가지 색상을 골라 주문하면 며칠 뒤 화물 트럭이 벽돌 팔레트를 배달할 테고, 이제 여러분은 담을 쌓을 수 있다. 하지만 이런 적재소가 없던 시대에는 여러분이 직접 벽돌을 만들어야 했다. 여러분은 진흙, 짚, 물을 섞어 반죽을 만든 뒤 직사각형 틀에 붓고 햇볕 아래 두어 건조시켜야 한다. 벽돌이 충분히 많아야만 벽을 쌓을 수 있다.

RNA는 벽돌과 비슷하다. A, G, C, U라는 4개의 뉴클레오티드에 각각 3개의 인산기가 붙어 화학적으로 활성화되어 서로 결합하기 쉬워진다. 따라서 RNA가 정말로 지구상 최초의 생명 형태였다고 주장하려는 사람이 있다면, RNA라는 집짓기 블록이 처음 어떻게 만들어졌는지에 대한 만족스러운 설명을 제시해야 한다.

오늘날 RNA의 자가 복제를 연구하는 과학자 대부분은 화학 물품 창고에서 순수한 형태의 '벽돌(즉 뉴클레오티드)'을 사서 급행 우편으로 받는다. 하지만 최초의 생명 형태가 출현하기 전에는 주변 환경에 존재하는 화학물질로부터 벽돌이 자연적으로 만들어져야 했다. 이 화학물질들은 벽돌을 만드는 데 필요한 진흙, 짚, 물에 해당한다. 각각의 뉴클레오티드에서 발견되는 탄소, 수소, 질소는 이 세 가지 원소를 모두 포함하는 시안화수소 등의 단순한 대기 가스에서 비롯했을 것이다. 시안화수소는 원시 지구의 대기에 풍부했을 것이라 여겨지며, 인간과 다른 생물에게 독성이 있지만 당시에는 우리 인류가 존재하지 않았기에 상관없었다. 또한 뉴클레오티드에 필요한 산소는 물에서 나왔을 것이다. 한편 뉴클레오티드를 형성하는 데 필요한 다섯 번째 원소는 인인데, 이 원소는 인산이 풍부한 암석인 인회석에서 나왔거나 지구에 충돌한 외계 운석에서 비롯했으리라 추정된다.

약 40억 년 전, 원시 지구에 존재했던 물질에서 RNA를 구성하는 뉴클레오티드가 자발적으로 형성되었다는 가설을 실제로 재현할 수 있을까? 1952년 선구적인 화학자였던 스탠리 밀러Stanley Miller와 해럴드 유리Harold Urey는 오늘날의 단백질에서 발견되는 여러 아미노산이 평범한 기체에 전기 스파크(번개 같은 효과를 내도록)를 튀게 하는 것만으로 형성된다는 사실을 보여주었다.[6] 그렇다면 RNA를 구성하는 '벽돌'인 뉴클레오티드 역시 생물체가 아직 등장하지 않았던 시대와 비슷한 조건에서 그럴듯하게 형성될 수 있을까? 실제로 영국 출신 화학자인 존 서덜랜드John Sutherland는 실험실에서 원시 지구에 존재했을 것으로 추정되는 질소, 산소, 탄소, 수소, 인을 포함하는 단순한 화합물을 서로 반응시키면 뉴클레오티드가 만들어짐을 보여주었다.[7]

하지만 골치 아픈 문제가 하나 등장했다. U와 C 벽돌을 만드는 데 필요한 반응 조건이 A와 G 벽돌을 만드는 데 필요한 조건과 상당히 달랐으며, 두 조건은 대체로 양립 불가능했다. 우리가 4가지 색의 벽돌로 벽을 쌓으려면, 벽돌을 전부 같은 곳에서 얻어야 한다.[8] 이런 상황에서, 2019년 독일 생화학자 토머스 카렐Thomas Carell의 실험실에서 획기적인 해결책이 나왔다. 카렐과 동료들은 생명체가 등장하기 이전의 지구에 존재했을 가능성이 있는 분자들에서 시작해, 습하고 건조한 조건을 거듭 순환시키면 4가지 뉴클레오티드를 모두 하나의 시험관 안에서 만들 수 있음을 발견했다. 실제로 원시 지구의 환경도 그와 같이 습한 상태와 건조한 상태를 반복했을 가능성이 꽤 높다. 오늘날과 마찬가지로 그때도 밤이 지나면 낮이 찾아왔고, 밤에 서늘한 곳에서 바위 표면에 응결된 물과 그 속에 용해된 화합물이 낮이 되면 태양 광선 아래 증발하기 시작했을 것이다. 증발이 일어나면 물방울이 완전히 말라붙기 전까지 물속에 화합물이 농축되고, 이때 화학 반응이 더욱 촉진된다. 하지만 당시의 환경이 이렇게 온화했던 것만은 아니었다. 원시 지구는 번개 폭풍, 혜성들의 폭격, 화산 폭발, 태양에서 오는 강력한 자외선으로 가득한 그야말로 끔찍하고 격렬한 장소였다. 이 가혹한 환경은 화학 반응을 일으키는 데 필요한 에너지를 제공했다.

서덜랜드, 카렐을 비롯해 생명체 이전 시대에 뉴클레오티드가 어떻게 합성되었는지 연구한 과학자들이 옳았으며, 원시 지구에서 뉴클레오티드가 자발적으로 형성되었을 가능성이 높다는 사실을 일단 받아들이자. 그러면 이제 우리는 벽돌을 손에 쥐고 벽을 세울 준비가 된 셈이다. 스스로 재생산할 수 있는 뉴클레오티드의 가닥이 바로 '벽'이다. 1980년대 초에 레슬리 오겔은 솔크 연구소에서 이 원리를 검증하기 위한 실험을 수행했다. 오겔은 뉴클레오티드를 합성해서 아주 높은 농도에서 끓이고 며칠 동안 기다리면 자발적으로 서로 반응해 짧은 가닥의 RNA를 형성한다는 것을 보여주었다. 만약 C 뉴클레오티드로 시작했다면 반응 생성물에는 CC, CCC, CCCC, CCCCCC가 포함될 것이다. 이때 G 뉴클레오티드를 첨가하면 C-G 염기쌍이 C의 가닥 위에 줄지어 이어져 G의 짧은 가닥 또한 생성된다.

이 짧은 RNA 조각을 조립하는 과정에서 효소의 도움이 필요 없다는 사실은 분명 흥미로운 일이다.[9] 하지만 이 반응은 극도로 느리고 비효율적이었다. 리보자임이라는 재료가 빠졌기 때문인지도 모른다. 만약 이때 오겔이 무작위로 만든 RNA 조각 중 하나가 우연히도 충분히 긴 데다 적절한 염기서열을 가지고 있어서, 접힘을 통해 스스로 복제할 수 있는 촉매가 되었다면 어땠을까? 그리면 이 조립 반응이 간헐적으로 일어나는 것이 아니라, RNA가 완전히 스스로 복제하는 모습을 재현할 수 있었을 것이다. 지구의 생명현상을 촉매하는 기적의 분자로 거듭나는 것이다.

이런 일이 자발적으로 일어날 확률은 아마 로또에 당첨될 확률보다도 훨씬 낮을 것이다. 하지만 생명체가 등장하기 이전의 이 RNA 게임은 지구 전역의 수많은 장소에서 진행되었다. 당첨자가 나오는데 수억 년이 걸린다 해도 문제없었다. 생명이 출현하는 데 그 정도는 기다릴 수 있다.

RNA 자가 복제로 벽 쌓기

RNA가 촉매하는 RNA 자가 복제는 정말 가능한 일일까? 실험실에서 똑같이 재현할 수 있을까? 그러면 RNA가 실제로 모든 생물의 출발점이 되었다는 사실 자체를 증명하지는 못하더라도, 최소한 그것이 가능하다는 점은 입증할 수 있다.

1986년 1월, UCLA의 그 저녁 세미나 이후 2년이 지난 어느 날, 나는 캘리포니아 대학교 샌프란시스코 캠퍼스에 초청되어 강연을 했다. 나는 생화학과 학과장인 브루스 앨버츠Bruce Alberts와 함께 골든게이트 공원의 파르나수스 언덕에 자리한 카페에서 점심을 먹는 중이었다. 나중에 미국 국립과학원의 원장이 된 브루스는 당시에 종종 과학자들을 샌프란시스코에 초대해 최근의 연구 성과를 나누곤 했다.

"지난주에는 잭 쇼스탁이 여기 왔었어요." 브루스가 파스트라미 샌드위치를 한입 베어 물며 말했다. "잭은 생명의 기원에 관한 연구에 정말 빠져 있어요. 연구 방향을 완전히 바꿔서 당신의 리보자임을 연구하려는 중입니다."

나는 내 니스풍 샐러드의 올리브를 통째로 삼킬 뻔했다. 하버드 대학교의 젊은 교수인 잭 쇼스탁은 이미 DNA 재조합, 즉 한 염색체에서 다른 염색체로 DNA 염기서열을 교환하는 과정의 기본 원리를 밝혀낸 업적으로 대단히 명성이 높았다. 한편으로는 잭처럼 저명한 유전학자가 우리의 리보자임을 연구한다니 기분이 좋았다. 그렇지만 다른 한편으로는 잭이 얼마나 창의적이고 일을 잘하는지 알고 있기에 두렵기도 했다. 잭이 내가 하고자 하는 실험을 전부 해치우면 어떻게 하지?

잭 쇼스탁은 생명의 기원 문제야말로 과학에서 해결되지 않은 가장 중요한 질문이라고 생각했다. 잭은 지금도 그렇지만, 당시에도 생명체가 등장하기 이전 지구의 환경을 실험실에 비슷하게 조성해 RNA의 자가 복제를 재현하는 데 성공하면, 지구에서 생명이 어떻게 시작되었는지에 대한 합리적인 답변이 될 거라고 확신했다.

게다가 잭에게는 비밀병기가 있었는데, 바로 제니퍼 다우드나였다. 박사 후 연구원으로 내 연구실에 오기 전, 제니퍼는 매사추세츠 종합병원에서 잭과 함께 대학원 과정을 밟았다. 그때 제니퍼는 레슬리 오겔처럼 무작위로 RNA 조각들을 만드는 것을 뛰어넘어, 유용한 목적을 수행하는 RNA를 복제하는 것을 박사학위 논문의 주제로 삼았다. 제니퍼는 시험관 속에서 스스로 복제할 수 있는 리보자임을 만들어, 이를 통해 RNA의 자가 복제에 필요한 핵심 단계 중 하나의 실현 가능성을 입증하고자 했다. 잭은 아침에 출근하면 제니퍼의 실험대로 향하곤 했고, 그곳에서는 항상 뭔가가 벌어졌다. 제니퍼는 놀라운 실험 결과들을 많이 보여주었다.

자연계에서 테트라히메나 리보자임의 촉매 작용으로 RNA가 잘리고 다시 붙는 반응은 전부 RNA의 한 사슬에서 이루어진다.[10] 1986년부터 우리 연구팀은 리보자임의 인트론 부분이 다른 RNA 분자를 잘라서 붙여 넣는 과정을 촉매할 수 있다는 사실을 보였다. RNA 복제효소 탄생의 첫 단계였다. 하지만 우리의 시스템으로 다룰 수 있는 RNA 서열에 제한이 있어서 RNA 자가 복제에 필요한 범용성을 갖추지 못하는 상황이었다. 그러던 1989년, 제니퍼와 잭이 획기적인 발견을 내놓았다. 테트라히메나 리보자임을 조작해 더 길고 다양한 서열의 RNA 가닥을 복제한 것이다.

이 성과가 생명의 기원 문제에서 얼마나 중요한지 이해하려면 핵산, 즉 RNA와 DNA 모두가 자연에서 어떻게 복제되는지에 대한 기초 지식을 알아야 한다. 그 과정은 결코 직접적으로 일어나지 않는다. GGG→GGG처럼 핵산 한 가닥이 단순히 자기 자신을 복제하는 게 아니다. 먼저 상보적인 가닥을 복제한 다음에야, 그 가닥을 주형으로 삼아 상보적인 염기쌍 짝짓기의 마법으로 원래 분자의 또 다른 사본이 합성되도록 한다. 즉, GGG를 복제하려면 먼저 CCC를 만든 다음 이것을 통해 또 다른 GGG를 합성한다. GGG→CCC→GGG의 순서로 복제가 일어난다.

이 과정은 거푸집을 통해 3차원 물체를 주조하는 과정과 약간 비슷하다. 예컨대 정원에 땅의 요정 석고상이 있는데 똑같은 것을 하나 더 만들고 싶다고 가정해보자. 먼저 여러분은 그것을 본떠서 거푸집을 만들어야 한다. 긴 수염, 뾰족한 모자, 둥그스름한 배처럼 땅의 요정이 가진 구조적인 특징이 거푸집의 오목한 부분이 된다. 일단 거푸집이 만들어지면 여기에 석고를 부어 원래 땅의 요정의 복제품을 만들 수 있다. RNA의 자가 복제 시나리오로 설명하자면, 복제효소 활성을 가진 리보자임은 정원용 땅의 요정이고, 거푸집은 상보적인 서열을 가진 RNA일 것이다. 이 상보적인 서열에는 촉매 활성이 없지만, 더 많은 리보자임을 만들기 위한 거푸집으로 필요하다. 마지막으로 주형 가닥을 다시 리보자임으로 복제하는 것은, 거푸집에 석고를 부어 또 다른 인형을 만드는 것과 같다.

1989년 제니퍼와 잭은 주형 RNA에 상보적인 가닥을 형성할 수 있는 새로운 테트라히메나 리보자임을 만들었다. 거푸집에서 시작해 땅의 요정을 하나 더 만들어낸 셈이다. 이들이 만든 변형된 리보자임은 모든 종류의 RNA 염기서열을 복제할 수 있었는데, 그중 RNA 자가 복제와 관련된 서열은 리보자임의 염기서열과 그 상보적인 서열이다. 즉 리보자임→상보적 염기서열→리보자임 순으로 복제가 일어난다. 그렇게 두 사람은 RNA라는 집짓기 블록에서 RNA 자가 복제

로 향하는 여정의 핵심적인 단계 하나를 재현했다.•

하지만 제니퍼와 잭이 RNA 자가 복제의 여정에 도달하기까지는 아직 부족한 부분이 하나 더 있었다. 이들이 만들 수 있는 가장 긴 가닥은 뉴클레오티드 42개에 지나지 않았다. 이것은 당시 세계 최고 기록이기는 했지만, 테트라하이메나 리보자임을 만드는 데 필요한 400개의 뉴클레오티드에는 훨씬 못 미쳤다. 땅의 요정 머리까지만 만들고 전체를 만들지 못했다.

이 길이의 한계를 극복하기 위해 제니퍼는 두 가지 작전을 짰다. 먼저 테트라하이메나가 아닌 다른 리보자임으로 바꿨다. 당시 뉴욕 주립대학교 앨버니 캠퍼스의 연구진이 테트라하이메나 리보자임과 비슷한 자체 스플라이싱 활성을 갖지만 크기가 절반 정도여서 복제가 더 쉬운 박테리오파지 리보자임인 SunY를 막 발견한 참이었다.[11] 절반은 성공을 거둔 셈이었다. 이제 제니퍼는 적을 분할해서 정복하기로 마음먹었다. 먼저 SunY 리보자임을 세 조각으로 나누었는데, 각 조각은 염기쌍 짝짓기를 통해 시험관 안에서 서로를 찾아 재조립될 수 있었다. 이 조각들은 이제 SunY 리보자임이 그것을 복제할 수 있을 정도로 충분히 작았다. 결국 제니퍼와 잭은 RNA 조각들(레슬리 오겔식의 자발적 반응으로 만들어질 수도 있는)이 모여 자가 복제가 가능한 작은 기계가 될 수 있다는 것을 증명했다.[12]

• 이것은 RNA 자가 복제를 완전히 재현했다기보다는 일부를 재현한 데 지나지 않는다. 애초에 테트라하이메나의 리보자임처럼 정교한 RNA가 무작위한 화학 반응에서 어떻게 나타나는지에 대한 문제를 다루지 않기 때문이다. 원시 지구에서 1억 년은 걸렸을 법한 초기 단계를 실험실에서 완전히 재현하기란 좀처럼 상상하기 어렵다.

이처럼 과학자들은 생물체 이전의 시대에 RNA 자가 복제가 이뤄지는 데 필요한 여러 단계를 시험관 안에서 재현하는 데 성공했다. 즉 뉴클레오티드를 만들고, 그것들을 이어 RNA 분자로 만든 다음, 자신의 사본을 조립하는 리보자임을 찾아냈다.[13] 과학자들이 아직 RNA 자가 복제 전체 과정을 재현하는 데 성공하지는 못했다. 시험관에 뉴클레오티드를 뒤섞어 줬더니 저들끼리 RNA 가닥으로 연결돼서 열심히 자기 자신을 복제하고 있는 것까지 본 것은 아니니까 말이다. 그럼에도 불구하고 생명이 적어도 원시 지구의 RNA 세계에서 시작되었다는 제안은 그럴듯해 보인다.

나를 감싸 주세요

그때까지 과학자들은 지구상의 생명체가 RNA 세계에서 기원했으리라는 강력한 근거를 내놓고 있었지만, 여전히 해결해야 할 커다란 문제가 있었다. 하나의 액체 방울 안에 수많은 분자가 들어 있다고 해서 그것을 유기체라고 부를 수는 없다. 아무리 원시적인 형태라도, 유기체는 주변 환경과 구별되며 다른 유기체와도 구별되는 하나의 실체여야 했다. 그러려면 일종의 막, 또는 외피에 둘러싸일 필요가 있었다.

비닐랩으로 참치 샌드위치를 싸서 모양이 흐트러지거나 더러워지지 않게 하는 것처럼, 동물 세포는 막으로 둘러싸여 외부에 도사리는 위험으로부터 어느 정도 보호될 수 있다. 주변 환경의 독소라든가 박테리아, 바이러스를 비롯한 병원체들이 그런 위험 요인이다. 물론 막으로 보호한다 해도 완전하지는 않기 때문에 이런 침입자 가운데 일부는 우리 세포로 들어가지만, 대부분은 막에 걸려 차단된다. 이러한 **세포막은 지질**로 이루어진다. 지질은 일종의 지방 분자들로 스스로 조립되어 이중 층을 이루는 놀라운 특성을 가졌다. 이 이중 층 구조는 압력을 견딜 수 있을 만큼 튼튼하고, 세포 내부 물질을 보호할 수 있게 불투과성이며, 세포의 이동과 분열이 가능할 정도로 유연하다.

원시 지구의 RNA 세계에서 세포의 조상들도 자신을 둘러싸고 보호하는 막의 도움을 받았을 것이다. 예컨대 막은 경쟁하는 다른 RNA 분자를 차단할 수 있다. 개에게 벼룩이 옮으면 벼룩은 득을 보지만 개는 전혀 득을 보지 않는 것처럼, 복제되는 RNA 분자는 함께 따라온 기생하는 RNA 탓에 어려움을 겪을 수 있다. 자가 복제하는 분자가 양분을 빼앗으며 아무런 도움도 주지 않기 때문이다. 시험관 진화 실험에서 이런 현상을 볼 수 있고, 이는 자연에서 필연적으로 발생할 것이다. 막은 자가 복제하는 RNA를 내부에 두면서 외부의 기생 RNA가 들어오지 못하게 한다.

게다가 세포막은 진화를 촉진한다. 만약 같은 물방울 속에 자가 복제하는 RNA 분자 여럿이 섞여 있다면, 한 분자에서 일어난 돌연변이로 더 강력한 복제 기능이 생성될 때 주변의 모든 분자도 그 혜택을 공유하게 된다. 이런 이타적인 행동은 일견 훌륭해 보일지 모르지만, 진화가 일어나지 못하게 한다. 생명체가 시간이 지나면서 더 나아지려면 '적자생존'을 겪어야 하고, 생명체가 서로 분리되어 구별되어야만 유리한 돌연변이를 획득했을 때 다른 개체들을 이길 수 있다.

이렇게 말하면 마키아벨리주의처럼 들릴지 모르지만, 적어도 종의 진화에 관한 한 개체의 이기심은 장기적으로 공동체에 이익이 된다.

잭 쇼스탁의 연구팀은 그가 '원시 세포protocell'라 부르는 세포막 안에서 핵산이 어떻게 행동하는지를 연구했다. 원시 세포란 먼 옛날 존재했을 세포가 어떤 모습이었을지 인공적으로 재현한 것이다. 원시 세포 안에 RNA 같은 핵산을 가두는 것은 어렵지 않다. 먼저 원시 세포를 구성하는 지방산을 핵산과 섞은 다음, 이 혼합물을 건조했다가 물을 가한다든지 얼렸다가 녹이는 순환 과정을 거치면 핵산이 무작위로 막에 들어간다.[14] 잭은 이 원시 세포 안에서 레슬리 오겔 유형의 반응을 통해 핵산이 더 긴 사슬을 형성할 수 있다는 사실을 알아냈다.[15] 그의 연구팀은 이러한 원시 세포가 비록 오늘날의 세포처럼 규칙적으로 세포 분열을 겪지는 못해도, 성장하고 분열할 수 있다는 사실도 보여주었다. 이 원시 세포는 실험실에서 RNA 자가 복제를 달성하는 데 한 걸음 더 나아가게 하고, 무기물이 어떻게 유기물로 탈바꿈할 수 있었는지에 대한 그럴듯한 시나리오를 제공한다.

● ● ●

과학자들은 적어도 실험실에서만큼은, 생명체가 RNA 세계에서 시작되었을 수 있다는 사실을 증명하는 데 점점 더 가까워지고 있다. 하지만 과학자들이 시험관에서 RNA가 스스로 만들어지는 놀라운 기술을 보여주었음에도 야심 찬 진짜 목표에 도달하려면 아직 갈 길이 멀다. 원시 지구의 기후 조건에서, 그리고 원시 세포 안에서 리보자임의 완전한 자가 복제가 일어날 수 있는지 알아내야 한다. 그뿐만 아니라 과학자들은 원시 세포들이 분열하고 돌연변이를 일으켜 생명의 기원에 대한 발판이 될 진화적 사건을 시작하는 일이 실제로 가능한지 지켜보아야 한다.

하지만 과학자들이 실험실에서 이 모든 것을 성공시키더라도 근본적인 문제 하나가 남는다. 생명의 기원에 관한 질문은 과학보다 역사적인 문제에 가깝다는 점이다. RNA가 스스로 복제를 할 수 있다는 것만으로는 실제로 과거에 RNA가 복제를 했고, 그에 따라 오늘날 우리가 알고 있는 지구상의 생명체들을 일궈낼 모든 진화 과정이 시작되었는지를 증명할 수 없다. 이 이론과 경쟁하는 다른 이론은 '단백질이 먼저'였다고 가정한다. 실제로 단백질은 새로운 단백질 분자의 합성을 지시하는 능력을 어느 정도 갖췄을지도 모른다. 하지만 'RNA 세계'가 원시 리보솜을 형성해 단백질을 합성할 수 있는 반면, '단백질 세계'가 정보 분자인 핵산으로 전이될 수 있을지는 상당히 불분명하다.

빌 쇼프의 화석화된 세포에 존재했던 것이 진짜 RNA인지, 아니면 오늘날 RNA의 사촌쯤 되는 무엇인지 언젠가 알 수 있게 될까? 더 나아가 지금으로부터 거의 40억 년 전 지구상에서 생명이 어떻게 시작되었는지를 알아내는 게 애초에 가능하기는 할까?

키바 바닥의 어두운 시파푸 안을 들여다보면서, 우리는 수천 년을 넘나들며 손을 뻗쳐 생명의 기원을 고민했던 다른 인류와 이어지는 중이다. 우리는 놀라운 과학의 시대에 살고 있는 만큼, 시파푸 아래 어둠의 공간이 어떻게 생겼는지 어렴풋이 알아낼 수 있으며, 그것의 생김새가 RNA와 매우 닮았다고 믿을 충분한 이유가 있다. 그렇지만 완전히 확신하지는 못한다. 과학은 제안할 뿐이다. 과학은 '그건 그럴듯하다', '가능성이 있다'고 말할 수 있다. 하지만 과학은 생명이 진짜 RNA로부터 시작되었는지는 결코 증명할 수 없을 것이다.

이렇듯 증명이 불가능하기 때문에, 나는 생명의 기원 연구에 대해 생각할 때면 언제나 조금 마음이 불편했다. 추측에 근거해 돌아가며 자칫 과대광고로 이어질 수 있다고 생각했기 때문이다. 솔크 연구소에서 토론할 때도 레슬리 오겔에게 이런 불안함을 토로한 기억이 난다.

그래도 오겔은 이렇게 말했다. "핵산 화학의 근본적인 원리를 밝히는 한 당신의 연구는 가치가 있어요. 생명의 기원 문제는 물고 늘어질 만한 흥미로운 문제죠." 나는 항상 오겔의 그 말이 옳다고 생각해왔다. 물론 그가 아주 묵직한 영국 억양으로 말했기에 조언을 기꺼이 받아들이게 되었는지도 모르지만 말이다.

궁극적으로, 생명의 기원 문제는 RNA의 본질을 연구하는 과정에서 촉발되는 가장 심오한 질문일 것이다. 생명의 깊은 역사에 RNA가 얼마나 기여했는지 숙고하는 것이 흥미롭긴 하지만, 이제 RNA가 우리의 현재와 미래를 새롭게 만드는 방식들을 알아보는 것으로 돌아갈 시간이다. RNA는 이미 의학 분야에서 혁명을 촉진하고 있다. 앞으로 살펴보겠지만, 오늘날 우리가 자연적인 한계를 넘어 건강한 삶을 연장하는 데 이 혁명이 도움을 줄지도 모른다.

The CATALYST

RNA and the Quest to Unlock Life's Deepest Secrets

2부

생명의 설계도를 다시 쓰다

7장

젊음의 샘은 죽음의 덫인가?

IS THE FOUNTAIN OF YOUTH A DEATH TRAP?

내가 근무하는 대학교 사무실에는 학회를 다니며 수집한 기념품이나 학생들이 준 소소한 선물이 가득 놓인 장식 선반이 있다. 이 중에는 초록색 플라스틱 약병도 있는데, 누군가 내가 이것을 재미있는 화젯거리로 삼을 것이라 생각한 모양이다. 라벨에는 대담하게도 '텔로머라아제 활성화를 통한 세포 회춘'이라고 적혀 있다.

이 알약은 RNA에 의해 작동하는 텔로머라아제telomerase 효소와 관련된 '불멸성'의 후광으로 이익을 얻으려고 등장한 숱한 영양제 중 하나다. 아마존에 들어가면 '유스 숏(젊어지는 주사)'이라 불리는 '텔로미어 보호' 노화 방지 크림을 25.99달러라는 괜찮아 보이는 가격에 살 수 있다. '헬시셀 텔로머라아제 활성화제' 캡슐 또한 별점 5점 만

점인 리뷰를 400여 개나 받았는데, 그중에는 어머니의 알츠하이머병이 치료됐다는 리뷰도 있다. '맛이 좋다'고 언급한 리뷰도 있다.

불과 몇십 년 만에 텔로머라아제라는 효소가 난해한 과학 용어에서 유행어로 부상한 것을 보면 정말 신기하다. 텔로머라아제는 1980년대에 연못의 조류를 연구하던 우리 같은 연구자들의 관심사였다. 지금은 그야말로 '젊음의 샘'이라며 수십억 달러 규모의 항노화 산업에서 각광받고 있지만 말이다.[1] 불멸을 추구하는 것은 비현실적인 억만장자들이나 하는 몽상이라고 생각하기 쉽다. 하지만 적어도 세포 수준에서는 불멸이 이미 존재한다. 텔로머라아제가 그것을 가능케 하는 비밀을 쥐고 있다.

단백질과 RNA로 이루어진 텔로머라아제는 염색체의 말단인 텔로미어telomere에 보호용 유전 물질을 추가해 세포를 계속 분열시킨다. 염색체는 세포핵 안에 자리 잡은 DNA 진주를 꿰는 작은 끈과 같다. 텔로머라아제가 없으면 세포가 분열할 때마다 끈 끄트머리의 진주가 사라져 끈이 전체적으로 조금씩 짧아진다. 그래서 결국 세포는 성장을 멈추고 '세포 노화senescence'라는 상태로 들어선다. 하지만 이 과정을 텔로머라아제가 억제한다. 이 효소는 염색체 끈의 끝에 진주를 추가해 노화를 막고 세포를 영원히 젊어지게 한다.

텔로머라아제는 빠르게 성장하는 인간 배아의 세포들에서 만들어지지만, 우리가 태어나면서 세포 대부분에서 이 작용이 꺼진다. 몇몇 예외도 있다. 자연의 진정한 경이라 할 수 있는 줄기세포가 그렇다. 줄기세포는 비대칭적으로 분열하는데, 이 말은 분열할 때 동일한 2개의 사본을 생산하는 대부분의 세포와 달리 줄기세포는 서로 다른 자손을 생산한다는 뜻이다. 줄기세포의 자손인 '딸세포' 가운데 하나는 부모 세포와 마찬가지로 새로운 줄기세포가 되고, 다른 하나는 우리의 피부, 혈류, 머리카락, 소화기를 비롯한 내장 기관과 조직에서 몸이 보충해야 하는 세포가 된다. 줄기세포를 잘 통제하며 증식하면 인체의 재생이 가능한데, 이런 중요한 과정은 텔로머라아제 없이는 불가능하다. 이처럼 텔로머라아제의 존재는 줄기세포가 가진 바람직한 기능에 핵심적이지만, 동시에 대부분의 암이 갖는 특징이기도 하다. 암세포가 텔로머라아제를 다시 생산하게 되면 정상적인 세포 노화 과정을 벗어나 불멸의 세포가 되어 우리에게 치명적인 결과를 안겨준다.

그렇다면 텔로머라아제는 기적일까, 저주일까? RNA로 구동되는 이 기계는 세포의 노화를 억제하고 지속적으로 분열하는 능력을 부여하므로, 사람들이 어떻게든 그 힘을 활용해 세포 하나가 아니라 몸 전체의 생명력을 연장하는 방법을 찾고 싶어 하는 것도 당연하다. 텔로머라아제를 기반으로 한 약물이 실제로 우리의 생체시계가 멈추지 않고 계속 돌아가게 할 수 있을까? 이 질문에 답하려면 다시 내가 가장 좋아하는 단세포 털 뭉치인 테트라히메나로 돌아가야 한다.

연못 섬모충이 준 또 다른 교훈

MIT에서 박사 후 과정을 밟던 1977년, 나는 오래된 수동 볼보를 타고 케임브리지에서 뉴헤이븐까지 운전해서 하루 종일 예일 대학교 교수인 조 골Joe Gall의 연구실을 방문하곤 했다. 미생물인 테트라히메나가 연구에 어떤 힌트를 줄지도 모른다는 가능성에 눈을 뜰 무렵이었다. 특히 조의 연구실을 택한 것은 그가 최근에 인간 염색체 가운데 가장 작은 것의 1,000분의 1도 안 되는 꼬마염색체minichromosome의 상태로 존재하는 특이한 테트라히메나 유전자 세트를 발견했기 때문이다. 이 DNA 분자들은 테트라히메나의 리보솜 RNA 유전자를 품고 있었다. 몇 년 지나지 않아 이 결과는 RNA의 자체 스플라이싱과 최초의 촉매 RNA 분자에 대한 발견으로 이어졌지만, 아직 그 어느 것도 레이다 화면에 나타나지 않은 상태였다.

조의 연구실에서 테트라히메나가 유리 현미경 슬라이드라는 제한된 환경 안에서 이리저리 움직이는 모습을 현미경으로 관찰하며 오전을 보내고 나니 점심시간이 되었다. 조의 연구실 사람들은 나를 클라인 바이올로지 타워 꼭대기 층의 카페로 데려갔다. 예일 대학교 캠퍼스에서 가장 높은 이 건물은 수평적 연결성이 상호작용과 협업을 자극한다는 원리를 무시하고 설계되었다. 하지만 우리는 모두 건축에 대한 비판보다는 과학적 논의에 훨씬 더 관심이 많았다. 조의 연구팀은 호주 출신의 박사 후 연구원인 리즈 블랙번Liz Blackburn의 연구에 관해 토론하느라 떠들썩했다.

태즈메이니아 섬의 호바트에서 나고 자란 리즈는 어린 나이부터 과학에 관심을 갖고 생물학에 대한 흥미를 뒤쫓아 케임브리지 대학원까지 갔다. 이곳에서 리즈는 노벨상을 두 번이나 수상한 프레드 생어Fred Sanger와 함께 일하면서 박테리아에 감염되는 바이러스의 DNA 염기서열을 해독하는 데 성공했다. 이것은 당시 최첨단의 과학적 업적이었다. 이때 얻은 전문기술은 예일 대학교 박사 후 연구원으로서 맡게 된 새로운 프로젝트에 안성맞춤이었다. 이곳에서 리즈는 테트라히메나 꼬마염색체의 끝부분 DNA 염기서열을 알아내는 데 빠른 진전을 보였다.

당시만 해도 리즈는 자신이 암이나 노화 과정을 이해하는 신기원을 열 거라고는 생각도 하지 않았다. 자신이 RNA 과학의 새 장을 열고 있다는 사실도 몰랐다. 그저 DNA에 관한 또 다른 사실을 밝혔을 뿐이라고 여겼다. 당시 우리 중 누구도 유기체의 세포핵에 있는 선형 DNA 분자인 염색체의 끄트머리에 어떤 종류의 DNA가 존재하는지 알지 못했다. 물론 세포 생물학자들은 이 염색체 말단, 즉 텔로미어('끝부분'이란 뜻을 가짐)에 예전부터 관심을 가지고 있었다. 그 역사는 헤르만 뮐러Hermann Muller가 초파리를 관찰하고 바바라 매클린톡Barbara McClintock이 옥수수를 관찰하던 시절로 거슬러 올라간다. 1938년 매클린톡과 뮐러는 자연에서 자발적으로 일어나거나 엑스선을 쬐어 유도하는 방식으로 염색체가 끊어지면, 부서진 염색체의 끄트머리가 불안정해져서 다른 부서진 끄트머리와 융합되거나 분해된다고 보고했다. 이와 달리 염색체에 자연스럽게 존재하는 끄트머리는 이러한 운명으로부터 보호되었다. 신발 끈의 끄트머리에 '애글릿'이라 불리는 작은 플라스틱을 다는 것처럼, 염색체 끝에는 텔로미어가 존재했다. 하지만 이후 40년 동안 염색체 텔로미어가 어떻게 애글릿처럼 작동하는지 그 원인은 아무도 알아내지 못했다.

전 세계의 수많은 실험실에서 염색체의 중간 부분, 즉 유전자를 담은 부분의 염기서열을 분석하는 작업에 매진하는 중이었지만, 끝부분은 거의 완전히 미개척 상태였다. 그래서 리즈와 조는 여기에 에너지를 집중했다. 염색체 끝부분의 DNA는 어떻게 생겼고, 어떻게 보호되는가? 이들은 이 질문에 답하기 위해 테트라히메나 꼬마염색체를 연구 재료로 삼기로 결정했다. 세포 하나에 1만 개나 있으니 충분히 싸워볼 만했다.

그러다 리즈는 테트라히메나의 꼬마염색체 끝부분마다 매우 별난 것이 있다는 사실을 발견했다. 짧은 6개의 염기서열이 여러 번 반복되었던 것이다.[2] 한 가닥에는 CCCCAA가 반복되었고, 다른 가닥에는 그것의 상보적인 배열인 TTGGGG가 반복되었다.

TTGGGGTTGGGGTTGGGG…

AACCCCAACCCCAACCCC…

마치 소설을 읽다가 '기타등등, 기타등등, 기타등등'으로 끝나는 문장을 발견한 것과 같았다. 끝에 '기타등등'이 하나만 있으면 나름대로 의미가 있겠지만, 길게 중복되면 아무래도 불필요해 보인다. 여기에 어떤 의미가 있을까?

오늘날 리즈와 조는 텔로미어의 DNA 염기서열을 최초로 밝혀낸 공적을 널리 인정받고 있다. 하지만 놀라운 점은 1978년, 이들의 연구 결과를 보고한 논문에 '텔로미어'라는 단어가 한 번도 언급되지 않았다는 것이다. 최초의 텔로미어 DNA 염기서열을 발견했는데 어째서 한마디도 하지 않았을까? 왜 그렇게 조심스러웠을까? 테트라히메나의 꼬마염색체는 인간의 염색체보다 훨씬 작은 데다 수많은 사본이 존재하는 만큼 매우 특이한 사례였기 때문이다. 당시만 해도 이 꼬마염색체의 사례가 커다란 보통의 염색체 텔로미어와 비슷할 것이라 주장하는 것은 지나치게 성급하고 대담해 보였다. 이런 일이 과학에서 종종 일어나곤 한다. 누군가의 연구가 시대를 훨씬 앞서간다면, 당사자를 포함하여 모든 이가 그 연구의 가치를 인정하는 데 시간이 걸린다.

아주 작은 생물체가 준 커다란 단서들

리즈 블랙번이 텔로미어의 비밀을 풀었다는 확신을 가지려면 결정적인 실험이 하나 더 필요했다. 1978년, 리즈는 캘리포니아 대학교 버클리 캠퍼스의 조교수가 되어 자기만의 실험실을 꾸렸다. 1980년 뉴햄프셔에서 열린 한 학회에서 리즈는 당시 보스턴에 있는 다나 파버 암 연구소의 신임 교수였던 잭 쇼스탁을 만나 이야기했다. 당시 잭은 제빵용 효모의 염색체를 연구하는 중이었다. 잭은 인공적인 원형 DNA를 효모 세포에 넣으면 세포 안에서 꼬마염색체로 계속 유지되지만, 선형 DNA 분자는 같은 방식으로 처리해도 살아남지 못한다는 사실을 발견했다. 하지만 이 결과는 반대여야 할 것 같았다. 효모가 가진 원래 염색체는 원형이 아니라 선형이었기 때문이다.

잭과 리즈는 선형 DNA 분자가 효모에서 불안정한 이유가 분자의 양쪽 끄트머리에 특별한 안정화 기능이 없기 때문이 아닐까 생각했다. 아마도 이 신발 끈에는 애글릿이 필요했을 것이다. 당시 알려진 DNA 애글릿은 리즈가 테트라히메나 꼬마염색체의 끄트머리에서 발견한 것들뿐이었다. 이것이 효모에서 안정화 기능을 할 수 있을까?

1982년, 잭과 리즈는 별로 가망이 없어 보이는 한 실험에 힘을 모았다. 두 사람은 테트라히메나 DNA 말단의 TTGGGG 반복 서열을 효모 DNA 조각의 끄트머리에 이식했다. 이들의 예감은 옳았다. 테트라히메나 DNA 말단은 효모에서 선형 DNA가 안정적으로 유지될 수 있게 도왔다. 이 결과가 특히 더 놀라웠던 것은 두 종 간의 진화적 거리가 대단히 멀었기 때문이다. 테트라히메나와 인간 사이의 거리만큼, 테트라히메나는 효모와도 멀리 떨어져 있다.

리즈의 연구실에서 대학원생으로 일하던 제니스 샴페이Janis Shampay는 효모에서 안정화된 선형 DNA의 말단 서열을 분석했다.[3] 그 결과가 그렇게 흥미로우리라는 보장은 없었다. 단지 테트라히메나의 TTGGGG 반복 서열이 선형 DNA의 끄트머리에 씌워진 모습을 재확인하는 것으로 끝났을 수도 있었다. 하지만 그녀가 본 것은 놀라웠다. DNA 분자는 '기타등등, 기타등등, 기타등등'으로 끝맺는 대신 '기타등등, 기타등등, 기타등등, 등, 등, 등'으로 끝났다. 그리고 '등'의 염기서열은 효모가 원래 자연스럽게 존재하는 완전한 염색체 말단을 뒤덮는 데 쓰는 서열과 같았다. 효모 자신의 텔로미어 서열이었다.[4] 즉, 테트라히메나와 효모는 완전히 별개의 종이지만, 둘의 텔로미어 서열은 매우 비슷했다. 그래서 밖에서 들어온 텔로미어(기타등등)를 감지한 효모는 원래 자기가 사용하던 텔로미어 서열(등)을 꼬마염색체의 말단에 추가하기 시작한 것이다.

이 결과를 받아든 자니스, 잭, 리즈의 머리에는 단 하나의 해석만 떠올랐다. 테트라히메나의 '기타등등'과 효모의 '등'같이 반복되는 서열은 텔로미어 역할을 하는 게 분명했다. 염색체 말단에 안정성을 부여해 염색체가 깎여 나가지 않도록 방지하는 역할이었다. 여기에 더해, 효모에게는 텔로미어 연장 효소가 있어서 테트라히메나의 반복 서열을 '씨앗'으로 인식하고 거기에 자기의 텔로미어를 더하는 것 같았다. 그렇다면 테트라히메나에도 자체 브랜드의 반복 서열을 생성하는 텔로미어 연장 효소가 있을 법했다. 여기까지는 모든 것이 잘 맞아떨어졌다. 하지만 이들이 혹시 곧 무너질 카드 탑을 쌓고 있었던 건 아니었을까? 이 가상의 텔로미어 연장 효소를 실제로 찾아야만 증명될 것이다. 그리고 리즈의 실험실에 새로 온 대학원생이 이 도전에 응했다.

RNA가 필요한 텔로머라아제

캐럴 그라이더Carol Greider는 대학원에 입학하는 것조차 쉽지 않은 힘든 인생을 살았다. 난독증을 앓았던 데다 객관식 시험에서 낮은 점수를 받았다. 하지만 캘리포니아 대학교 버클리 캠퍼스의 분자생물학과는 단순한 시험 점수 말고도 캐럴을 더 깊이 들여다보았고 대학 학부 시절의 연구를 높이 평가해 입학 기회를 주었다.[5] 매우 현명한 처사였다.

캐럴은 버클리에 들어가게 된 것뿐 아니라 생긴 지 얼마 되지 않은 리즈의 실험실에 들어가게 되어 신나 있었다. 이곳에서 테트라히메나의 텔로미어 연장 효소(여전히 가설일 뿐이었던)를 찾는 야심 찬 프로젝트를 하게 된다. 그 효소가 실제로 존재한다면 DNA 말단에 TTGGGG의 반복된 서열을 추가할 것이다. 박사과정을 막 시작하는 학생에게 이것은 위험한 프로젝트였다. 전에 발견된 적이 없으며, 애초에 존재하는지조차 모르는 것을 찾는 것이니 말이다. 당시만 해도 캐럴은 이 프로젝트에 대한 보상이 자기 이름 뒤에 '박사'를 붙일 뿐 아니라 노벨상 공동 수상의 영예를 안기고, 불멸에 대한 심오한 문제를 들여다볼 창이 될 것이라고는 상상하지도 못했다.

캐럴이 리즈의 연구실에 합류한 것은 1984년 5월이었다. 캐럴은 곧장 테트라히메나를 1리터들이 유리병에서 배양하기 시작했고, 세포를 파쇄해 핵을 분리했다. 어쨌든 텔로미어 연장이 일어나는 곳은 세포핵인 만큼 연장 효소가 있을 곳은 핵일 가능성이 제일 높았다. 이후 캐럴은 핵을 얼렸다가 해동시키면서 핵을 터뜨려 그 안의 내용물이 방출되도록 했다. 세포 분열 이후 염색체의 말단을 확장하는 비밀 소스를 분리하는 것이 목표였다.

캐럴과 리즈는 효소의 활성을 촉진하려면 염색체 전체가 필요하다기보다는 그 작용이 일어나는 텔로미어의 끝부분만 있으면 된다고 생각했다. 그래서 캐럴은 TTGGGG(테트라히메나의 텔로미어 서열)의 반복으로 구성된 짧은 DNA 가닥을 합성했다. 가상의 효소가 이 짧은 DNA 가닥을 인식하고 반복 서열을 더 추가할 수 있기를 바랐다. 그런 다음 캐럴은 테트라히메나 핵의 잔해가 든 시험관에서 이 인공 텔로미어를 배양했다. 1984년, 크리스마스쯤 되어 캐럴은 DNA

에 6개의 뉴클레오티드 패턴이 반복적으로 확장되고 있다는 사실을 발견해 신이 났다. TTGGGG가 연달아 이어졌다. 캐럴은 나중에 텔로머라아제라고 불리게 될 효소가 존재한다는 직접적인 증거를 막 발견한 참이었다.[6]

과학에서 종종 그렇듯이, 하나의 커다란 질문에 대답하면 바로 다음 질문이 따라온다. 이 경우에는 다음과 같은 질문이었다. 어떻게 단백질 효소가 6개의 뉴클레오티드 길이의 특정한 DNA 염기서열을 만드는 방법을 알았을까? 그런 효소는 그때까지 발견된 적이 없었다. DNA와 RNA 중합효소는 뉴클레오티드의 긴 가닥을 합성할 수 있지만, 아무것도 없는 상태에서 혼자서 무언가를 합성하지는 못한다. DNA를 주형으로 사용해야 한다. 레트로바이러스에서 발견되는 역전사효소는 RNA를 주형으로 사용해서 DNA를 합성한다. 그래서 캐럴과 리즈는 TTGGGG 서열을 추가하는 주형 역할을 할 RNA가 존재할지 궁금해졌다. 상보적인 염기쌍 짝짓기의 힘을 이용하면 RNA가 TTGGGG 서열을 '기억'하는 게 더욱 쉬워질 것이다. A가 T를 지정하고 C가 G를 지정하는 원리를 활용하는 것뿐이다. 이 아이디어를 실험으로 옮기기 위해 캐럴은 먼저 테트라히메나 텔로머라아제를 RNA를 분해하는 효소인 리보뉴클레아제로 전처리하고 무슨 일이 벌어지는지 지켜보았다.

1986년 1월, 내가 버클리에 학과 세미나 발표를 하러 갔을 때가 마침 캐럴이 이 실험을 하는 날이었다. 그날 아침 리즈와 함께 만나는 자리에서 캐럴은 나에게 자신이 텔로머라아제에 있는 RNA 성분을 살필 예정이라고 말해주었다. 나는 RNA파였던 만큼 RNA가 또 다른 마술을 부릴지도 모른다는 생각에 흥분했다. 그날 내내 여러 교수진이 예정된 약속에 맞춰 나에게 학과를 안내해주는 동안, 나는 캐럴의 연구실에 잠깐씩 머리를 디밀고 실험이 어떻게 진행되는지 물어봤다. 이런 실험을 하는 데는 적어도 하루가 꼬박 걸리는 만큼 30분마다 새로운 보고를 할 거리가 생기지 않을 터라, 나와 캐럴은 그 상황을 조금 신나게 즐겼던 것 같다.[7]

볼더로 돌아온 후, 나는 캐럴이 실제로 리보뉴클레아제 처리를 하면 텔로머라아제의 활성이 사라지는 결과를 얻었다는 소식을 들었다. 거의 모든 효소가 단백질이고 RNA가 포함되어 있지 않은 만큼, 웬만한 효소는 리보뉴클레아제 처리를 해도 끄떡없다. 하지만 텔로머라아제의 경우 활성이 유지되려면 RNA를 필요로 하는 것처럼 보였다.[8] 그에 따라 텔로머라아제는 '모든 효소는 단백질이다'라는 규칙의 예외 사례로 새로 추가되었다. 이제껏 이 목록에는 우리가 연구하던 테트라히메나의 리보자임, 다른 종들에서 스스로 스플라이싱하는 RNA들, 리보뉴클레아제 P, 그리고 리보솜 단백질 합성 기계가 있었다. 그리고 이제 텔로머라아제가 추가된 것이다.

몇 년 뒤인 1989년, 캐럴은 테트라히메나 텔로머라아제의 RNA 성분의 염기서열을 밝혀냈다. 그 무렵 캐럴은 버클리에서 박사과정을 마치고, 롱아일랜드 사운드 해안에 자리한 콜드 스프링 하버 연구소로 일터를 옮겼다. 제임스 왓슨이 일하는 곳으로 유명한 생물학 분야의 등불과도 같은 연구소였다. 여기서도 RNA에는 AACCCC 서열이 존재했는데, 이것은 테트라히메나 텔로미어에 있는 TTGGGG를 암호화할 수 있는 서열이었다.[9] RNA 주형이 염색체 끄트머리에

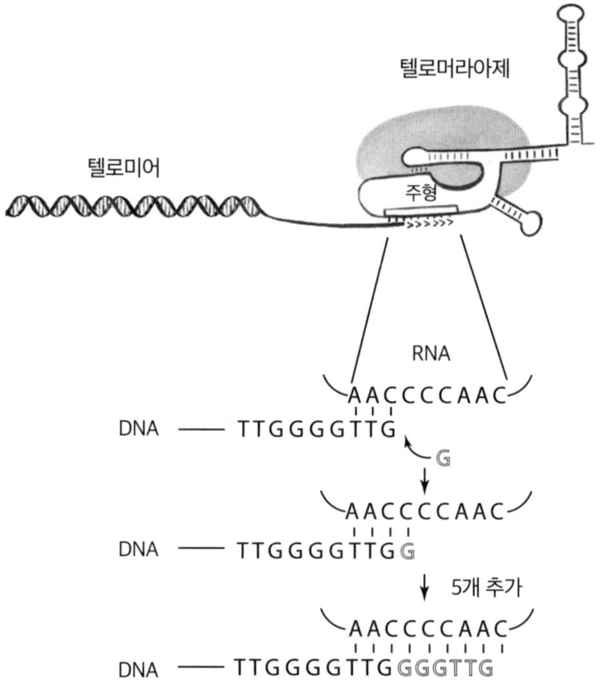

텔로머라아제는 짧은 RNA 가닥의 일부를 주형으로 사용해 텔로미어 DNA 말단에 염기서열을 추가한다. 이때 뉴클레오티드는 단백질(회색 타원)의 도움을 받아 한 번에 하나씩 추가된다. 이 그림에는 TTGGGG가 반복되는 테트라히메나의 텔로미어 서열이 나타나 있다. 텔로미어 서열이 일단 완성되면 DNA는 RNA를 따라 미끄러져 되돌아가 다시 똑같은 서열을 반복해서 추가하기 위한 공간을 만든다(이 그림에는 표시되지 않음).

DNA 염기서열을 결정한다는 캐럴과 리즈의 직감이 확인되는 순간이었다.

이후 여기에 상응하는 인간의 텔로머라아제 RNA도 곧 밝혀졌다. 이 RNA는 인간의 텔로미어를 구성하는 TTAGGG라는 반복된 서열에 대한 주형 역할을 했다.[10] 그에 따라 RNA는 염색체 끄트머리를 만들어서 유전체를 온전하게 유지하는, 또 다른 중요한 생물학적 과정의 중심에 섰다.

텔로미어와 텔로머라아제를 이해하기 위한 모든 연구는 염색체의 작동 원리를 근본적으로 이해하고자 하는 호기심이 이끌었다. 처음에는 의학에 적용할 수 있을 만한 부분이 전혀 없었다. 하지만 텔로머라아제가 암과 노화의 핵심에 자리한다는 증거들이 이후 속속 드러나면서 이런 상황은 곧 바뀌었다.

불멸의 세포

1928년생인 레너드 헤이플릭Leonard Hayflick은 미국 필라델피아에서 자랐다. 열 살쯤 되었을 때 그의 삼촌은 길버트 화학 실험 세트를 사 주었으며, 아들을 매우 신뢰하는 부모님 덕에 헤이플릭은 폭발성 화학물질을 만들거나 로켓을 만드는 자기만의 지하 실험실을 꾸몄다.[11] 이후 펜실베이니아 대학교에 다니며 생물학에 흥미를 느낀 헤이플릭은 1958년에 필라델피아에 있는 비영리 기관인 위스타 연구소에 자리를 얻었다. 이 연구소에서 그는 바이러스에 감염되지 않고 암에 걸리지 않은 폐 세포 같은 인간 세포들을 배양하는 전문가가 되었고, 그가 배양한 세포는 풍진 같은 질병에 대항하는 백신을 생산하는 제약회사들에 각광을 받았다.

정상적인 인간 세포를 배양하는 다른 연구자들은 시간이 지나면 세포가 성장을 멈춘다는 사실을 발견했는데, 그것을 서툰 기술 탓으로 돌렸다. 세포가 성장을 멈추면 연구자들은 배양했던 세포를 내다 버리고 다시 시작하곤 했다. 하지만 헤이플릭은 실험 솜씨가 뛰어날 뿐 아니라 주의 깊은 관찰자였기에, 배양이 멈추었을 때 그것이 무언가에 대한 신호라는 사실을 깨달았다. 정상적인 인간 세포는 노화하기 전에 보통 50~60회 정도의 제한된 횟수만큼 분열할 수 있다.[12] 노화된 세포는 죽는 게 아니었다. 형태를 바꾸고 신진대사 방식을 전환하며 계속 살아가지만 분열하지 않을 뿐이다. 오늘날 우리는 이런 세포가 '헤이플릭 한계'에 도달했다고 말한다.

헤이플릭은 항상 정상적인 인간 세포가 증식하는 수명이 제한적이라는 사실이 당연하다고 여겼다. 배아나 아이의 몸에서 피부, 간, 뼈, 뇌 세포가 계속 분열하는 것이 중요하듯이, 완전히 성장한 성인이라면 세포가 분열을 멈추어야 한다. 그렇지 못해 끝도 없이 분열이 일어나는 것은 암의 주요 특징이기도 했다.

하지만 세포 하나가 지금껏 몇 번이나 분열을 겪었는지 어떻게 셀 수 있을까? 분명 어떤 종류의 생체시계가 존재할 것이다. 텔로머라아제가 발견되자, 과학자들은 텔로미어의 길이로 시간을 측정해서 헤이플릭 한계가 결정된다고 추측했다. 텔로머라아제가 대부분의 인체 세포에서 비활성화되면, 텔로미어가 불완전하게 복제되면서 짧아지고 결국 노화로 이어질 수도 있다. 반면 테트라히메나라든가 효모처럼 계속 성장하는 유기체들과 암세포에서는 텔로머라아제가 항상 '켜진 상태'이고, 그에 따라 텔로미어는 원래 길이를 유지해 헤이플릭 한계에 도달하지 않는다. 1990년, 당시 캐나다 맥마스터 대학교의 세포 생물학자였던 칼 할리Cal Harley는 이 '수축하는 텔로미어 가설'을 검증하기 위해 캐럴 그라이더를 영입했다. 매우 중요하고 유명한 한 실험에서, 이들은 일종의 인간 피부 세포가 노화하면 텔로미어가 세포 분열을 한 번 할 때마다 약 50개의 염기쌍만큼 점점 짧아진다는 사실을 발견했다.[13] 둘의 연관성은 꽤 흥미로웠지만 칼과 캐럴은 이렇게 올바르게 결론지었다. "이러한 DNA의 손실이 노화를 일으키는 인과적인 역할을 하는지는 알 수 없다." 다시 말해, 이 손실이 세포 분열을 멈추는 데 실제로 책임이 있는지는 정확히 알 수 없다.

텔로머라아제는 정말 '불멸의 효소'로서 수명을 연장시킬 수 있을까? 텔로머라아제의 활성이 증가한 것이 모든 암의 특징이라면,[14] 텔로머라아제는 암 치료제의 훌륭한 표적이 될 것인가? 텔로머라아제, 노화, 암 사이의 잠재적 연결고리가 밝혀지면서, 바이오테크 회사나 대형 제약회사들이 텔로머라아제 단백질 사냥에 뛰어들었다. 텔로머라아제 RNA도 중요하지만 그것은 단백질 파트너와 협력해야만 제 기능을 할 수 있기 때문이다. 텔로머라아제의 비밀을 풀려면 기계장치 전체, 즉 RNA와 단백질 모두를 정제해야 했다. 하지만 텔로머라아제가 가장 끔찍한 영향을 끼치는 암세포에서도 이 효소는 많지 않았기 때문에 이 정제 작업은 굉장히 힘들었다. 이 효소가 조금만 있어도 세포가 계속해서 분열하는 데 충분했다. 이 문제를 해결하는 데 요아힘 링너Joachim Lingner라는 스위스 출신의 박사 후 연구원과,[15] 테트라히메나와 먼 친척 관계인 또 다른 연못 미생물이 중요한 역할을 했다.

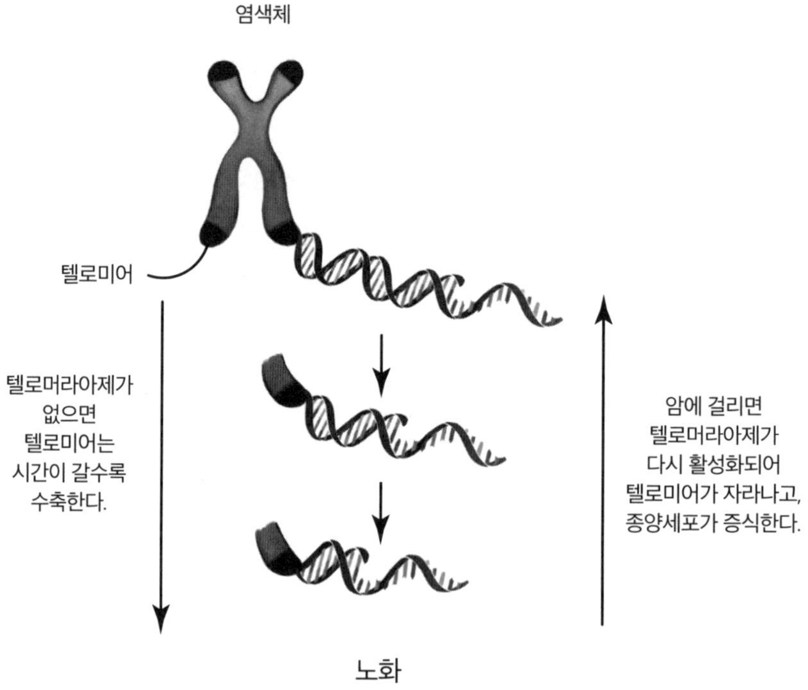

인간 세포에서 텔로미어의 길이가 유지되려면 텔로머라아제가 필요하다. 체세포는 대부분 텔로머라아제를 가지고 있지 않기 때문에 세포가 분열하면서 텔로미어가 점차 줄어든다. 그러다 텔로미어가 아주 짧아지면 세포는 분열을 멈추고 노화에 들어간다. 세포가 암세포로 발전하는 데 필요한 단계 중 하나가 텔로머라아제의 재활성화다. 그에 따라 암세포는 언제까지고 분열해 죽지 않는다.

RNA로는 충분하지 않다

라인 강변에 자리한 스위스의 바젤은 동화책에나 나올 법한 도시다. 이곳은 스위스와 독일, 프랑스가 만나는 도시이기도 하다. 또한 멋진 미술관이 즐비한 도시다. 콘크리트 벽에 로스코의 작품들이 우아한 색을 뽐낸다. 라인강을 가로지르는 5개의 다리 사이에는 이 도시에서 운영하는 와일드 마, 레우, 보겔 그리프, 우엘리라는 이름의 유람선 네 척이 있다. 이 유람선은 모터 없이도 강을 건넌다. 자연적인 물의 흐름을 이용해 강을 건넌 뒤 방향타를 틀어 돌아올 때도 같은 물의 흐름을 이용하는 기발한 방법을 사용한다. 마찬가지로 기발한 것이 있으니, 바젤에서 수행된 과학이다. 이 도시에는 바젤 대학교, 프리드리히 미셔 연구소뿐만 아니라 로슈와 노바티스 같은 세계적인 제약회사가 두 곳이나 터를 잡고 있다.

1992년에 나는 세미나에 참석하려고 바젤 대학교 생물학 센터에 갔다. 이곳을 방문하는 동안 나는 요아힘 링너를 만났다. 그는 RNA를 연구하는 스위스 최고의 과학자 중 한 사람[15]의 지도 아래 박사과정을 마무리하고 있었다. 요아힘은 볼더에 와서 텔로머라아제를 정제할 수 있는지 내게 물었다. 캐럴과 리즈가 보여주었듯이, 그 효소는 RNA 소단위체를 포함하고 있을 것이다. 아마 DNA 연장 활동을 촉진할 단백질 성분을 하나, 또는 그 이상 포함하고 있을 터였다. 그렇게 1993년에 나는 요아힘을 볼더로 초청했고, 우리가 모든 텔로미어를 증폭하는 놀라운 재주를 가진 한 유기체로 실험하면 그동안 온갖 회사가 실패했던 실험에 성공할 수 있을 것이라고 요아힘에게 자신 있게 말했다.

당시 내가 골랐던 종은 바로 옥시트리차 노바*Oxytricha nova*로, 테트라히메나와 함께 전 세계 연못의 수면 위에서 볼 수 있는 미생물이었다. 내가 이 미생물에 대해 들은 건 동료 데이비드 프레스콧David

Prescott을 통해서였는데, 그는 볼더 캠퍼스의 바시티 연못에서 그동안 여러 종의 단세포 생물을 분리한 적이 있었다. 그러면서 데이비드는 놀라운 사실을 하나 발견했다. 옥시트리차속 미생물은 1억 개에 달하는 아주 작은 염색체를 가지고 있는데, 염색체마다 유전자가 단 하나씩이었다. 즉 염색체의 끄트머리가 2개이니 각 세포는 2억 개의 텔로미어를 가진 셈이다. 여기에 비하면 인간의 전형적인 체세포는 23쌍의 염색체를 가지고, 그에 따라 염색체 수가 46개이니 텔로미어는 92개다. 텔로머라아제의 양이 텔로미어의 수에 따라 증가한다고 가정하면, 옥시트리차속 미생물은 기업 연구원들이 이용하는 암세포보다 100만 배쯤 이점이 있다.

하지만 연구 책임자들이 제안하는 상당수의 '훌륭한 아이디어'가 그렇듯, 나의 제안에도 몇 가지 결함이 있었다. 요아힘이 곧 발견한 것처럼 옥시트리차속 미생물을 대량으로 키우는 것은 쉽지 않은 일이었다. 우리는 근처 킹 수퍼스 식료품점에서 구입한 라자냐 접시에서 이 미생물을 길렀고, 미생물은 바닥을 기며 박테리아와 조류를 사냥했다. 이 원생동물들을 먹이에서 떼어내 수확하는 과정이 꽤 지루해서, 요아힘은 연구 대상을 다른 종으로 바꾸기로 결심했다. 유플로테스 아이디쿨라투스*Euplotes aediculatus*라는 옥시트리차의 사촌쯤 되는 종이었다. 하지만 이 종은 미생물치고는 너무 커서 거의 맨눈으로 보일 정도였으며, 박테리아와 조류를 씻어낼 때 쓰는 거즈에 달라붙었다. 이 종을 배양하는 데도 역시 시간이 오래 걸렸기에 우리는 콜로라도 대학교 학부생들을 고용해 미생물을 기르도록 했다. 학부생들은 먼저 조류를 길러 유플로테스속 미생물에게 먹이로 주었고, 현미경으로 미생물이 잘 자라는지 확인한 다음 개체수가 증가하면 깨끗한 라자냐 접시에 옮겼다.

하지만 이 괴물 같은 미생물로부터 텔로머라아제를 어떻게 정제해야 할까? 요아힘은 미생물의 RNA 소단위체를 찾아내고 그것을 온전한 효소를 정제할 '손잡이'로 활용하기로 결심했다. 한 학부생과 함께 애쓴 결과 요아힘은 텔로머라아제 RNA 소단위체의 유전자를 유플로테스에서 분리하고 염기서열을 밝히는 데 성공했다.[16] 유플로테스가 가진 텔로머라아제의 RNA는 테트라히메나의 RNA와 비슷하기는 했지만 똑같지는 않았다. 이것은 우리가 예상한 결과였다. 이 두 RNA가 동일한 생물학적 기능을 수행하기는 해도 서로 다른 종속에서 진화의 거대한 흐름에 휩쓸리며 적응하고 변화를 거듭했을 것이기 때문이다.

요아힘은 이제 일종의 낚시를 할 생각이었다. RNA 소단위체의 주형 영역에 상보적인 짧은 DNA 조각을 낚싯바늘 삼아, 깨져서 열린 유플로테스 세포 안에서 텔로머라아제를 낚자는 것이다. 이 DNA 낚싯바늘은 상보적인 염기쌍 형성에 의해 텔로머라아제 RNA 주형에 결합할 테고, 그러면 이제 귀중한 단백질이 아직 들어 있는 복잡한 세포 혼합물에서 RNA를 꺼낼 수 있다. 이 방식은 아주 잘 작동했다. 식품을 신선하게 유지하기 위해 냉장 보관하는 것처럼 생화학자들이 민감한 효소의 손상을 막고자 이용하는 냉장실에서 1년을 보낸 끝에 요아힘은 모든 유기체를 통틀어 최초로 텔로머라아제를 생화학적으로 정제하는 데 성공했다.[17]

하지만 안타깝게도 정제된 유플로테스의 텔로머라아제는 약 10

마이크로그램 정도로 양이 아주 적었다. 1마이크로그램이란 100만 분의 1그램이니 아주 적은 양이다. 심지어 1그램도 고작 건포도 1개의 질량에 불과하다. 우리가 이 귀한 물질에서 단백질 서열을 얻을 기회는 단 한 번이었다. 실패하면 다시 몇 달 동안 냉장실을 전전해야 한다. 그래서 우리에게는 세계적인 수준의 협력자가 필요했다. 1996년 봄, 우리는 하이델베르크의 유럽 분자생물학 연구소에서 일하는 마티아스 만Matthias Mann에게 연락했다. 마티아스는 단백질의 서열을 분석하는 새로운 방법을 막 개발한 참이었고, 아무에게도 알려지지 않은 단백질로 자신의 방법을 시험하고 싶어 했다. 그래서 우

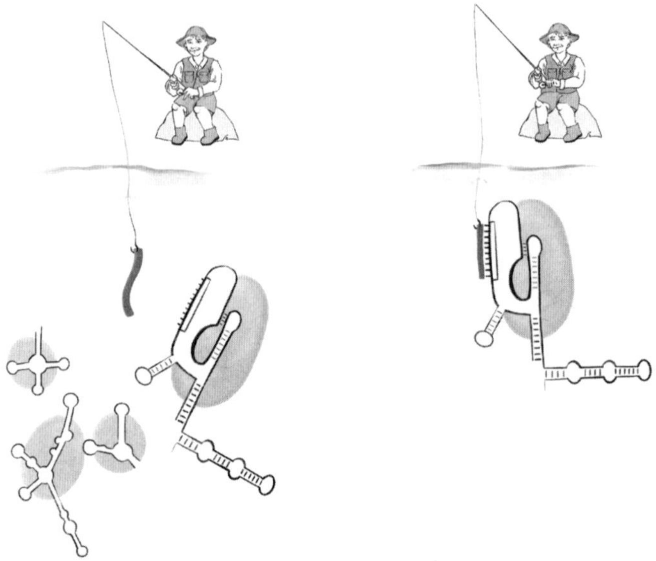

그림과 같이 상보적인 RNA 파트너를 활용해 텔로머라아제 단백질을 정제할 수 있다. 이때 '미끼'는 텔로머라아제 RNA 주형과 염기쌍 짝짓기하는 서열을 지닌 핵산이다. 그러면 RNA와 여기에 딸린 단백질(어두운 타원)이 낚이고, 다른 세포 구성 요소들은 그대로 남는다.

리는 마티아스에게 소중한 유플로테스의 텔로머라아제를 보냈고, 곧 그는 이 텔로머라아제 단백질을 구성하는 14개의 아미노산 조각의 서열을 분석해서 보내왔다. 이것은 요아힘이 해당 유전자를 알아내기에 충분한 정보였다.

한편 노화와 텔로미어의 길이 간의 연관성에 푹 빠진 바이오테크 회사 가운데 캘리포니아주 멘로파크에 있는 제론사('Geron'이란 회사명 자체도 노인학이라는 뜻을 가진 'gerontology'에서 따왔다)가 있었다. 이들은 암세포에서 인간의 텔로머라아제를 정제하기 위해 그동안 쉬지 않고 작업했지만 굉장히 어려운 일이라는 사실을 깨달았다. 그래서 이 회사는 1996년 8월, 장장 나흘에 걸쳐 하와이 빅아일랜드 코나 해안의 하푸나 비치 호텔에서 '제론사의 텔로머라아제와 암 심포지엄'이라는 학회를 주최했다. 아마도 이들은 열대의 풍경에 매료된 참가자들이 마이타이 칵테일을 마시고 마음이 풀어져, RNA와 파트너가 되어 텔로머라아제를 구동하는 오랫동안 숨겨진 단백질에 대해 핵심적인 정보를 흘리기를 바랐을 것이다.

심포지엄에서 나는 당시 휴스턴에 자리한 베일러 의과대학의 교수였던 비키 룬트블라드Vicki Lundblad라는 오랜 친구와 커피를 마시며 이야기를 나누었다. 비키는 내가 버클리 대학원에서 일반화학 실험실을 운영하는 조교로 일할 때 수업을 듣는 학생 중 한 명이었다. 나중에 비키는 잭 쇼스탁 밑에서 대학원 과정을 거치고, 이후 리즈 블랙번 연구실에서 박사 후 연구원으로 일했다. 비키는 효모에서 염색체 말단이 어떻게 유지되는지 기본 원리를 알고 싶어 했다. 흥미롭게도 그는 막 2개의 새로운 효모 유전자를 발견했는데, 이 유전자들이 비활성화되면 효모는 더욱 짧은 텔로미어를 갖게 된다. 비키는 이 유전자를 Estever shorter telomere 유전자로 명명했다.

효모는 단세포 유기체다. 보통은 끝없이 번식하기에 효모의 텔로머라아제는 항상 활성화되어 있다. 인간으로 따지면 마치 계속해서 분열하는 줄기세포나 암세포와 비슷하다. 비키가 발견한 새로운 Est 유전자에 대한 그럴듯한 설명 중 하나는 이것이 텔로머라아제의 중요한 일부를 암호화한다는 것이었다. 이 유전자를 없애면 효모의 텔로미어는 세포가 분열할 때마다 줄어들어 세포의 노화를 초래한다. Est 유전자의 DNA 염기서열은 지금까지 발견된 어떤 유전자와도 비슷하지 않아서, 이제 어느 방향으로 연구해야 할지 혼란스러워했다. 나는 비키에게 유플로테스 미생물을 연구해서 얻은 결과를 알려주었고, 우리가 같은 표적을 사냥하고 있는 게 아닐까 생각했다. 우리가 유전자 염기서열을 서로 교환하는 것에 관한 이야기를 하고 있을 때, 록펠러 대학교에서 일하는 유명한 텔로미어 연구자인 티티아 드 랑게Titia de Lange가 아주 천천히 커피를 따라 마시고 있었다. 티티아는 우리 두 연구팀이 한번 만나야 할 것 같다고 격려하며 결과가 궁금하다고 말해주었다.

비키와 내가 하와이에 머무는 동안 요아힘은 볼더에서 놀라운 사실 하나를 발견했다. 그는 새로 찾아낸 유플로테스 텔로머라아제 단백질의 서열을 살피다가 왠지 어디서 본 것 같은 묘한 기시감을 받았다. 전에 인간 면역결핍 바이러스HIV의 유명한 역전사효소에서 이 서열을 본 적이 있었거나 최소한 아주 비슷한 서열을 본 듯했다. 어째서 우리의 텔로머라아제 단백질이 HIV 같은 바이러스의 핵심 단백질과 비슷한 걸까? 곰곰이 고민하던 요아힘은 그게 말이 된다는 사실을 깨달았다. HIV와 마찬가지로 텔로머라아제 역시 RNA 주형을 이용해서 DNA를 합성한다. 따라서 동일한 역전사효소 단백질이 이 과정을 작동시킨다.

하와이에서 돌아온 나는 베일러에서 연구하는 비키의 제자 팀 휴즈Tim Hughes와 요아힘을 연결해주었다. 유플로테스와 효모의 유전자 염기서열을 비교해서 우리가 공동 작업을 진행할 수 있는 기반이 있는지 일단 확인하는 것이 목표였다. 다행히 결과는 긍정적이었다. 효모의 Est2 단백질은 그보다 큰 유플로테스의 단백질, 특히 역전사효소에 대한 염기서열로 추정되는 근처에서 확실하게 일치했다. 하지만 우리가 유플로테스를 연구할 때 마땅한 분자 유전학적 도구가 없었던 것과 달리, 효모는 여러 버전의 유전자를 대체해가며 어떤 유전자가 작동하고 어떤 유전자가 작동하지 않는지 확인할 수 있었다.

이후로 공동 작업은 엄청난 열기를 띠고 진행되었다. 우리 연구팀은 요아힘이 밝혀낸 역전사효소 서열에만 한정적으로 돌연변이를 가진 효모 Est2 유전자를 만들어냈다. 어느 날 오후 실험실에 들어갔다가 우리 팀 연구원 중 한 사람이 페덱스 봉투를 들고 있고 요아힘이 DNA가 담긴 튜브를 봉투 안에 막 떨어뜨리는 모습을 본 적도 있다. 요아힘은 마지막 페덱스 방문 시간에 맞추기 위해 아래층으로 봉투를 들고 뛰었다. 튜브를 휴스턴으로 보내 그 속의 텔로미어를 분석하기 위해서였다.

그렇게 몇 달이 지나 결국 우리는 답에 도달했다. 텔로미어를 연장하는 데 특정 역할을 한다고 가정한 Est2 단백질을 이루는 아미노산 중 어느 하나라도 돌연변이를 일으키면, 효모의 텔로미어가 줄어들며 효모의 노화가 시작된다. 효모는 바로 우리 눈앞에서 걷잡을 수 없이 노화를 겪었다. 즉 비키의 효모 Est2 단백질, 더 나아가 우리의 유플로테스 단백질은 살아 있는 세포에서 텔로미어를 연장하는 데 중요한 역할을 했다.

이렇게 노화를 막는 비밀을 발견했다는 사실이 짜릿하기는 했지만, 우리의 발견은 아직 효모와 연못 위에 떠다니는 미생물에 국한된 것도 사실이었다. 과연 이런 통찰을 인간에게 적용할 수 있을까? 텔로머라아제와 노화, 암의 관계를 실험으로 입증하려면 텔로머라아제 단백질이 필요했다. 이 단백질은 캐럴과 리즈가 발견한 RNA 조각의 중요한 파트너였다.

당시는 인간 게놈 프로젝트가 막 시작되던 초창기였다. 새로운 DNA 서열이 매일 허겁지겁 빠르게 발표되곤 했다. 우리 논문이 〈사이언스Science〉지에 발표되기 직전에도,[18] 유플로테스와 효모의 텔로머라아제 단백질과 거의 일치하는 인간 DNA 염기서열의 한 조각이 아직 정체가 확인되지 않은 채 우리 실험실 컴퓨터 화면에 나타났다. 이것은 인간 텔로머라아제 단백질을 찾는 열쇠가 될 터였다. 일단 우리 논문이 발표되면 다른 연구자들도 이 연결고리를 알게 될 것이 분명했다. 우리는 인간의 유전자를 분리하는 작업에서 나머지 전 세계 연구자들보다 겨우 몇 주 앞서서 출발했을 뿐이었다. 그리고 경주는 계속 이어졌다!

전 세계에서 가장 저명한 암 생물학자 중 한 사람인 MIT 화이트헤드 연구소의 밥 와인버그Bob Weinberg도 인간의 텔로머라아제 유전자를 찾고 있었다. 그런데 우연히도 나 역시 화이트헤드 학술 자문 위원회에 속해 있었다. 뉴햄프셔의 화이트마운틴에서 열린 이 연구소의 연례 행사에서 나는 와인버그 밑에서 일하는 박사 후 연구원인 크리스 카운터Chris Counter, 매트 마이어슨Matt Meyerson의 포스터 앞에서 대화를 나누었다. 이들은 인간 텔로머라아제의 흔적을 바짝 뒤쫓는 중이었다. 그때 나는 아마 이런 말을 했던 것으로 기억한다. "여러분은 새로운 프로젝트를 찾아야 할지도 몰라요. 이건 우리가 이미 거의 성공했거든요." 뛰어난 재능을 가지고 있고 야망이 큰 박사 후 연구원들에게 할 법한 현명한 말은 결코 아니었다. 게다가 이들은 그 말을 듣고 이전보다 노력을 갑절로 늘렸다.

결국에는 우리 연구팀이 이겼지만, 아슬아슬한 승리였다. 인간 TERT('텔로머라아제 역전사효소'의 약자다) 유전자를 밝혀낸 우리의 논문은 1997년 8월 15일 〈사이언스〉지에 게재되었다.[19] 그리고 밥 와인버그의 연구팀은 그로부터 불과 일주일 뒤 〈셀CELL〉지에 인간 TERT 유전자에 관한 멋진 내용을 발표했다.[20] 실험실 조건과 살아 있는 세포 모두에서 RNA 소단위체와 TERT 단백질을 혼합하면 활성을 가진 텔로머라아제가 실제로 만들어진다는 사실이 밝혀졌다.[21]

노화인가, 불멸인가?

드디어 우리는 인간 텔로머라아제의 RNA와 TERT 단백질 성분을 모두 손에 쥐고서 텔로머라아제가 헤이플릭 한계를 정한다는 가설을 시험할 수 있게 되었다. 오래 기다렸던 답에 처음으로 다가간 과학자들은 제론의 과학자들과 협력하는 달라스 UT 사우스웨스트 의료센터의 우디 라이트Woody Wright 교수와 그의 동료들이었다. 이들은 텔로머라아제 RNA가 들어 있다고 알려져 있었지만 TERT가 없는 정상적인 인간 망막 세포에 TERT 유전자를 집어넣었다. 눈앞에서 세포는 끝도 없이 증식을 이어갔다.[22] 반면 TERT가 없는 망막 세포는 분열을 멈췄고 세포 수가 50번에서 60번 배가될 때 나타나는 노화의 특징을 보였다. 이것은 실제로 줄어든 텔로미어가 헤이플릭 한계를 결정하는 척도이며, 텔로머라아제를 활성화하면 노화를 막는다는 강력한 증거였다. 이 방법은 오늘날 의생물학 실험실이나 회사에서 인간 세포를 배양할 때 노화를 막기 위한 수단으로 활용된다. 배양된 인간 세포가 계속 증식하기를 바란다면 TERT 유전자를 추가하기만 하면 된다.

텔로머라아제가 인간 세포를 불멸로 이끈다는 것은 과학적 사실이다. 실험실 조건에서 세포가 노화를 겪지 않고 계속 분열하도록 만들기 때문이다. 하지만 불행히도 텔로머라아제 수준을 증가시키면 인간의 수명을 연장할 수 있다는 주장은 단지 추정에 지나지 않는다. 세포가 죽지 않으면 우리도 죽지 않는다는 것은 지나치게 단순한 생각이다. 나는 연구실 선반에 놓인 텔로미어의 길이를 늘린다고 임상적으로 검증된 '생명 연장 텔로미어 크림'이라든지 '텔로머라아제 활성화 알약'을 다시금 바라본다. 이 알약과 크림에 들어 있는 성분은 천연 식물성이라서 FDA가 의약품을 승인하는 데 필요한 위약 통제 임상시험을 거치지 않고도 식이보충제로 팔릴 수 있다. 이 제품들은 사실 '임상적으로 검증되지' 않았다.

하지만 일단 이 알약과 크림이 광고대로 효과가 있다고 상상해보자. 이 제품이 우리의 텔로미어가 줄어들고 세포가 노화하지 않도록 막아준다면 어떤 일이 벌어질까? 그것이 정말로 좋은 일일까? 우리의 모든 세포가 계속해서 분열하면 어떤 일이 벌어질지 상상하기란 매우 어렵다. 하지만 한 사람이 용기 내어 모험한다면 끝없이 몸집이 불어나 정말로 덩치 큰 사람이 될 수도 있다. 아니면 지속적인 세포 분열과 암 사이의 관계를 고려할 때, 이렇게 텔로머라아제가 활성화된 가상의 인물들은 거대한 종양에 굴복할지도 모른다.

따라서 우리에게 진정으로 유익한 결과를 얻으려면 텔로머라아제 활성과 텔로미어 길이를 좀 더 정밀하게 조절할 수 있어야 한다. 언젠가 이 연구를 통해 실용적인 치료제가 만들어진다면 이 약은 다음 두 가지 상황에서 생명을 구할 수 있다.

첫 번째 상황은 줄기세포에 관한 것이다. 줄기세포는 우리 몸의 낡아빠진 세포를 보충해야 하므로 평생 분열을 계속해야 한다. 텔로미어 길이가 선천적으로 짧은 사람들이 드물게 존재한다. 이들의 텔로미어는 같은 연령대 사람들의 99퍼센트보다도 길이가 짧다. 그 결과 이들의 줄기세포는 금방 노화 단계에 진입하여, 더 이상 중요한 조직을 유지할 수 없게 된다. 이런 문제로 발생하는 병이 바로 선천성 이상각화증이다. 이 질환에 걸린 환자들은 비정상적인 피부 색소 침착, 손톱과 발톱의 기형, 구강 병변, 치아 문제를 보이며 이후 상당수가 빈혈로 사망한다. 추가 분석 결과 이들은 텔로머라아제의 구성 요소 중 하나 또는 그 이상에 유전자 돌연변이가 있어, 계속 분열해야 하는 세포가 노화를 겪는다. 마찬가지로 재생불량성 빈혈이나 폐가 쇠약해지는 폐섬유증 역시 많은 경우 텔로머라아제가 너무 적고 그에 따라 텔로미어가 짧아진 것이 원인이다. 이런 환자들은 줄기세포의 텔로미어를 길게 하는 안전한 처치를 통해 큰 혜택을 얻을 수 있다. 먼저 텔로머라아제를 제대로 자극하는 약을 개발했다면, 다음 과제는 약의 표적이 줄기세포가 되도록 하는 것이다.

두 번째 상황은 첫 번째와 정반대다. 암세포 대부분은 정상 세포에 우연히 돌연변이가 발생하여 빠르게 분열한 것이다. 그리고 텔로머라아제는 인간 암세포의 90퍼센트에서 재활성화되어 세포를 사실상 불멸의 상태로 만든다. 이 종양 세포가 얼마나 질기게 살아남는지 한 가지 사례를 들자면, 1951년 볼티모어에서 유명한 암 환자 헨리에타 랙스Henrietta Lacks의 종양으로부터 얻은 헬라 세포를 들 수 있다. 이 세포는 최초의 죽지 않는 세포주로 알려져 있다. 헬라 세포는 활성이 있는 텔로머라아제를 가지고 있으며, 70년이 지난 지금도 전 세계 수천 곳의 실험실에 살아 있다. 지금까지 배양한 모든 헬라 세포를 이어 붙이면 지구를 세 바퀴 돌 만큼의 길이인 10만 6,680킬로미터가 될 것이다.[23]

텔로머라아제가 종양 세포를 강력하게 만드는 것을 생각하면 우리는 종양에서 텔로머라아제를 강화하지 않고 억제하거나, 아니면 애초에 텔로머라아제가 활성화되지 않도록 막는 방법을 찾아야 한다. 하지만 그렇게 하려면 또 다른 수수께끼를 풀어야 한다. 텔로머라아제가 종양에서 어떻게 재활성화되는지를 알아낼 필요가 있다.

작은 변화가 아주 큰 변화를 만든다

2000년대 초반까지, 전 세계의 과학자들은 종양에서 TERT 유전자의 염기서열을 밝혀냈다. 하지만 정작 TERT가 어떻게 활성화되는지를 설명할 만한 돌연변이를 발견하지는 못했다. 이때 등장한 사람이 프랭클린 황Franklin Huang이다.

프랭클린은 미국 오클라호마주에서 대만 이민자의 아들로 태어나 자랐다. 하버드 대학교 의과대학에서 의학 박사와 이학 박사학위를 받은 그는 2012년에 보스턴에 자리한 다나 파버 암 연구소의 리바이 개러웨이Levi Garraway 실험실에서 연구원으로 일하기 시작했다. 리바이는 일루미나라는 회사에서 나온 강력한 신기술을 활용하는 선구자였고, 이를 통해 종양 DNA 염기서열을 읽어냈다. 그가 이끄는 실험실 구성원들은 암을 유발하기도 하고 약물 개입의 표적이 될 수도 있는 돌연변이를 찾고 있었다.

이 연구실은 이미 피부암에 대한 유용한 정보를 제공하는 엄청난 양의 흑색종 유전체 염기서열을 보유하고 있었다. 하지만 프랭클린은 데이터를 새롭게 검토했다. 그 결과 TERT라고 불리는 유전자에 무언가 흥미로운 일이 일어나고 있다는 사실을 얼마 지나지 않아 깨달았다. 19개의 흑색종 샘플 중 17개에서 같은 위치에 단일 염기쌍 돌연변이가 존재했다. 그것은 다른 모든 사람이 찾던 유전자의 암호화 영역이 아니라 유전자의 한 부분인 '프로모터'에 있었다. 프로모터란 DNA가 mRNA로 전사되도록 촉진하는 부위다. 돌연변이로 인해 '전사인자'라는 단백질이 결합할 자리가 만들어지고, 그 결과 유전자의 전사를 유도하는 것 같았다. 그렇다면 텔로머라아제가 다시 활성화되어 암이 진행될 여지가 생기는 것은 이 유전적인 오류 탓일까?

프랭클린의 연구실 동료들은 회의적이었다. 암을 일으키는 돌연변이가 그렇게 높은 빈도로 나타나는 것이 현실적으로 불가능하다고 여겼기 때문이다. 어쩌면 실수가 있었을지도 모른다. 첨단 기술이 적용된 DNA 염기서열 분석기에 문제가 있어 이 특정한 서열을 잘못 읽었던 것은 아닐까?[24]

그래서 프랭클린은 구식 방법으로 DNA 샘플의 염기서열을 다시 분석했다. 첨단 염기서열 분석기를 사용하지 않음으로써 혹시 있었을지 모를 오류의 함정을 피하기 위해서였다. 프랭클린은 하룻밤을 꼬박 새워 실험했고 다음 날 결과를 얻었다. 실제로 대부분의 흑색종 DNA 염기서열에는 앞서 보았던 TERT 유전자의 동일한 위치에 돌연변이가 존재했다. 게다가 같은 환자의 혈액(암세포가 없는)에서 DNA를 채취해 염기서열을 분석했을 때, TERT 유전자 염기서열에 돌연변이가 전혀 없다는 사실을 발견했다. 즉 이 돌연변이는 암에만 특이적으로 나타났다. DNA 염기서열 분석기의 오류가 아닌, 진짜였다.

이어서 프랭클린과 리바이는 이 단일 염기 돌연변이가 실제로 TERT 유전자의 전사를 유도한다는 것을 보여주었다. 나중에 그를 포함한 많은 과학자가 다른 암들에서도 정확히 같은 돌연변이를 통해 TERT를 활성화한다는 사실을 밝혔다.[25] 그에 따라 암에서 텔로머라아제를 활성화하는 기술을 운 좋게 찾아낸 셈이었다. 꽤 놀랍게도 이 돌연변이는 전 세계적으로 1년에 수십만 번은 독립적으로 발생한다. 다른 여러 돌연변이도 비슷한 빈도로 발생하지만 종양의 진행을 유도하지 않기 때문에 시간이 지나면서 효과가 희석되는 듯하다.

TERT 프로모터 돌연변이의 발견은 질병 진단이라는 측면에서 중요하다. 많은 유형의 암에서 TERT 프로모터 돌연변이는 공격적인 암을 의미한다. 이는 환자가 생존하기 위해 더 공격적인 치료가 필요하다는 말이다.[26] 따라서 이 돌연변이를 찾으면 의사들이 치료 계획을 조정하는 데 도움이 된다. 항암치료를 받으면 몸이 쇠약해지는 부작용이 나타나기에, 이 돌연변이가 없는 유형의 암이라면 의사들은 더 보수적이고 공격적이지 않은 치료를 권장할 것이다.

이러한 진단 분야의 응용 사례가 이미 환자들에게 실질적인 도움을 주고 있으며, 이 연구를 활용해 효과적인 치료제를 개발하려는 노력 또한 계속되고 있다. 한 가지 도전 과제는 역시 텔로머라아제에 의존하는 줄기세포 대신, 종양에서만 텔로머라아제를 억제하는 기술이다. 지금까지 RNA 연구가 그래왔듯이, 생물학적 메커니즘에 대한 이해가 의학적 개입에 필수적이지만, 그것이 성공을 보장하지는 않는다. 과학적 발견과 치료제 개발 과정은 길고 지난한 여정인 경우가 많고, 텔로머라아제 연구 역시 아직 현재 진행 중이다.

한편 우리가 다음에 살펴볼 주제인 'RNA 간섭'의 경우에는, 근본적인 발견이 치료제로 이어지는 과정이 훨씬 빨랐다. 기초적인 연구가 매우 중요하고 흥미진진한 이유 중 하나는 우리가 RNA의 본성에 대해 새로운 발견을 할 때 어떤 의학적 응용이 기다리고 있을지 결코 예측할 수 없기 때문이기도 하다.

8장

작은 선충이 알려준 것

AS THE WORM TURNS

쉬시쿤Siqun Xu은 가느다란 막대를 가지고 페트리 디쉬에 살던 작은 회충들을 유리 슬라이드 위의 끈적한 젤 조각 위로 능숙하게 옮기고 있었다. 만약 여러분이 1997년 6월의 어느 날 그의 어깨 너머로 일하는 모습을 지켜보고 있었다면 실제로 뭔가 뽑혀서 옮겨지고 있기는 한지 회의적이었을지도 모른다. 이 벌레들은 투명하고 사람의 속눈썹보다 얇은 데다 길이가 고작 1밀리미터에 불과해서 발견하는 것만도 예리한 시력이 필요하다.[1] 어쨌든 10마리를 슬라이드에 일렬로 세운 시쿤은 현미경의 접안렌즈를 들여다보며 선충 한 마리를 집어 들어 초박막 유리 바늘을 생식선에 찔러넣은 다음, 용해된 RNA를 소량 주입했다. 그리고 열을 따라 옆으로 이동하며 한 마리씩 바늘로

찔렀다. 이 과정은 바늘에 실을 꿰는 것보다 훨씬 더 어려웠지만, 여러 해 전 볼티모어의 카네기 연구소에 있는 앤디 파이어Andy Fire의 실험실 연구원이 되기 전 시쿤은 모국인 중국에서 침술사로 일한 경력이 있었다. 이 경력은 운 좋게도 이날의 임무를 위한 좋은 밑바탕이 되었다.[2]

이 RNA 주사로 시쿤과 앤디는 그동안 선충을 연구하는 생물학자들을 혼란에 빠뜨렸던 수수께끼를 해결하고자 했다. 우리가 앞서 다뤘던 척수근위축증의 치료제로 쓰이는 안티센스 RNA는 1984년 이후로 유전자 발현을 조절하는 데 자주 쓰이는 방법이었다.[3] mRNA에 상보적인 안티센스 RNA를 도입해 단백질 생산 과정을 차단하는 전략이었다. 안티센스 가닥은 대상 mRNA와 염기쌍을 이루어 코돈을 덮고 단백질 합성을 방해했을 것이다. 유전자를 정확하게 차단하는 능력 덕에 안티센스 RNA는 어떤 유전자의 기능을 이해하거나, 심지어 유해하고 돌연변이가 있는 유전자를 비활성화하는 강력한 도구가 될 수 있다.

하지만 실험용으로 많이 쓰이는 예쁜꼬마선충에 안티센스 RNA를 주입하면 기대했던 결과가 나오지 않았다. 그동안 선충을 연구하는 많은 생물학자가 안티센스 RNA를 연구했는데, 앤디 파이어를 비롯한 몇몇 연구자들에게 뭔가 이상한 점이 눈에 띄었다. 연구자들은 실험 대조군으로 안티센스 RNA 대신 '센스 RNA'를 주입했다. 즉 표적인 mRNA 염기서열의 일부를 그대로 복사한 서열을 주입했다. 이 서열이라면 mRNA와 염기쌍을 이룰 가능성이 전혀 없었다. C는 C와 쌍을 이루지 않고, A는 A와 쌍을 이루지 않기 때문이다. 따라서 센스 RNA를 주입해도 아무런 효과가 없을 거라는 사실은 충분히 예상 가능했다. 하지만 놀라운 일이 벌어졌다. 이 서열 역시 유전자 발현을 방해했다.[4] 센스 RNA와 안티센스 RNA가 똑같은 결과를 보인다는 건 전혀 말이 되지 않았다.

앤디는 이 수수께끼를 풀 해결책을 하나 떠올렸다. 그는 MIT의 필 샤프 연구실 출신이어서 RNA에 대해 잘 알고 있었다. 또한 실험실에서 DNA를 RNA로 전사하는 데 사용되는 효소가 가끔 실수를 저지르기 때문에 순수한 센스 RNA나 순수한 안티센스 RNA를 만들기가 어렵다는 사실도 알고 있었다. 표적 RNA를 만들어내는 과정에서 상보적인 서열도 일부 만들어지곤 했던 것이다. 그렇다면 그동안 센스와 안티센스 RNA에서 모두 효과가 나타난 것은 그 안에 이중가닥 RNA가 있었기 때문이었을까?

앤디는 이것이 '다소 설득력 없는 가설'임을 인정했다.[5] 어쨌든 이중가닥 RNA는 이미 그 자체로 염기쌍을 이루고 있다. 그렇다면 이 이중가닥은 다른 가닥과 짝을 이룰 수 없으므로 mRNA의 기능을 방해하지 않아야 하지 않을까? 선충은 그렇게 값비싸지 않은 데다 시쿤과 앤디는 선충 주사 고수들이어서 일단 한 번 시도해보기로 했다. 이들은 센스 RNA와 안티센스 RNA들이 서로 교차 오염이 되지 않도록 매우 조심스레 정제해서 일부 선충은 센스 RNA를, 일부는 안티센스 RNA를, 일부는 센스 RNA와 안티센스 RNA를 같은 비율로 섞은 다음 이중가닥 RNA를 주입했다.

이들은 유전자의 활성이 사라졌을 때 그 효과를 쉽게 관찰할 수 있는 유전자를 표적으로 삼기로 했다. 선충의 신경계가 제대로 발달하려면 'uncoordinated(균형 잡히지 않은)'라는 단어에서 온 unc라는 유전자가 필요했다. unc 유전자에 돌연변이가 일어나거나 비활성화되면 선충들은 통제할 수 없을 만큼 경련을 일으킨다.[6] 시쿤과 앤디는 RNA를 주사한 선충의 자손들에서 뇌가 제대로 발달했는지 아닌지 관찰하기만 하면 된다. 편리하게도 이 선충은 한 몸에서 정자와 난자를 모두 만들어 내부에서 자가 수정하는 자웅동체라 짝짓기를 위해 애쓸 필요가 없었다.

RNA를 주사한 지 하루 만에 선충들은 알을 낳았고 곧 알이 부화했다. 시쿤과 앤디가 번갈아 현미경을 들여다보니 짜릿하고 예상치 못한 광경이 펼쳐졌다. 우선 이중가닥 RNA를 주사한 선충의 유충들만이 미친 듯이 경련을 일으켰다. 안티센스 RNA 가닥이나 센스 RNA 가닥은 그 자체로 별 효과가 없었다.• 이렇게 이중가닥만이 효과를 보였다는 것은, 이전에 센스 RNA나 안티센스 RNA만으로도 선충의 유전자 발현을 방해한 사례가 사실 상보적 반대 가닥에 의한 오염 때문이었음을 시사한다. 두 사람은 이중나선 RNA가 최소한 선충의 몸에서 어떻게든 유전자 발현을 억제할 뿐만 아니라, 그 정확도가 놀랄 만하다는 사실을 알아냈다. 이중가닥 RNA가 영향을 미치는 유전자는 애초에 표적으로 삼은 unc 유전자뿐이었다.

과학자들이 이 미스터리를 완전히 설명하는 데는 몇 년이 걸리

• 비록 안티센스 RNA는 이 실험에서 유전자 발현을 차단하지는 않았지만, 다른 여러 시스템에서는 효과를 보인다. 에이드리언 크레이너와 이오니스가 척수근위축증을 치료하기 위해 개발한 요법이 그런 예다.

지 않았다. 하지만 몸을 뒤트는 선충들을 가만히 응시하던 앤디 파이어는 동시에 노벨상을 바라보고 있었다. 앤디는 우스터에 있는 매사추세츠 대학교 암 센터에서 일하는 크레이그 멜로Craig Mello와 함께 RNA 간섭RNAi이라 불리는 분자생물학의 새로운 분야를 개척하는 중이었다.

머지않아 과학자들은 RNAi가 자연계에서 중요한 유전자 조절 기작으로서, mRNA 생성 이후 그 활성을 억제하는 기능을 한다는 사실을 밝혔다. 앤디 파이어와 크레이그 멜로의 이중가닥 RNA 실험을 통해 그 신호를 포착할 때까지, 선충에서 인간에 이르기까지 모든 동물에서 작동 중인 이 시스템은 레이더에 감지되지 않은 채 날아다니고 있었다. RNAi는 RNA가 생명체의 중심이라는 사실을 보여주는 또 다른 놀라운 예를 제공했다. 게다가 RNA는 건강한 세포에서와 마찬가지로 질병 세포에서도 유전 정보를 전달하기 때문에, 특정 mRNA를 억제하는 RNAi의 능력은 신약 개발에 응용될 수 있는 잠재력이 컸다. 그런 만큼 RNAi는 머지않아 의학적 용도를 찾게 되었다. 이 이야기는 질병 치료 분야에서 RNA가 갖는 무한한 장래성과 몇 가지 도전 과제를 보여준다. 모든 것이 별것 아닌 선충에서 시작되었다.

침묵의 소리

왜 선충일까? 사람들 대부분이 보기에 예쁜꼬마선충을 실험동물로 선택한다는 것은 믿기 힘든 이야기이거나 농담에 가까울지도 모른다. 하지만 시드니 브레너Sydney Brenner에게는 결코 그렇지 않았다. 1960년대까지 mRNA의 비밀을 밝히고자 연구에 매진했던 시드니는 생물학 분야의 가장 큰 난제 중 하나였던 신경계에 대한 이해로 관심을 돌렸다. 신경계는 뇌, 척수, 그리고 척수에서 나오는 말초 뉴런으로 구성되며 근육을 조절하는 운동 뉴런 또한 포함한다. 동물의 움직임과 기억, 의사결정, 행동을 지휘하는 것이 신경계의 역할이다.

시드니는 수수께끼를 풀기 위해 일단 실험동물을 골라야 했다. 유감스럽게도 그가 가장 좋아하는 생물인 대장균은 뇌가 없어 후보에 오르지 못했다. 결국 시드니는 예쁜꼬마선충에 정착했는데, 이 생물은 여러 가지 장점이 있었다.[7] 선충은 뇌를 가진 가장 단순한 생물 중 하나다. 전체 세포가 1,000개에 불과하며, 이 중 약 300개가 신경계를 움직이는 뉴런이다. 더구나 선충은 몸이 투명해서 여러 세포의 종류와 이들 간의 연결고리를 현미경으로 쉽게 관찰할 수 있었다. 마지막으로 이 선충은 25마리를 일직선으로 늘어놓아야 약 2.54센티미터에 이를 정도로 크기가 작으며, 한 세대도 고작 3일 반밖에 되지 않는다. 즉 값싸고 키우기 쉽다.

시드니는 매우 카리스마 있고 똑똑하며 매력적인 데다 사교적인 성격이어서, 당대의 가장 재능 넘치고 모험심 강한 젊은 과학자들이 그를 따라 선충의 세계로 들어섰다. 앤디 파이어와 크레이그 멜로도 시드니를 따르는 제자들이었다. 앤디는 1980년대 중반 영국 케임브리지 대학교 시드니의 연구실에서 박사 후 연구원으로 있으면서 선충을 연구하다가, 미국으로 돌아와 카네기 연구소에 자신의 실험실을 차렸다. 크레이그는 1982년 콜로라도주 볼더 대학교에서 시드니의 또 다른 제자이자 내 동료인 데이비드 허시David Hirsh로부터 선충을 소개받았다.[8]

선충 실험 덕분에 파이어와 멜로의 연구팀은 이중가닥 RNA가 유전자 발현을 저해하는 강력한 능력을 가지고 있다는 사실을 발견할 수 있었다. 하지만 처음에는 이 과정이 어떻게 작동하는지(이중가닥 RNA가 어떻게 단일가닥 RNA 표적을 인식하는지), 또한 유사한 과정이 자연적으로 발생하는지 여부가 불분명했다.

전 세계의 여러 실험실에서 곧 첫 번째 질문에 대한 답을 찾았다. 과학자들은 이중가닥 RNA가 유전자 발현을 억제하도록 하는, 이전에 발견되지 않았던(또는 적어도 과소평가된) 일련의 단백질들을 발견했다. 그중 하나가 Dicer라는 효소였는데, 이 효소는 긴 이중나선 RNA를 '작은 간섭 RNAsiRNA'라 불리는 더 작은 조각들로 자르는 역할을 했다. 'Dicer'에는 '음식을 주사위 모양으로 자르는 기계'라는 뜻이 있으니 적절한 이름이었다. 그런 다음 이것들은 아르고너트Argonaute라고 불리는 또 다른 효소에 달라붙어 활성 부위로 옮겨졌다. 1708년부터 항해했던 50개의 대포가 실린 프랑스의 선박 이름을 딴 효소였다.

아르고너트 단백질은 강력한 대포를 장착한 군함처럼 표적을 찾아 돌아다니기 때문에 이 이름이 딱 알맞았다. 이 단백질의 경우 RNA 가닥으로 표적을 탐색할 수 있다. 그 표적은 '안내 가닥'이라 불리는 가닥 중 하나와 상보적인 서열을 가진 mRNA이다. 이후 아르고너트에 실리면 '탑승자'라는 또 다른 siRNA 가닥이 방출되면서, 이제 표적 mRNA에 상보적인 서열을 가진, 염기쌍 결합을 할 수 있는 단일 안내 가닥만이 남겨진다. 그러면 대포가 작동할 차례다. 아르고너트 단백질은 효소라서 siRNA 한 가닥에 염기쌍 짝짓기로 무력하게 고정된 표적 mRNA를 절단해 비활성화할 수 있다. 이것은 마치

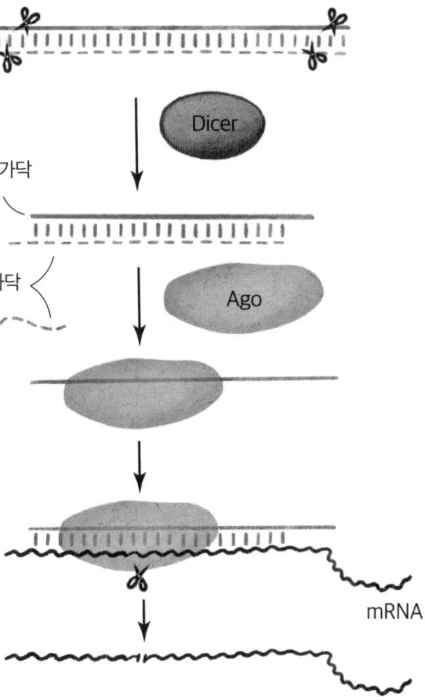

RNA 간섭

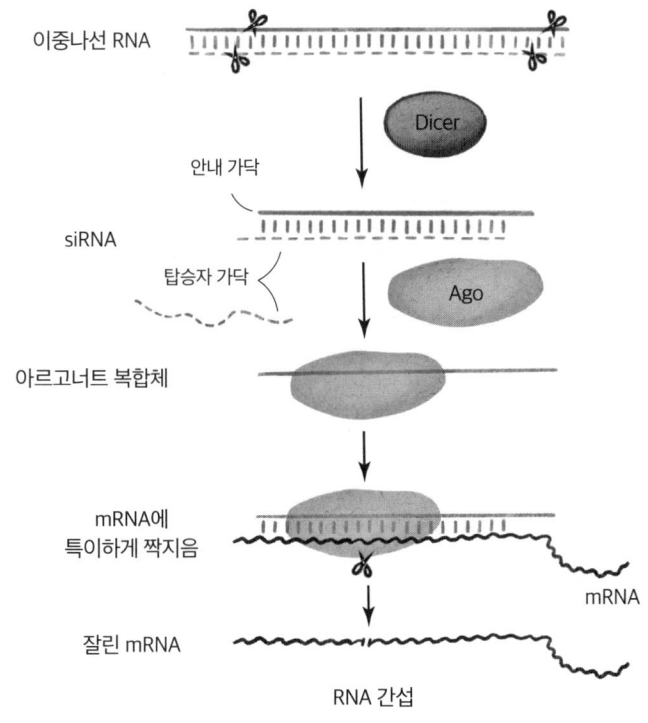

RNA 간섭은 긴 이중가닥 RNA에서 시작한다. 이 이중가닥 RNA는 세포 효소인 Dicer에 의해 절단되어 대부분 염기쌍 짝을 지은 23개의 뉴클레오티드로 이뤄진 siRNA를 제공한다. 이것이 아르고너트 단백질(Ago라는 약자로 표기된)과 결합하면 두 가닥 중 하나(탑승자 가닥)가 튀어나오고, 다른 하나(안내 가닥)는 Ago와 함께 돌아다니며 일치하는 mRNA 서열에 결합한다. 결합이 일어나면 Ago 효소는 mRNA를 절단해 비활성화한다.

siRNA가 미사일 유도 시스템이 되어 아르고너트 탄두를 타격 장소로 향하게 하는 과정과 같다.

아마도 Dicer와 아르고너트가 연구자들이 이중가닥 RNA를 주입하기만을 기다리며 선충의 몸 안에 둥둥 떠다니지는 않을 것이다. RNA 간섭(세포 내에서 특정 유전자의 발현을 억제하는 현상-편집자)은 분명히 정상적인 생물학적 기능을 가졌을 것이다. 하지만 어떤 기능이었을까? 곧 밝혀지겠지만, 답은 이미 나와 있었다. 단지 그것을 연결하기만 하면 되는 문제였다. 1993년 이래로 하버드 대학교의 발달 생물학자 빅터 암브로스Victor Ambros와 매사추세츠 종합병원의 유전학자 게리 루브쿤Gary Ruvkun은 마이크로 RNA라 불리는 극히 작은 선충 RNA를 발견했는데,[9] 이것은 배아에서 성체로 자라는 발달 단계에서 다양한 단백질의 생산을 차단하는 중요한 기능을 했다. 이 자연적인 마이크로 RNA는 처음에 긴 RNA로 만들어졌다가 내부적으로 염기쌍 결합을 하면서 접혀 긴 이중가닥 RNA를 만든다. 마치 tRNA 클로버잎이 접히는 원리와 같다. 이후 Dicer에 의해 잘린 다음 아르고너트에 실려 정상적인 mRNA의 활동을 억제하는 목적으로 쓰인다. 이는 선충이 인공적으로 주입된 siRNA를 이용하는 데 필요한 세포 장치를 이미 갖추고 있었음을 잘 설명해준다.

자연은 복잡한 단백질을 만드는 시스템을 진화시키느라 열심히 달려왔는데, 어째서 그 모든 수고를 원점으로 되돌리는 마이크로 RNA나 RNA 간섭이 필요할까? 유기체가 배아에서 성체로 자라나려면 뇌, 내장, 피부, 생식기 같은 여러 기관을 만들어야 한다. 서로 다른 발달 프로그램을 작동시키려면, 새로운 유형의 단백질을 만드는 것만으로는 충분하지 않다. 동시에 오래된 단백질을 만드는 것을 중단해야 한다. 이것이 마이크로 RNA가 자연의 도구상자에 추가된 이유다. 특정 mRNA의 번역 과정을 조절하는 기능이 있기 때문이다.

각각의 마이크로 RNA는 하나의 mRNA뿐만 아니라 관련된 mRNA 전체를 찾아내 억제한다. 그 결과 엄청나게 복잡다단한 조절 네트워크가 만들어진다. 유전자 대신 뉴욕시 이스트강을 건너는 교통 흐름을 억제하려면 어떻게 해야 할지 한번 생각해보자. 맨해튼에 이르려면 그 유명한 브루클린 다리를 포함해 여러 개의 다리를 건너면 되는데, 이것은 배아 세포가 뇌 세포가 되기 전 활성이 떨어져야 하는 여러 유전자와 비슷하다. 맨해튼에서 일어나는 사건들, 예컨대 도로 보수나 교통사고, 갑작스러운 눈보라는 다리 위를 지나는 차량의 통행을 억제할 수 있다. 이런 사건들은 유전자의 활성에 영향을 주는 마이크로 RNA의 활동과 비슷하다. 각각의 다리는 다리의 위치를 비롯한 여러 요인에 따라, 이런 사건들에 의해 각기 다른 정도로 영향을 받는다. 이 효과들은 더하면 더할수록 커진다. 예컨대 멈춰선 트럭에 더해 급작스러운 눈보라가 닥치면 정말로 모든 교통 흐름이 멈추고 만다. RNA 간섭도 마찬가지다. 마이크로 RNA 결합 부위의 수, 그리고 마이크로 RNA 분자의 수가 mRNA가 단백질이 되는 번역 과정을 정밀하게 억제한다.

이 모든 것이 흥미롭고 획기적인 연구처럼 들릴지 모르지만, 1990년대 후반까지만 해도 그 대상은 대부분 선충에 국한되어 있었다. 유전자를 차단하기 위해 siRNA를 사용하는 방식을 의학적으로 이용하기 위해서는, 먼저 동일한 마법이 더욱 복잡한 유기체, 특히 인간에게 효과가 있는지 확인해야 했다.

선충을 넘어서

톰 투슬Tom Tuschl이야말로 이 상황에 적합한 사람이었다. 투슬은 RNA 간섭이 가진 가능성을 현실로 구현하여 인류의 생명을 구하는 데 기여할 만큼 재능 있고 헌신적인 과학자였다. 우리가 만난 것은 1989년이었는데, 당시 그는 바이에른의 레겐스부르크 대학교에 다니다가 교환학생으로 내 연구실에 와서 일하게 되었다. 당시에도 근면하고 지적인 학생이었지만, 나는 아직 투슬이 나중에 발견하게 될 것들이 얼마나 중요한지 아직 짐작도 하지 못했다. 1999년에 그는 MIT에 있는 필 샤프의 실험실에서 RNA 간섭에 관한 연구를 하는 중이었다. 이들은 siRNA가 표적 mRNA를 어떤 미묘한 작용에 의해서가 아니라 매우 직접적으로, 즉 그것을 댕강 잘라내는 방식으로 억제한다는 사실을 처음으로 보여주었다.[10]

톰은 이후 독일로 돌아가 RNA 간섭을 통해 신약을 개발할 기반을 마련하는 중요한 발견을 재빨리 해냈다. 그에게 한 가지 중요한 질문은 인체에 마이크로 RNA가 과연 존재하는지에 관한 것이었다. 만약 마이크로 RNA가 존재한다면 아르고너트 절단 단백질을 포함해 그것을 이용하는 장치 역시 존재해야 한다. 이게 사실이라면, 이중가닥 RNA를 주입하는 방식으로 이 장치들을 조종해서 질병을 일으키는 mRNA를 억제하는 강력한 신약을 개발할 수 있을지도 모른다.

하지만 그보다 먼저 과학자들은 마이크로 RNA가 선충 외의 다른 생명체에서 작동한다는 사실을 확인해야 했다. 이 작업을 위해 톰은 다양한 종에 걸쳐 수집한 RNA를 모두 정제한 다음, 겔 전기영동을 이용해 RNA를 크기별로 분리했다. 아트 자우그가 테트라히메나 리보자임을 연구할 때 우리 연구실에서 했던 작업과 동일했다. 톰은 더 큰 리보솜 RNA, mRNA, tRNA는 남겨둔 채 아주 작은 RNA(약 21~23염기쌍 정도 크기의)가 들어 있는 겔의 일부를 면도날로 잘라냈다. 결국 톰은 초파리, 물고기, 쥐를 비롯해 가장 중요한 인간 세포에서 이전에 간과되었던 수십 개의 마이크로 RNA를 발견하는 데 성공했다.[11] 자연은 광범위한 생물종들에서 RNAi를 이용해 유전자를 억제하고 있음이 분명해졌다.

이 마이크로 RNA들 각각이 게놈에 암호화되어 있고 인간 게놈 서열의 발표가 예정보다 1년 전인 2000년에 이루어졌던 것을 감안하면, 이 모든 마이크로 RNA들은 그동안 어떻게 발견되지 않고 숨어 있었던 걸까? 일상생활에서 우리는 잃어버린 자동차 열쇠를 가로등 아래에서부터 찾기 시작하는데, 그 이유는 그곳이 가장 밝기 때문이다. 과학도 크게 다르지 않다. 대부분의 과학적 역량은 단백질을 암호화하는 유전자를 연구하는 데 쓰인다. 이 단백질 암호화 서열이 인간 게놈 전체에서 2퍼센트밖에 되지 않는데도 말이다.[12] 단백질 암호화 섬들 주위로 진정한 DNA 바다가 있는 것이다. 그런 상황에서 마이크로 RNA 유전자의 작은 얼룩은 간과하기 쉬웠다.

이윽고 500여 개나 되는 인간 마이크로 RNA가 발견되었다. 이들은 여러 필수적인 생명 현상에 관여한다는 것이 밝혀졌다. 예를 들어 팔과 다리의 발달, 심장 근육의 형성, 면역세포를 비롯한 혈구 세포의 생산, 태반의 발달과 임신[13] 등에 관여했다. 마이크로 RNA를 교란하면 여러 질병이 발생한다. 예컨대 암세포들은 대개 마이크로 RNA 수준을 낮춰 종양의 성장을 촉진하는 유전자를 활성화한다. 다시 말해, 어떤 마이크로 RNA는 정상 세포에서 세포 분열을 촉진하는 유전자를 억제하는데, 암세포는 이러한 마이크로 RNA를 적게 만들어서 무분별하게 세포 증식을 하게 한다.[14]

그런데 RNA 간섭에 변화가 일어나 질병이 일어난다면, 반대로 질병을 억제할 수도 있지 않을까?

오리온자리의 안내별

인체에서 마이크로 RNA를 발견한 바로 그해, 톰 투슬은 유전자 발현을 차단하는 데는 약 21개 염기쌍 길이의 이중가닥 RNA만 있으면 된다는 사실도 발견했다. 즉 앤디 파이어와 크레이그 멜로의 연구에 대해 처음 들었을 때부터 과학자들이 해왔던 것처럼, 수백 염기쌍 길이의 이중가닥 RNA 분자로 세포를 처리한 다음 Dicer로 RNA 분자를 적당한 크기로 자를 필요가 없었다. 대신 짧은 이중가닥 RNA를 직접 넣어주기만 하면 되는 거였다. 결정적으로 톰이 화학 합성을 통해 이러한 RNA를 만들 수 있었던 것은 핵산을 연구하는 선구적인 화학자였던 괴팅겐의 프리츠 에크슈타인Fritz Eckstein 밑에서 공부했기 때문이다. 그리고 siRNA를 화학적으로 합성할 수 있다면 그것은 의약품과 크게 다를 바 없다. 톰은 RNA를 변모시켜 해로운 유전자에서 발생하는 mRNA를 표적으로 삼는 치료제로 활용하는 과학적인 토대를 마련했다.[15]

2002년 톰 투슬, 필 샤프, 그리고 이전에 샤프와 같은 연구실에서 근무했던 동료 데이브 바텔Dave Bartel과 필 자모어Phil Zamore는 앨라일람 파마슈티컬스라는 회사를 설립했다. 앨라일람('알닐람'이라고도 함)은 오리온성운에 있는 밝은 별이다. 창립자들은 북극성이 북쪽을 가리키는 것처럼 오리온자리에 있는 이 별이 회사를 완전히 새로운 급의 제약회사로 끌어올리기를 바랐다.

siRNA가 잠재적인 치료제로서 매력적인 이유가 무엇일까? 그게 무엇이든 약물을 개발하려면 다음과 같은 꽤 많은 질문에 답해야 한다. 그 약은 다른 정상적인 과정에 영향을 끼치지 않고 표적에 얼마나 특이적으로 영향을 미치는가? 약의 부작용은 무엇이고, 그것은 용인할 수 있는 부작용인가? 효과적인 복용량은 어느 정도인가? 또 얼마나 자주 복용해야 하는가? 전통적인 약품은 작은 유기 분자다. 예컨대 우리가 통증을 느낄 때 복용하는 아스피린이나 콜레스테롤 수치를 낮추고자 복용하는 아토르바스타틴(리피토정)이 그렇다. 이러한 약의 경우 안전성과 효능에 관한 질문에 전부 답하는 것은 비용이 많이 드는 기나긴 연구 개발 프로젝트로, 모든 새로운 분자에 대해 하나하나 다시 질문을 던져야 한다. 그래서 이 모든 장애물을 넘기 전에 신약 개발이 실패로 돌아갈 가능성이 꽤 높다. 이론적으로는, siRNA가 이 과정을 훨씬 더 간편화할 수 있다. 물론 처음 도입하기까지는 많은 과제가 산적해 있다. 예컨대 siRNA를 안정화하고, 그것을 필요로 하는 인체 조직에 전달하는 방법을 알아내고, 그것이 안전하고 효과적인지 확실히 하는 것 등의 과제가 있다. 하지만 일단 이런 문제들이 해결되어 한 번 siRNA를 적용할 수 있게 되면, 새로운 질병 치료제를 만드는 것은 훨씬 간단하다. 새로운 mRNA와 상보적인 염기쌍을 형성하도록 siRNA에서 A, U, G, C 염기의 순서를 바꾸기만 하면 되기 때문이다. 안정성, 전달, 안전 문제는 상당 부분 이미 '사전 승인'되었을 것이다.

앨라일람은 희귀 질환을 공략하기로 결정했다. 미국에서는 희귀 질환을 20만 명 미만의 환자에게 영향을 끼치는 질병으로 정의한다. 이런 질환은 '고아 질병'이라고도 불린다. 제약회사들이 약을 개발하고 인체를 대상으로 임상실험을 실시하기 위해 수십억 달러를 들일 가치가 있을 만큼 환자 수가 많지 않기 때문이다. 하지만 전부 합쳐놓고 보면, 고아 질병은 의학적 수요가 엄청나게 크다. 3,000가지 이상의 유전 질환이 단일 유전자의 돌연변이에 의해 발생하는 것으로 밝혀졌으며,[16] 미국에서만 약 2,500만 명이 그중 하나를 앓고 있다. 물론 3,000가지의 고아 질병에 대해 각각 3,000가지의 서로 다른 약물을 개발하는 것은 비현실적이다. 하지만 하나의 siRNA 약물을 개발한 다음 3,000개의 목표물에 맞게 그 서열을 바꿀 수는 없을까? 모든 고아에게 집을 선물할 수는 없을까?

siRNA가 효과적인 약으로 탈바꿈하는 과정에서 앨라일람 연구팀이 직면한 첫 번째 과제는 질병에 영향을 받는 세포에 약물을 전달하는 방식이었다. RNA는 그 자체로 좋은 약이라기에는 너무 불안정하다. RNA는 모든 인체 조직에 풍부하게 존재하는 리보뉴클레아제에 의해 손쉽게 분해된다. 리보뉴클레아제는 우리가 먹는 음식 속의 RNA를 분해하거나 세포의 유전자 발현 패턴을 달라지게 하는 역할을 한다. 게다가 RNA는 세포가 원치 않는 외부 침입자로부터 자신을 보호하는 세포막을 통과할 수 없다. 그래서 앨라일람의 과학자들은 RNA 바이러스가 항상 사용하는 기술을 차용했다. RNA를 지질막에 싸서 인간 세포막에 녹이는 식으로 RNA를 안에 들여보내는 것이다. 이렇게 포장하면 리보뉴클레아제로부터 RNA를 보호할 수도 있다.

캡슐에 싸인 siRNA에 대한 첫 번째 임상시험에서 앨라일람은 유전성 ATTR, 즉 트랜스티레틴TTR에 의해 매개되는 아밀로이드증이라는 질병을 목표로 삼았다. 간에서 만들어지는 TTR 단백질은 원래 갑상선 호르몬이나 비타민 A를 비롯한 분자들이 정상적인 수준을 유지하도록 돕는 수송체 역할을 한다.[17] 하지만 질환이 있다면 정상적인 단백질이 어떻게 행동하는지보다는 돌연변이 단백질이 어떻게 잘못 행동하는지가 더 중요한 법이다. TTR 유전자의 유전성 돌연변이는 TTR 단백질이 잘못 접혀 신경이나 심장에 섬유질로 축적되게 한다. 우리가 대부분 이 병에 대해 처음 듣는 이유는, 이 질병이 전 세계적으로 환자 수가 약 5만 명일 만큼 희귀병이기 때문이다. 하지만 그 5만 명에게 이 병은 재앙이다. 이들은 심장병이나 신경학적인 문제들로 고통받고, 종종 걷는 데 어려움을 겪기도 한다. 그리고 보통 진단 후 약 10년 이내에 사망에 이른다.

앨라일람의 siRNA 약물은 TTR mRNA가 만들어지는 간에 축적되어 돌연변이 TTR 단백질이 만들어지지 못하도록 막는다.[18] 2018

년 siRNA의 임상시험이 완료되었고 결과는 좋았다. 약을 두여받은 ATTR 환자들은 안정화되어 보행 능력이 향상되었지만, 위약을 투여받은 대조군 환자들은 계속 악화되었다.[19]

하지만 약물을 개발하다 보면, 종종 한 가지 문제를 해결하고 나서 또 다른 문제가 발생하곤 한다. siRNA 치료제의 경우 나노입자로 감싼 약물을 한 달에 한 번 정맥주사IV로 전달해야 했기 때문에, 팔에 꽂힌 바늘을 통해 약이 천천히 떨어지는 동안 환자들은 병원이나 주사실에 가서 한 시간 동안 앉아 있어야 했다. 이 과정은 비용이 많이 들고 지루하며 고통스러울 때도 많았다. 앨라일람의 과학자들은 정맥주사를 피하고자 연구한 끝에 이중가닥 RNA를 조금 조작해 피하주사로 siRNA를 전달하는 방법을 발견했다. 이들은 간세포 표면의 수용체가 잡을 수 있는 일종의 '손잡이'를 추가했다. 간세포에만 특이적으로 작용하는 것임에도, 이 siRNA는 정맥주사가 아니라 백신처럼 팔에 빠르게 맞는 방식으로 투여할 수 있게 되었다.

앨라일람의 과학자들이 바라던 대로, ATTR에 대한 siRNA 치료법이 발전하면서 이후 질병 치료가 훨씬 수월해졌다. 2018년에서 2023년 사이에 이들은 희귀하며 몸이 매우 쇠약해지는 질병을 다루는 4종류의 간 치료법에 대해 FDA로부터 승인을 받았다. 비록 첫 번째 치료법을 개발하는 데 16년이 걸렸지만, 이후로는 매년 평균 한 가지씩 개발하기에 이르렀다. 물론 단일 유전자 관련 질병이 3,000가지인 것을 생각하면 아직 갈 길이 멀지만 말이다.

증가하는 위협

앨라일람은 희귀 유전 질환에 대한 siRNA 치료법이 실행 가능하다는 사실을 입증했다. 하지만 무척 흔하고 파괴적인 질병은 어떨까? 의학이 발전하면서 전염병으로 사망하는 사람의 수는 점점 줄어들고 있다. 심지어 암 사망률도 마찬가지여서, 2001년부터 2020년까지 미국에서 암 사망자 수는 인구 10만 명당 197명에서 144명으로 4분의 1 넘게 감소했다.[20] 그렇지만 사람들이 오래 살게 되면서 알츠하이머나 파킨슨병,[21] 근위축성 측삭경화증ALS 같은 끔찍한 신경 퇴행성 질환을 앓게 될 가능성도 한층 커졌다. 알츠하이머와 파킨슨병으로 인한 사망률은 빠르게 증가해서 지난 20년에 걸쳐 암 사망률이 감소하는 동안 이 두 가지 병의 사망률은 2배 넘게 늘었다.[22] ALS도 비슷한 추세로 사망률이 늘고 있다.[23] 이러한 질병들은 환자들을 쇠약하게 만들 뿐만 아니라 한 가정을 파괴한다. 사랑하는 가족이 몰라볼 정도로 변해버리면, 남은 가족은 분노와 두려움, 슬픔에 사로잡히게 된다.

이 모든 질병에는 RNA가 직접적으로 관련되어 있다. 그렇다면 siRNA 기술의 일부 버전을 신경 퇴행성 질환에 대항하는 데 사용할 수 있을까? ALS를 예로 들어보자. ALS는 이 병을 앓았던 야구 선수의 이름을 따서 루게릭병이라고도 한다. ALS는 겉으로 보기에 건강해 보이는 사람에게서 갑자기 발생한 뒤 빠르게 진행하며 운동 뉴런을 공격하기 때문에 특히 파괴적인 병이다. 나는 그동안 친구나 동료 지인들 가운데서 이 병을 두 번 목격했다. 열심히 일하며 삶의 정점에 있던 이들은, 점차 먹고 말하거나 걷지 못하다가 마침내 숨도 쉬지 못하게 되었다. 한 사람은 처음 증상이 나타난 지 5년 뒤에 사망했고, 다른 한 사람은 고작 1년 뒤에 사망했다.

비록 ALS의 사례들이 상당수 예측 불가능해서 가족력 없는 사람들에게서 발생하곤 하지만, 가족력이 있는 환자들도 존재한다. 가족력이 있는 사례를 연구하면 이 병의 유전적 원인을 규명할 수 있어 생물 의학자들의 큰 관심을 끌고 있다. ALS의 가장 흔한 유전적 원인은 전문용어로 C9orf72라고 불리는 유전자다.[24] 정상적인 사람의 몸에서 이 유전자는 보통 GGGCC라는 특정한 유전 서열이 몇 번 반복된다. 하지만 ALS 환자의 경우 DNA 복제의 실수로 이 반복 서열이 엄청나게 늘어나 GGGCC가 수천 번은 반복된다. 그런 다음 이 이상하고 불안정한 DNA가 RNA로 전사되면서 반복 서열은 보존된다. 과학자들은 여전히 이 부자연스러운 RNA에 의해 야기되는 모든 문제를 알아내고자 애쓰는 중이다. 그중 과학자들의 주요 관심사는 이 결함 있는 RNA가 적절한 RNA 스플라이싱에 필요한 단백질(hnRNP H라 불리는 단백질을 포함해)들을 끌어당기고 붙잡는 방식이다. 이러한 RNA 스플라이싱 단백질들이 RNA 반복 서열에 지나치게 많이 달라붙기 때문에 정상적인 일을 하지 못하는 데다, 뉴런에 중요한 대체 스플라이싱 패턴도 교란된다.[25] 결국 그 뉴런들이 죽으면서 환자의 몸은 중추 신경계에서 말초 근육으로 신호를 전달하는 능력을 잃는다.

언젠가 과학자들이 RNAi 치료법으로 ALS에 기여하는 병원성 RNA를 잘라내 병의 진행을 중단시키거나 애초에 병이 생기지 않게 막을 수 있는 날이 올까? 확실히 아직은 이론적으로만 가능하다.

예컨대 siRNA를 운동 뉴런에 전달하는 것은 간으로 전달하는 것보다 훨씬 더 큰 도전이 될 것이다. 혈류에 약물을 넣으면 간과 같은 장기에 접근할 수 있다. 하지만 뇌에 도달하는 것은 더 까다로운 문제다. 그것은 독소를 비롯한 해로운 물질이 뇌 조직에 접근하지 못하도록 진화한, 빽빽하게 들어찬 세포들의 벽인 '혈액-뇌 장벽'이라는 자연 방어 시스템 때문이다. 이 장벽은 RNA를 기반으로 한 약물이 뇌에 도달하기 전에 거른다. 그렇기에 RNA 약물은 예컨대 척추 속 척수를 감싸는 액체에 주입하는 식으로 더 침습적이고 비용이 많이 드는 다른 방법을 통해 전달되어야 한다. 게다가 병원성 RNA를 잘게 자른다고 해도 정상적인 유전자 기능이 회복되지 않으므로 siRNA 요법이 병을 완전히 치료하지 못할 가능성도 있다. 하지만 이 기술의 과학적 잠재력과 의학적 필요성이 점차 증가하는 상황에서 연구자들은 뇌에 siRNA 요법을 시행하는 방식을 포기하지 않고 있다. ALS를 비롯한 여타 신경 퇴행성 질환과의 싸움에서 우리는 가능한 모든 화력을 동원해야 한다.

알츠하이머성 치매는 siRNA로 치료할 가능성이 있는 또 다른 끔찍한 신경 퇴행성 질환이다. 2021년 한 해 동안 미국에서만 600만 명 이상이 알츠하이머병을 앓았으며, 인구가 고령화되면서 이 숫자는 매년 증가하는 추세다. 알츠하이머병 환자의 뇌에는 '아밀로이드 플라크(Amyloid plaque, 아밀로이드판)'와 '타우 엉킴'이라 불리는 두 종류의 단백질 응집체가 축적되어 적절한 뉴런 기능을 억제한다. 첫 번째 경우에는 아밀로이드 전구체 단백질이 뇌 효소에 의해 절단되어 베타 아밀로이드라는 단백질 부산물이 생성된다. 이 물질은 치아 사이에 플라크가 생기는 것과 비슷한 방식으로 뉴런 사이에 축적된다. 두 번째 경우에는 타우라는 단백질이 뉴런 주변이 아닌 내부에 축적되어 엉키면서 수용체가 엉망이 된다. 이때 모든 인체 단백질이 그렇듯 아밀로이드 전구체 단백질과 타우 또한 각각의 합성을 지시하는 mRNA에 의해 암호화된다. 따라서 이 mRNA 중 하나 또는 둘을 모두 절단해 해당 단백질의 양을 줄일 수 있는 siRNA는 치료에 효과가 있으리라 여겨진다.

2022년 앨라일람은 코로나19 항체 치료제로 가장 잘 알려진 생명공학 기업 리제네론과 협력해 알츠하이머병에 대항하는 새로운 프로그램을 발표했다. 좀 더 구체적으로 말하면, 이들은 아밀로이드 전구체 단백질의 mRNA를 표적으로 하는 siRNA를 개발하는 중이다. 연구자들은 이 단백질의 농도를 낮추면 그에 따라 베타 아밀로이드 플라크의 형성이 줄어들 것이라 기대한다. 이전에 간을 표적으로 하는 siRNA의 '손잡이'를 새로운 손잡이로 교체하는 방식으로, 이들은 이미 쥐의 중추 신경계에서 아밀로이드 전구체 단백질을 안전하고 효과적으로 줄인 적이 있다.[26]

물론 어떤 치료법이 쥐에게 효과가 있음을 증명한 단계에서 인체에 적용할 효과적인 치료법을 확립하기까지는 지난한 과정이 따르고, 중간에 많은 함정이 도사리고 있다. 하지만 우리는 모두 과학자들이 최선을 다하기를 바란다. 우리가 이런 질환에 걸릴 위험성이 무척 크기 때문이다. 신경 퇴행성 질환을 치료하는 것은 오늘날 인류가 아직 달성하지 못한 가장 어려운 의학적 과제임이 분명하다.

• • •

치료용 siRNA는 작은 선충에서 나왔다. 이것은 분명 놀라운 이야기이기는 하지만 그렇게 특이한 사연은 아니다. 의학적 응용을 염두에 두지 않은 채 자연이 어떻게 작동하는지 이해하려는 기초 연구에서 생물의학의 가장 큰 돌파구가 나오곤 했다. 앤디 파이어와 크레이그 멜로는 투명하고 작은 선충의 행동을 제어하는 유전자를 연구했으며, 선충에게 효과가 있는 것이 인간을 포함한 다른 다세포 생물에도 적용될 수 있으리라 믿었다. 또한 두 사람은 특정한 유전자 산물이 덜 생산되게 하려고 도구상자를 개선하다가 안티센스 RNA가 유망하다는 사실을 깨달았다. 하지만 창의적인 실험을 수행하면서 숱한 우연이 더해져 두 사람은 결국 챔피언 RNA가 단일가닥이 아닌 이중가닥이라는 사실을 발견했다. 이 극적인 발견은 완전히 새로운 연구 분야와 혁신적인 치료제 개발의 문을 열었다. 인간을 포함한 모든 복잡한 유기체의 몸에서 유전자 경로를 조절하는 마이크로 RNA가 알려지기 시작했다.

이제 우리는 RNA가 오작동할 때 나타나는 몇 가지 손상에 대해 알고 있다. 하지만 신경 퇴행성 질환처럼 좋은 RNA가 나빠지는 사례만 문제가 되는 것은 아니다. 적어도 인간의 관점에서 보면, 일부 RNA는 처음부터 유해한 형태로 존재한다. 곧 살펴보겠지만, 엄청난 팬데믹을 일으키는 바이러스 중 상당수는 전적으로 RNA에 의해 작동된다. 이렇듯 RNA에는 어두운 면이 있지만, 그 작동 방식을 이해해야 우리가 역으로 활용해 싸울 수 있다는 사실을 기억하자.

9장

정확한 기생자와 엉성한 사본들

PRECISE PARASITES, SLOPPY COPIES

1935년 어느 날, 생화학자 웬델 스탠리Wendell Stanley는 뉴저지주 프린스턴에 있는 록펠러 의학연구소의 온실에서 터키담배라는 식물을 돌보느라 여념이 없었다. 묘목이 약 8센티미터까지 자라자 스탠리는 붕대용 거즈를 담배모자이크 바이러스 균주에 담갔다가 잎에 문질렀다. 담배 산업의 골칫거리인 이 바이러스는 감염된 잎에 생기는 타일 모양의 얼룩 때문에 이런 이름을 얻었다. 19세기 후반 과학자들은 생물을 감염시키는 몇몇 물질들은 아주 작아서 박테리아도 걸러내는 필터를 통과한다는 사실을 발견하고, 이 감염원을 바이러스라 명명했다. 그로부터 40년이 지났는데도 과학자들은 바이러스가 어떻게 감염을 일으키는지는 고사하고 무엇으로 이루어졌는지도 전혀 알지 못했다. 바로 이것이 스탠리가 밝히고 싶은 질문들이었다.

스탠리가 담배 바이러스를 식물 잎에 문지르고 3주 뒤, 감염이 한창 진행 중일 때였다. 스탠리는 식물을 자르고 얼린 다음 냉동된 식물을 고기 분쇄기에 밀어 넣었다. 세련되고 정교한 과학 기기는 아니었지만, 효과는 만점이었다. 걸쭉해진 내용물이 녹도록 방치한 다음 즙을 짜내자, 그 안에는 스탠리가 매료된 대상인 바이러스 입자가 가득했다.[1] 이 입자는 전자현미경으로 관찰이 가능했다. 박테리아인 대장균보다 길이가 짧고 훨씬 얇은, 아름다운 작은 막대들이 보였다. 바이러스가 박테리아를 거르는 필터를 통과할 수 있었던 것도 당연했다.

스탠리의 담배모자이크 바이러스 입자는 농도가 매우 높아서 바이러스를 결정화할 수 있을 정도였다.[2] 앞서 제임스 섬너와 그가 연구한 우레아제 단백질 결정에서 볼 수 있듯이 결정화는 순수한 형태의 물질을 얻는 방법으로 인정받는다. 이 결정에는 해당 분자만 포함되고 다른 오염물질은 전부 남는다. 스탠리가 자신이 만든 바이러스 결정의 구성 성분을 분석해보니 그것은 거의 순수한 단백질이었다. 94퍼센트가 단백질이었고 나머지 6퍼센트는 성가신 RNA였다.

스탠리의 발견은 놀랄 만했다. 바이러스는 복제와 돌연변이처럼 생명체 특유의 특성을 가졌지만, 화학적으로는 단순한 단백질로 이루어져 있다. 스탠리가 1946년 단백질에 관한 연구로 노벨 화학상을 받아 기념 강연을 했을 때도• RNA는 각주 한 줄로 밀려나 있었다.

• 스탠리는 우레아제 효소를 결정화해서 '모든 효소는 단백질'이라는 명제를 확립한 제임스 섬너, 그리고 섬너의 결론이 일반적이라는 사실을 보여주는 데 도움을 준 존 노스럽(John Northrop)과 함께 노벨상을 공동으로 수상했다.

하지만 이후 수십 년이 지나면서 이 각주의 중요성은 점점 더 커졌다. 비록 스탠리는 RNA를 그다지 중요하게 여기지 않았지만, 오늘날 우리는 RNA를 자연계에서 가장 무서운 바이러스를 이해하고 그것과 싸우는 핵심 요소로 여긴다.

무임승차자들

바이러스는 자연계에서 불가피하게 생겨나는 존재다. 세포, 유기체, 군집이라는 생물학적인 조직이 갖추어지면, 그 체계를 이용해 이득만 보고 도움은 되지 않는 존재들이 나타난다. 우리는 이것을 기생생물이라고 부른다. 기생 생물이 등장할 수밖에 없는 이유는, 완전한 기능을 지닌 유기체가 되는 것보다 기생 생물이 되는 것이 훨씬 간단하고 쉽기 때문이다. 유기체를 탄생시킬 수 있는 바로 그 화학적 원리와 환경 조건들로 기생 생물도 발생시킬 수 있다.

피할 수 없는 존재인 만큼, 지구상에 존재하는 바이러스의 수는 엄청나게 많다. 바이러스는 1 뒤에 0이 31개나 붙은 수만큼 존재하는데, 이것은 우주 전체에 있는 별의 개수보다 100억 배나 많은 숫자다.[3] 우리에게 다행인 점은 이 바이러스들이 대부분 박테리아만을 감염시키는 파지라는 것이다. 이들의 다양성은 무척 커서 콜로라도 대학교에서 분자생물학을 전공하는 학부생들이 흙이나 지역 쓰레기 매립지, 동물원 사자 우리에서 각자 박테리오파지를 정제했을 때 각각의 파지는 그동안 발견된 적이 없는 종류일 정도였다.

모든 바이러스는 스스로를 복제해야 하고, 감염 주기를 작동시킬 일련의 유전자가 필요하다. 바이러스의 비밀을 풀기 위해 스탠리를 비롯한 과학자들이 답해야 했던 질문은 그 유전 정보가 어떻게 저장되는가 하는 것이었다. 그 정보는 정말로 단백질에 담겨 있었을까? 스탠리가 노벨상을 수상한 것이[4] 1946년으로, 뉴욕에 있는 록펠러 연구소의 오스월드 에이버리Oswald Avery가 폐렴을 일으키는 박테리아 유전자를 구성하는 '형질 전환 물질'이 DNA라고 발표한 지 2년 뒤다. 하지만 스탠리는 유전 물질이 핵산이 아니라 좀 더 복잡한 단백질 분자에 존재할지도 모른다는 생각을 여전히 버리지 못했다. 노벨상 수상 강연에서 스탠리는 이 문제를 다루지 않았다. 그는 결코 바이러스의 유전 물질이 가진 화학적 성질에 배팅하지 않았다. 확실히 바이러스 대부분을 구성하는 성분이자 스탠리가 노벨상을 거머쥐게 해준 단백질이 그 답일까? 아니면 상대적으로 적은 양의 핵산일까?

어쨌든 스탠리는 RNA를 과소평가했다. 우리가 지금까지 살펴봤듯이, 누구도 RNA를 과소평가해서는 **절대** 안 된다. 그래도 스탠리는 1948년에 캘리포니아 대학교 버클리 캠퍼스로 옮겨 바이러스 연구소에 새로운 연구팀을 모집할 때, RNA에 마땅한 관심을 기울였던 누군가를 고용한다.

하인츠 프라엔켈-콘라트Heinz Fraenkel-Contat가 버클리에 도착하기까지의 여정은 결코 순탄치 않았다. 오늘날 폴란드에 속한 유서 깊은 도시 브로츠와프에서 태어난 그는 1933년에 그곳에서 의학 학위를 취득했다. 그러다 독일에서 나치즘이 부상하는 것을 본 하인츠는 현명하게도 박사과정을 밟기 위해 에든버러로 이사했고, 이후 미국으로 이민 갔다. 하인츠의 매형인 생화학자 칼 슬로타Karl Slotta 역시 폴란드에서 브라질의 상파울루로 이민을 갔고, 그곳에서 나중에 경구 피임약의 성분이 되는 호르몬 프로게스테론에 관한 연구를 이어갔다. 하인츠는 브라질에 사는 슬로타를 방문해 그곳에서 머물렀다. 두 사람은 남아메리카 방울뱀의 독을 연구해 최초로 신경독을 정제하기도 했다. 이후 1952년에 스탠리는 이제 막 문을 연 버클리의 바이러스 연구소로 하인츠를 데려왔다.

버클리에서 하인츠는 담배모자이크 바이러스TMV에 소량으로 존재하는 RNA에 흥미를 느꼈다. 그는 독일 과학자 두 명의 발견을 토대로 연구를 이어갔다. 1956년에 담뱃잎을 긁어 정제된 이 바이러스의 RNA를 안에 주입하면 TMV 감염을 일으킨다는 것을 보여준 과학자들이었다.[5] 이때 단백질은 필요 없어 보였다. 단지 잎에 흠집을 내는 것만으로 RNA가 안에 들어가는 데 충분했다. 이것은 사실상 RNA가 TMV의 유전 물질임을 뒷받침하는 강력한 결과였다. 감지할 수 없는 TMV 단백질 조각이 RNA에 딸려 들어가 감염을 일으켰을 수도 있지만 말이다.

하이츠는 바이러스 RNA가 TMV의 유전 물질이라는 가설을 확실하게 시험하기 위해, 식물 전체를 감염시키지 않고 잎 일부만 얼룩 모양으로 감염시키는 TMV 중 약한 균주에서 RNA를 정제했다. 그런 다음 하이츠는 이 RNA를 강한 TMV 균주의 단백질과 섞어서 새로운 바이러스를 만들었다. 이 바이러스를 식물 잎에 긁어주면 작은 얼룩으로 감염되는 결과를 보였다. 반대로 강한 균주의 RNA와 약한 균주의 단백질을 혼합하면, 강한 균주가 승리했다. 단백질이 아닌 RNA에 의해 감염이 결정되었다는 것은 RNA가 바이러스의 유전 물질임을 보여주는 결과였다.[6]

누가 DNA를 필요로 하는가?

바이러스는 크게 두 종류로 나뉜다. 수두나 천연두를 일으키는 몇몇 바이러스는 동식물을 비롯한 지구상의 모든 생물과 마찬가지로 DNA에 자신의 유전 물질을 암호화한다. 하지만 최악의 바이러스 가운데 상당수는 DNA를 전혀 신경 쓰지 않고 RNA로만 유전자를 구성한다. 담배모자이크병처럼 식물에 병을 일으키는 바이러스뿐만 아니라 인플루엔자, 홍역, 유행성이하선염, 소아마비, 지카열, 에볼라, 코로나19처럼 사람에게 병을 일으키는 바이러스들이 이러한 RNA 바이러스에 속한다.

RNA 바이러스는 DNA 없이도 살아갈 수 있다. 하지만 그 반대의 경우는 참이 아니다. DNA 바이러스는 여전히 RNA를 필요로 한다. DNA 바이러스는 더 복잡한 유기체와 마찬가지로 자기 DNA를 mRNA로 전사하고, 이 mRNA는 바이러스의 단백질을 암호화한다. 이런 이유로 RNA는 모든 바이러스의 공통 분모가 된다.

RNA 바이러스는 얼마나 오래되었을까? 우리는 이미 지구상에 등장한 최초의 자가 복제 시스템이 RNA로 이루어졌을 가능성에 대해 살펴보았다. RNA는 정보를 제공하는 분자이면서 동시에 정보를 복제하는 생체 촉매일 수 있기 때문이다. 이것이 바로 생명의 기원에 관한 'RNA 세계 가설'이다. 나는 최초의 RNA 자가 복제 시스템이 시작된 지 하루 정도 지난 후, 기생 RNA의 작은 조각이 이미 히치하이킹을 하기 위해 출격했다고 장담한다. 이 RNA는 숙주에 복제되면서도 숙주에 아무런 도움도 되지 않았을 것이다. 그리고 지구상에 새로운 유기체가 생길 때마다 얼마 지나지 않아 그 유기체를 감염시킬 바이러스가 등장했을 것이다. 인수공통 전염병에서 볼 수 있듯이, 바이러스가 돌연변이를 일으켜 숙주의 범위를 바꿀 수 있다는 사실은, 잠재적인 새로운 바이러스가 항상 대량으로 존재함을 의미한다.

수백만 년의 진화 과정에서 모든 DNA 바이러스는 동일한 장애물들을 극복해야 했다. 예컨대 숙주 세포에 침투하는 방법, 필요한 단백질을 만드는 방법, RNA 유전체를 복제하는 방법, 스스로를 포장해 감염성을 지닌 자손을 만드는 방법을 알아내야 했다. 그리고 바이러스마다 이러한 문제를 해결하는 방법이 달랐다. 예를 들어 SARS-CoV-2의 경우 바이러스의 특징인 스파이크 단백질을 진화시켰는데, 이 단백질은 전원 플러그가 소켓에 끼워지는 것처럼 인체의 코와 폐에 있는 세포 표면의 ACE2라는 수용체에 들어맞는다. 일단 바이러스가 세포 표면에 붙으면 세포의 방어망을 몰래 통과해야 한다. 그렇게 어렵지 않은 일이다. 바이러스는 지질 외피로 덮여 있는데, 이는 숙주 세포의 지질 외피와 비슷하므로 둘은 간단히 융합된다. 이것은 치킨 누들 수프의 국물 표면과 같다. 표면에는 평평한 지방 섬들이 떠 있고, 이 지방 섬들 가운데 둘이 서로 만나면 융합해서 하나의 더 큰 섬을 형성한다. 이제 바이러스는 숙주 세포 안으로 들어가 마음껏 안을 휘저을 수 있다.

스스로 복제하기

그렇다면 RNA 바이러스는 어떻게 RNA 유전체를 복제할까? 그것은 바이러스의 종류에 따라 다르다. RNA 바이러스에는 크게 두 가지 종류가 있다. SARS-CoV-2 같은 소위 양성(+)가닥 바이러스와 인플루엔자 바이러스 같은 음성(-)가닥 바이러스가 그것이다. (+)가닥 바이러스는 먼저 (-)가닥을 복제한 다음, 그것을 이용해 더 많은 감염성 (+)가닥을 만든다. 정원용 땅의 인형 석고상을 만드는 과정을 다시 떠올려 보라. 먼저 석고상을 역으로 복제한 거푸집을 만든 다음, 석고를 거푸집에 부어 원래 석고상의 복제품을 원하는 만큼 주조한다. (+)가닥 바이러스도 마찬가지다. 상보성 (-)가닥이 합성되고 나면, 그것을 계속 반복해서 이용해 (+)가닥을 만들 수 있다. (+)가닥 RNA 바이러스의 또 다른 주요 특징은, 세포를 감염시키는 바이러스 RNA가 mRNA 역할도 한다는 것이다. 이 mRNA가 숙주의 세포질에 들어가면 리보솜을 발견하고, 리보솜은 뭔가 잘못됐다는 사실을 인지하지도 못한 채 바이러스가 감염 주기를 도는 데 필요한 자기 단백질을 만드는 데 이용된다. 이 단백질에는 바이러스 RNA를 복제하는 바이러스 RNA 중합효소가 포함된다. 캡시드 단백질과 새로 만든 입자를 코팅해 바이러스가 감염되도록 하는 스파이크 단백질도 있다.

담배모자이크 바이러스도 이 양성가닥 클럽에 속한다. 그 밖에 사람에게 감염되는 (+)가닥 RNA 바이러스로는 소아마비 바이러스, 뎅기 바이러스, A형 간염과 C형 간염 바이러스, 감기를 일으키는 리노바이러스가 있다. 풍진 또한 (+)가닥 RNA 바이러스가 원인인데, 홍역, 유행성이하선염, 풍진을 막는 MMR 백신 접종을 통해 거의 억제되기 전까지는 아이들에게 쉽게 발병하는 골칫거리 중 하나였다.

반대로 음성(-)가닥 바이러스는 암호화할 준비를 갖춘 mRNA가 아니라 상보적인 물질을 통해 숙주에 들어온다. 즉 정원용 땅의 요정 석고상이 아니라 석고상의 거푸집 상태로 들어온다. 이 바이러스들은 자신의 복제효소를 가지고 와서 세포에 침입하며, 일단 세포 안에 들어가면 이 효소가 (-)가닥을 (+)가닥으로 복제해 mRNA 역할을 하도록 한다. 이 바이러스 mRNA들은 숙주 세포의 리보솜을 빼앗아 독성을 띤 단백질을 만들어낸다. 호흡기세포융합바이러스RSV, 광견병 바이러스, 에볼라 바이러스를 비롯해 독감을 일으키는 모든 인플루엔자 바이러스가 (-)가닥 바이러스에 속한다. 유행성이하선염과 홍역 바이러스도 여기에 속하므로, MMR 백신은 (-)가닥 바이러스 2종과 (+)가닥 RNA 바이러스 1종을 방어하는 셈이다.

바이러스 mRNA는 얼마나 많은 단백질을 암호화할까? 바이러스에 따라 편차가 크지만, 보통 그렇게 많지는 않다. 바이러스는 자기는 가능한 한 적은 일을 하며 숙주가 감염 주기의 대부분을 짊어지도록 속이는 최고로 효율적인 기생체다. 특히 TMV는 놀랄 만큼 효율적이다. 이 바이러스의 RNA는 단 6,300개의 염기만 존재하고 4개의 단백질을 암호화한다. 그중 2개는 RNA 복제를 맡고 1개는 식물 내에서 바이러스의 세포 간 전달을 용이하게 하며, 마지막 하나는 바이러스의 원통형 외피인 캡시드를 형성해 그 중심부의 텅 빈 곳에 RNA를 격리한다. 또한 소아마비 바이러스와 독감 바이러스의 유전체는 각각 10개와 17개의 단백질을 암호화한다. 한편 SARS-CoV-2는 29개의 단백질을 암호화하는 유전체를 갖고 있어 여러모로 괴물이다.[7] 바이러스치고는 꽤 많은 수지만 실제로 유기체를 구성하려면 턱없이 부족한 숫자다. 예컨대 대장균은 약 4,000개의 단백질을 암호화하며, 사람은 약 2만 개의 단백질을 암호화한다.

여기저기에 발생하는 실수들

내 딸들은 나에게 문자를 자주 보내는데, 손가락을 빠르게 놀리느라 오타가 많다. good 대신 food로 오타를 내기도 하고, wake(깨우다)를 bake(굽다)로 오타를 내 '아이들을 3시에 구울 거예요'라고 문자를 보낸 뒤 '아니, 깨울 거예요'라고 덧붙이기도 한다. 가끔 중요한 부분에 오타가 여러 개 있으면 대체 무슨 뜻인지 알 수 없는 경우도 있다.

바이러스 RNA 복제도 마찬가지다. 몇몇 오류는 용인되거나 오히려 유리할 수도 있지만, 오류가 너무 많이 발생하면 바이러스는 살아남지 못한다. RNA를 복제하는 중합효소는 염기 1만 개당 한 번 정도 실수를 저지른다. 우리는 일상생활에서 1만 번에 한 번보다 훨씬 실수를 자주 저지르기 때문에 이것만으로는 바이러스가 그렇게 실수투성이라고 생각하기 어려울지도 모른다. 하지만 바이러스 유전체가 약 1만 개의 염기로 이루어지므로, 이런 빈도로 오류가 일어나면 RNA가 복제될 때마다 어딘가에서는 반드시 실수가 일어날 것이다. 이런 실수 중 대부분은 과학자들이 '염기 치환 오류'라고 부르는 것들로(염기 G 대신 A가 들어가는 식이다), 바이러스 단백질의 아미노산 하나가 바뀌곤 한다. 그런 변화는 아무런 효과가 나타나지 않을 수도 있지만 바이러스가 하는 일에 방해가 될 수도 있으며, 간혹 바이러스의 적응도를 높이기도 한다. 예컨대 바이러스가 목표로 하는 세포에 빠르게 접근하도록 돕거나 더욱 빨리 복제되도록 도울 수 있고, 항바이러스제에 저항하고 항체를 회피하도록 도울 수도 있다.

바이러스가 어떻게 자신의 실수를 통해 이득을 얻는지 직접적으로 보여준 최초의 과학자 중 한 사람이 일리노이 대학교의 솔 슈피겔만Sol Spiegelman이었다. 성격이 불같았던 슈피겔만은 보통 건조하기 그지없는 과학 논문에 양념을 치기 위해 '성경에나 나올 법한' 같은 수식어를 썼던, 생화학자치고는 드물게 신선한 인물이었다. 1961년에 슈피겔만은 RNA 파지가 박테리아 안에 침투해서 어떻게 그들의 유전체를 복제하는지에 관한 문제에 흥미를 느꼈다. 그러한 복제는 바이러스의 생존에 핵심적이었지만, 당시 과학자들은 바이러스의 작동 방식에 대해서는 뿌연 안개에 싸인 듯 잘 알지 못했다.

이 질문에 답하기 위해 슈피겔만은 RNA 바이러스가 스스로를 복제하는 데 사용하는 효소인 파지 RNA 중합효소를 손에 넣어야 했다. 슈피겔만은 Q-베타라는 이름을 지닌 파지의 중합효소가 작동도 잘하고, 안정적이며, 정제하기 쉽다는 사실을 발견했다. Q-베타는 (+)가닥 바이러스였다. 슈피겔만은 시험관 속에서 그 효소가 바이러스와 함께 들어온 RNA를 주형으로 사용해 그 상보적인 사본을 만든

다음, 이 사본을 이용해 여러 파지 RNA를 줄줄이 만드는 모습을 봤다. 플러스 다음에 마이너스, 그다음에 플러스를 만드는 식이다.

슈피겔만이 한 가장 획기적인 실험에서 그는 박테리아는 물론이고 바이러스도 빼버리는 대담한 시도를 한다. 단지 Q-베타 RNA와 중합효소를 뒤섞어 하루 만에 시험관 속에서 그것이 복제되고 진화하는 모습을 지켜본 것이다. 이 실험은 복제 오류가 어떻게 바이러스에서 새로운 힘을 지닌 변이를 만들어내는지 이해하는 데 도움을 준다.

슈피겔만이 수행한 진화에 대한 최초의 실험 중 하나는 다음과 같은 질문에 답하고자 했다. '만약 RNA 분자에 성경에나 나올 법한 명령조로 증식하라는 요청이 주어진다면, 그리고 가능한 한 빨리 그렇게 하라는 생물학적인 단서가 붙는다면 어떤 일이 벌어질까?'[8] 이 질문에 답하기 위해 슈피겔만은 소위 '연쇄 이동' 실험을 수행했다. 먼저 새로운 RNA를 복제하기 위한 집짓기 블록인 RNA 뉴클레오티드를 포함하는 단순한 염 수용액이 든 시험관들을 일렬로 세웠다. 그리고 첫 번째 시험관에 Q-베타 RNA와 중합효소가 섞인 용액 한 방울을 떨어뜨렸다. 20분이 지나자 이 시험관에는 복제된 RNA가 빽빽하게 들어 있었다. 슈피겔만은 이 시험관에서 한 방울을 꺼내 두 번째의 '종자'로 사용했다. 20분 동안 복제할 시간을 주고 몇 번을 거듭한 뒤, 슈피겔만은 시간을 15분, 10분, 5분으로 줄였다. 이런 식으로 시스템에 압력을 가해서 매번 가장 빠르게 복제하는 분자가 승리하고 결국 그 분자 집단을 지배하게 만드는 것이다.

이렇게 하루 동안 진화시킨 뒤 슈피겔만은 마지막 시험관에 무엇이 들어 있는지 살폈다. 원래 3,300개의 뉴클레오티드로 이뤄진 바이러스 RNA가 불과 수백 개의 뉴클레오티드를 포함하는 '작은 괴물'[9]로 쪼그라들었다. 슈피겔만은 Q-베타 중합효소가 때때로 RNA 주형의 일부를 건너뛰면서 실수를 저지르고 있다는 사실을 깨달았다. 빠른 복제가 보상받는 조건에서 적은 염기 수가 선택의 이점을 가지기에 작은 괴물이 나타나 우승을 거머쥐었다.

이어 슈피겔만은 선택압을 다르게 바꿔가며 실험했다. 복제 중인 파지 RNA에 리보뉴클레아제를 살짝 첨가했더니 RNA 대부분이 분해되어 사라졌다. 충분히 예상 가능하지만 RNA는 리보뉴클레아제를 정말 싫어했다. 하지만 리보뉴클레아제가 절단하기를 선호하는 부위에 우연히 돌연변이가 생긴 희귀한 RNA 분자는 어느 정도 보호를 받았다. 그리고 복제를 여러 번 거듭하자 리보뉴클레아제에 내성을 가진 돌연변이가 나타났고, 리보뉴클레아제가 있어도 정상적으로 복제했다.[10]

이 파지 RNA의 진화는 최근 SARS-CoV-2 바이러스의 RNA에서 우리가 본 것의 예고편이다. 전 세계 인구를 강타하는 동안 SARS-CoV-2는 수없이 많은 돌연변이를 일으켰고, 그중 일부가 우위를 점했다. 코로나19가 처음 확인된 지 거의 2년이 지난 2021년 11월, 세계보건기구에 처음 보고된 오미크론 변종을 예로 들어보자. 오미크론은 원래 중국 우한 지방의 균주와 비교하면 스파이크 단백질에 35개의 돌연변이가 있는데, 이 돌연변이들은 각각 단일 아미노산 변화를 일으킨다. 이 돌연변이 아미노산들은 인체 세포 외부의 수용체와 결합하는 스파이크에 자리하며 바이러스가 표면에 단단히 고정하는 능력을 높인다. 오미크론이 이전의 변종보다 전염성이 훨씬 높은 이유는 이것 때문이었을 것이다.[11] 동시에 이 돌연변이들은 바이러스가 이전 버전의 스파이크 단백질에 대해 생성된 항체의 방어력을 높여 항체 치료나 백신 접종의 효과를 떨어뜨린다.[12]

바이러스가 항체를 회피하려는 것이 아니라, 오히려 복제효소가 항상 실수를 하면서 의도치 않게 새로운 변종을 만들어내고 시험을 거치게 된다. 우연히 인간의 면역반응을 회피하게 된 돌연변이를 가진 바이러스는 오래 살아남아 번성할 수 있다.

나를 감싸 주세요, 다시 한번

우주비행사들은 우주 캡슐 안에 들어가 지구 주변 궤도를 도는데, 이 캡슐은 크게 두 가지 기능이 있다. 바깥 우주의 위험으로부터 우주비행사들을 보호하고, 그들이 임무를 완수하면 지구에 귀환하도록 안내하는 것이다. 바이러스 RNA 또한 우주비행사와 마찬가지로 맨몸의 RNA 상태로 돌아다니지 못하고, 캡시드 안에 싸여 있어야 한다. 캡시드는 인체 조직에서 리보뉴클레아제를 비롯한 위험 요인으로부터 RNA를 보호하고, 바이러스의 RNA를 표적 세포로 안내한다. 이처럼 캡시드는 매우 중요한 역할을 하므로, 바이러스 RNA는 제한된 유전체의 일부를 사용하여 RNA와 결합해 캡시드를 형성하는 단백질을 하나 혹은 그 이상 암호화한다.

솔 슈피겔만의 실험에서 알 수 있듯이, 바이러스는 유전체를 작게 유지해 복제를 빠르게 수행하도록 압력을 받고 있다. 따라서 바이러스에게는 유전자 하나하나가 매우 소중하다. 그래서 바이러스는 집 짓기용 단백질을 최소한으로 들여 캡시드를 만든다. TMV는 단백질을 구성하는 블록 하나만으로 캡시드를 만드는데, 각각의 단백질 분자는 앞과 아래의 블록과 고정된다. 단백질은 곡선의 배열로 조립되

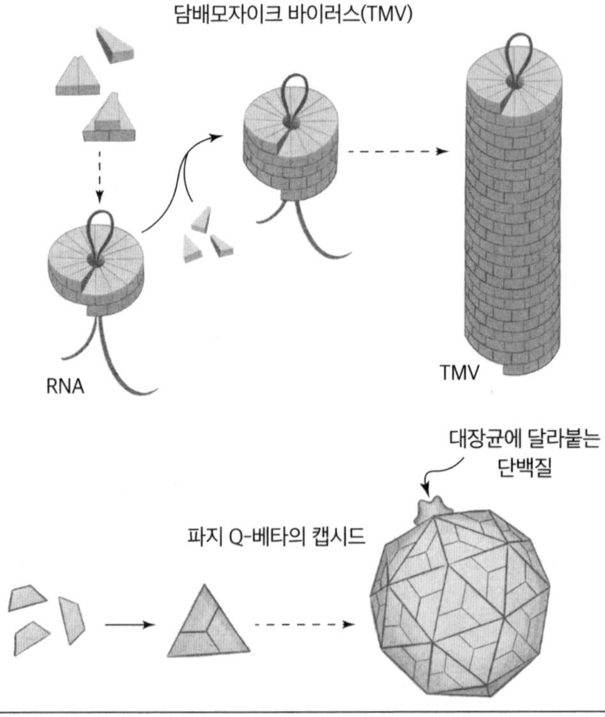

각각의 바이러스는 고유한 캡시드를 만들어 RNA 유전체를 캡슐 안에 가둔다. 바이러스를 보호하고 바이러스가 세포에 쉽게 감염되도록 돕기 위해서다. TMV의 RNA는 쐐기 모양을 한 한 종류의 단백질을 암호화하며, 이 단백질들이 RNA와 함께 조립되어 긴 원통형 관을 이룬다. 한편 파지 Q-베타의 RNA는 두 종류의 단백질을 암호화한다. 하나는 이십면체 모양의 껍질을 조립하는 단백질로 그 안에 RNA가 들어 있으며, 다른 하나는 단백질에 달라붙어 RNA가 더 쉽게 대장균 안에 진입하도록 한다.

며, 그 결과 중앙에 RNA를 수용하는 구멍 뚫린 원통형의 관이 된다. 캡시드를 만드는 과정은 쐐기 모양의 똑같은 레고 블록으로 빙글빙글 돌며 벽을 쌓아 고정시켜 관을 만드는 것과 같다.

한편 파지 Q-베타는 꽤 다른 모양의 캡시드를 만든다. 고대 그리스인들은 기하학을 연구해 '플라톤의 입체'를 생각해냈다. 이것은 삼각형으로만 조립한 3차원 구조물이다. 그중 가장 간단한 것이 20개의 삼각형으로 거의 구형에 가깝게 만들어지는 정이십면체다. 하지만 고대 그리스인들보다 훨씬 이전부터 파지 Q-베타는 거의 완벽에 가까운 정이십면체 모양으로 작은 집을 조립하고 있었다. 단백질 한 종류의 사본 175개가 스스로 조립되어 바이러스 RNA를 고정하는 작은 상자인 정이십면체의 대부분을 형성한다. 그러고 나면 두 번째 단백질의 사본 하나가 상자를 밀봉한다. 이 단백질은 대장균의 머리카락 같은 돌기에도 달라붙어 바이러스가 박테리아를 인식해 안에 들어가도록 돕는다.

일부 RNA 바이러스에서는 캡시드가 RNA를 보호하고 목적지까지 전달하는 '우주 캡슐'을 제공한다. 하지만 다른 바이러스의 경우 캡시드는 또 다른 층인 지질 외피로 둘러싸여 있다. 외피를 가진 RNA 바이러스의 예로 독감 바이러스, RSV, SARS-CoV-2를 비롯한 코로나바이러스가 있다. 이 바이러스는 지질 외피를 직접 만들지 않아도 된다. 대신 숙주 세포 안에서 재료를 훔쳐 스스로 외피를 조립한다. 비누와 물로 손을 씻으면 지질 외피를 가진 바이러스로부터 우리 몸을 효과적으로 보호할 수 있다. 비누는 바이러스 외피의 지질을 녹여 바이러스를 파괴하기 때문이다. 손에 묻은 버터나 기름을 맹

물로 씻으면 물이 그대로 씻겨 내려가고 기름기가 다시 달라붙어 별로 효과적이지 않다. 비누를 사용해야 외피를 가진 바이러스를 녹이듯이 기름기도 녹인다.

외피를 가진 바이러스는 새로운 지질 외투를 입을 때 스스로 만든 하나 또는 그 이상의 단백질로 겉을 장식한다. SARS-CoV-2의 스파이크 단백질이 그런 예다. 스파이크 단백질 90개가 코로나바이러스의 겉에 삐죽 튀어나와 있어 마치 왕관과 비슷한 모양이다('코로나'는 라틴어로 왕관이라는 뜻이다). 스파이크 단백질은 인체의 폐, 비강, 위장, 피부, 뇌 세포 표면의 특정 수용체에 결합하여 바이러스가 안으로 잘 침투하도록 돕는다. 우리가 백신을 접종해 생성된 항체의 표적이 되

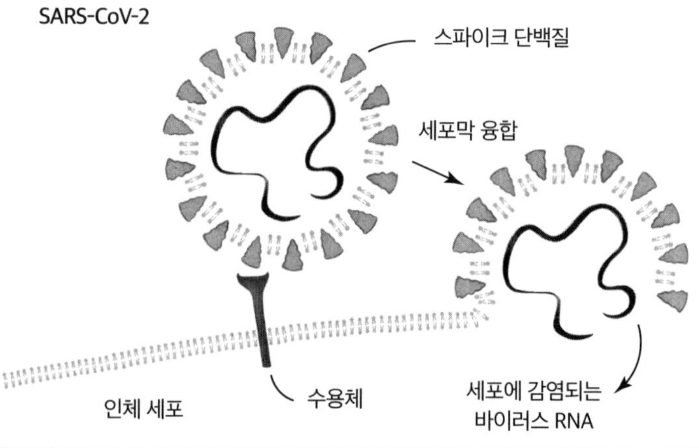

SARS-CoV-2와 같이 외피에 둘러싸인 바이러스는 세포 표면의 수용체와 결합한 후 인체의 세포막과 융합해 바이러스 RNA(어두운색 가닥)가 안으로 들어가도록 해서 인간 세포를 감염시킨다. ACE2 수용체는 지질로 구성된 세포막에 닻처럼 고정되어 있다. 각각의 지질은 음의 전하를 띠는 머리 부분과 2개의 지방질 '꼬리'가 상호작용해 이중 층을 이룬다.

는 것도 바이러스 겉면의 이 스파이크 단백질이다.

성숙한 바이러스 입자는 숙주 세포가 자기 단백질의 일부를 내보내기 위해 발달시킨 경로(세포 외 유출)를 히치하이킹해서 세포 밖으로 빠져나간다. 결국 SARS-CoV-2 바이러스 하나가 숙주 세포 하나에 침입하면 약 8시간 안에 600마리의 자손을 만들어낸다.[13] 이 자손이 각각 다른 세포를 감염시키면, 하나의 바이러스가 16시간이 지나면 36만 개, 24시간이 지나면 2억 1,600만 개의 바이러스를 생산할 것이다. 따라서 우리가 바이러스에 감염되면 완전히 멀쩡했다가도 하루아침에 상태가 안 좋아져 끙끙 앓을 수 있다.[14]

● ● ●

우리는 바이러스를 진정한 재앙이라고 말한다. 바이러스는 우리와 가족, 친구들에게 불편을 주거나 아무 일도 못 하게 무력화해 생산적인 삶을 방해한다. 때때로 바이러스는 우리 중 몇몇을 죽이기도 한다. 그럼에도 바이러스가 지닌 효율성에는 감탄하지 않을 수 없다. 단지 수십 개의 유전자만으로 세상을 뒤집을 수 있다는 것은 정말 놀라운 일이다. 물론 이들은 감염 주기를 수행하는 데 필요한 자원 대부분을 제공하는 숙주에 전적으로 의존한다. 정말 엄청난 착취자들이다.

게다가 바이러스는 이러한 능력들 외에도 적응력이 매우 뛰어나다. RNA를 복사하는 과정에서 실수를 저지르기 때문에 바이러스는 형제자매 간에도 미묘하게 다르다. 그렇기에 주변 환경이 바뀌어도,

예컨대 우리 면역체계에서 온 항체라든지 항바이러스의 공격을 받더라도, 보통 전체 집단 중 일부는 새로운 도전 과제에 대해 해결책을 갖고 있다.

바이러스가 무엇으로 만들어졌고 어떻게 작동하는지 이해해야만 우리는 바이러스와 효율적으로 싸울 수 있다. 코로나19 팬데믹이 가르쳐 주었듯이 RNA 기반 바이러스와 싸우는 효과적인 방법은 RNA를 기반으로 한 백신이다. 인류는 창의성 덕분에 RNA의 천재성을 역이용할 수 있었다.

10장

RNA 대 RNA

RNA versus RNA

1950년대에 소아마비에 효과적인 최초의 백신을 개발한 후, 조너스 솔크Jonas Salk 박사는 캘리포니아주 라호야 해안 27에이커 넓이의 땅에 꿈에 그리던 연구센터를 지을 기회를 얻었다. 솔크는 건축가 루이 칸Louis Kahn에게 '피카소가 그림을 그리러 방문할 만한' 건물을 지어 달라고 부탁했다. 그 결과 만들어진 티크 목재와 콘크리트 블록의 집합체는 오늘날 독특한 건축물이자 최첨단 과학의 보루로 유명하다. 하지만 백신을 만들어 전염병으로부터 한 번 세상을 구한 인물의 이름을 딴 이 솔크 연구소가, 여러 해가 지난 뒤 또 다른 전염병을 통제하는 mRNA 백신에 대한 아이디어가 탄생한 곳이라는 사실을 아는 사람은 극소수다. 혁명적인 아이디어에서 생명을 구하기까지의 여정은 솔크 연구소가 자리 잡은 바위투성이 해안선보다도 더 많은 우여곡절을 겪었다.

1989년, 솔크 연구소에서 연구하는 대학원생이던 밥 말론Bob Malone은 바이러스를 사용해 인간 세포로 유전자를 운반하는 전문가인 인더 베르마Inder Verma의 실험실에서 일했다. 이 기술은 이제 막 발전하기 시작한 **유전자 치료**의 핵심이었다. 유전자 치료란 DNA를 활용해 질병을 치료하거나 예방하는 요법으로, 결함 있는 유전자를 보충하기 위해 보통 건강한 유전자의 새로운 사본을 넣어주는 방식으로 이루어졌다. 돌연변이 유전자가 밝혀진 겸상 적혈구증, 근위축증, 낭포성 섬유증 같은 유전 질환이 이 요법의 확실한 표적이었다. 유전자 치료는 이런 질환을 영구적으로 치료할 수 있는 잠재력을 가지고 있어 당시 샌디에이고 주변의 대학교와 회사에서 뜨거운 주제였다.

이 시기의 과학자들은 유전자 치료뿐만 아니라 이와 관련 있는 기술인 **DNA 백신**에 관해서도 연구하고 있었다.[1] 이 두 가지 기술은 근본적인 개념이 동일했다. 유용한 단백질 분자를 사람에게 도입하는 대신 그 단백질의 유전자를 도입하는 지름길을 택하는 것이었다. 그러면 DNA에서 mRNA가 전사되고 다시 단백질로 번역되는 일은 인간 세포에게 맡기면 될 일이었다. 하지만 유전자 치료가 인간 유전체에 대한 영구적인 변화를 목표로 삼았다면, DNA 백신은 단백질(바이러스나 박테리아)의 **일시적인** 발현만으로 인간의 면역체계가 원치 않는 침입자를 경계하도록 훈련시키는 것이 목표였다.

1980년대에 DNA 치료제는 과학자들에게 흥미로운 가능성으로 주목받았다. 하지만 솔크 연구소에서 일하던 말론은 치명적인 단점 하나를 발견했다. DNA를 사람에게 주입했을 때 환자 자신의 게놈에서 정확히 어디에 착륙할지 전혀 알 수 없다는 점이었다. 너트를 볼트에 죄기에 좋은 도구인 렌치를 생각해보자. 이 렌치를 무작위로 자동차에 던지면 바닥, 시트 쿠션, 트렁크, 글로브박스, 대시보드처럼 렌치가 떨어져도 별 상관없는 곳에 착륙할 수 있다. 하지만 엔진이나 휠, 코일 스프링, 구동축에 떨어지기라도 하면 자동차가 망가지기 십상이다. 게다가 렌치가 브레이크 페달이나 액셀 페달을 누른 채 끼이기라도 하면 자동차가 통제 불능 상태로 폭주할 수도 있다. DNA 치료제에도 이와 비슷한 우려가 있다. 외부 유전자를 암호화하는 DNA가 환자의 게놈에 무작위로 착륙해도 염색체의 필수적이지 않은 부분에 정착해 아무런 해를 끼치지 않을 수 있다. 하지만 불행히도 건강한 유전자를 방해하거나 성장 촉진 유전자 근처에서 발현을 활성화하면 암을 일으킬 수도 있다. 실제로 몇 년 뒤 '버블 보이 증후군'이라는 별명을 가진 질환인 중증 복합 면역결핍증으로 유전자 치료를 받은 한 어린이가 백혈병에 걸린 사례가 있었다.[2] 치료용 DNA가 염색체에서 세포 성장을 촉진하는 유전자 근처로 들어가 스위치를 켜서 활성화했기 때문이다.

말론과 베르마는 DNA 대신 mRNA를 이용해 인체에 치료용 단백질을 생성하도록 지시하면 이 문제를 극복할 수 있을지도 모른다고 생각했다. mRNA라면 환자의 유전체 DNA에 삽입되지 못할 테고, 그러면 영구적이고 달갑지 않은 변화를 피할 수 있을 것이다. 이후로 30년이 더 걸렸지만, 한때 난해하게 들렸던 이 아이디어에서 마침내 오늘날 누구나 아는 mRNA 백신이 탄생했다.

보수적인 추정으로도 mRNA 백신은 코로나19와 맞서 싸우며 수백만 명의 목숨을 구했다.[3] 오늘날에는 다른 바이러스(RSV에서 감기 바이러스에 이르기까지)와 싸우거나 암 치료에 적용하고자 mRNA 백신을 개발하는 중이다. 이처럼 mRNA 백신의 미래는 밝고 심지어 혁명적인 것처럼 보이지만, 그 개발의 역사는 여전히 잘 알려지지 않았다. 게다가 다른 공중 보건 문제가 그렇듯이 정확한 정보의 부재는 사람들에게 혼란을 주었고 음모론자들을 키우는 비옥한 땅을 만들어 주었다.

나는 mRNA 백신이 처음으로 뉴스 헤드라인에 올랐던 날을 기억한다. 2020년 봄이었다. 뉴스 기자들과 소셜미디어는 mRNA가 마치 외계에서 온 성분이나 새로 나온 약인 것처럼 떠들었다. 백신에 사용되도록 새롭게 구성되기는 했지만, mRNA가 우리 몸을 포함한 지구상의 모든 유기체 세포에서 자연적으로 존재하는 필수적인 물질이라는 사실을 모르는 사람들이 많았다. mRNA에 대한 이해 부족은 누가 뭐라 해도 mRNA는 무조건 위험하다는 식의 우려를 부추겼다.

하지만 백신에 대한 의혹은 mRNA의 본성에 대한 무지에서만 비롯한 게 아니었다. 백신이 등장하는 속도가 번개처럼 빨랐다는 점도 한 요인이었다. 보통 백신을 개발하는 데는 6~8년이 소요된다. 그래서 사람들은 mRNA 백신이 단 1년 만에 개발, 제조, 시험, 긴급 사용 승인을 거치자, 그 백신이 안전하고 효과적이라는 사실을 쉽게 믿을 수 없었다.

과학자들은 어떻게 그렇게 빨리 백신을 개발해낼 수 있었을까? 결론부터 말하자면, 사실 그렇지 않았다. 비록 코로나19 백신이 기록적인 속도로 등장하긴 했지만, 사실 수십 년에 걸친 과학적 혁신들을 기반으로 만들어진 결과물이다. 백신을 직소 퍼즐로 생각하면 이해하기 쉬울 것이다. 퍼즐이 빨리 풀렸다는 점이 인상적이긴 하지만, 팬데믹이 닥쳤을 때 이미 모든 퍼즐 조각이 테이블 위에 놓여 있었다. 조각을 어떻게 맞추느냐가 문제였다. 그리고 퍼즐을 풀고 얻은 보너스는, 우리가 얻은 지식을 새로운 바이러스나 질병과 맞서기 위한 백신 개발에 적용할 수 있다는 깨달음이었다.

첫 번째 퍼즐 조각

전 세계 80억 인구의 상당수가 면역력을 갖추려면, 원하는 대로 mRNA를 합성하는 능력이 필수적이다. 이는 mRNA 백신을 만드는 데 가장 먼저 필요한 능력으로, 이상적으로는 트럭에 실어 나를 수 있을 만큼 대량 생산이 가능해야 한다. 1980년대 초, 빌 스터디어Bill Studier라는 부지런한 생화학자가 이 퍼즐의 첫 번째 필수 조각을 발견했다.

1936년에 태어난 스터디어는 미국 아이오와주의 작은 도시인 웨이벌리에서 성장했다. 예일 대학교를 나와 캘리포니아 공과대학교에서 박사학위를 딴 스터디어는 스탠퍼드 대학교에서 박사 후 연구원으로 일했다. 1964년에 그는 뉴욕 롱아일랜드에 있는 브룩헤이븐 국립 연구소에서 대장균을 감염시키는 바이러스인 박테리오파지 T7을 연구하는 연구팀을 이끌었다.

브룩헤이븐 국립 연구소는 제2차 세계대전 후 해체된 육군 캠프 업튼의 시설을 물려받아, 원자력을 평화적으로 이용하는 방법을 개발하는 데 전념하는 연구소로 거듭났다. 연구소에는 생물학 분과도 있어서, 스터디어는 이곳에서 상업화나 의학적 활용도에 대한 어떤 압력도 없이 단지 호기심이 이끄는 대로 연구를 마음껏 하는 자유를 누렸다. 파지 T7은 딱 적당한 연구 대상이었다. 박테리아를 감염시키는 DNA 바이러스에 어떤 의학적인 용도가 있을 수 있겠는가?

스터디어는 T7이 자신의 목적을 위해 박테리아의 자원을 마음대로 갖다 쓰는 놀라운 효율성에 매료되었다. T7은 자기에게 걸려든 운 나쁜 박테리아 세포를 더 많은 파지를 만드는 데만 전념하는 공장으로 만들었다. 스터디어는 파지가 DNA를 RNA로 복사하는 대장균의 기계장치인 RNA 중합효소를 훔쳐서, 파지의 RNA 중합효소를 코딩하는 유전자를 복사하도록 이용한다는 사실을 알아냈다. 이렇게 만들어진 파지 RNA 중합효소는 대장균의 유전자를 위해서는 아무런 노력도 하지 않았다. 오로지 파지 유전자를 mRNA로 복사해 단백질을 생산하고자 맞춤형으로 만들어진 효소일 뿐이었다. 파지 중합효소가 이처럼 놀라운 특이성을 가진 이유는, 이 효소가 작동하려면 파지 유전자 맨 앞의 '개시 부위'라 불리는 17개 염기쌍으로 이루어진 특정 서열이 필요했기 때문이다. 덕분에 중합효소는 이 개시 부위가 존재하지 않는 근처의 박테리아 유전자들을 완전히 무시할 수 있었다. 한마디로 T7의 RNA 중합효소는 엄청나게 효율적인 RNA 합성 기계였다.[4]

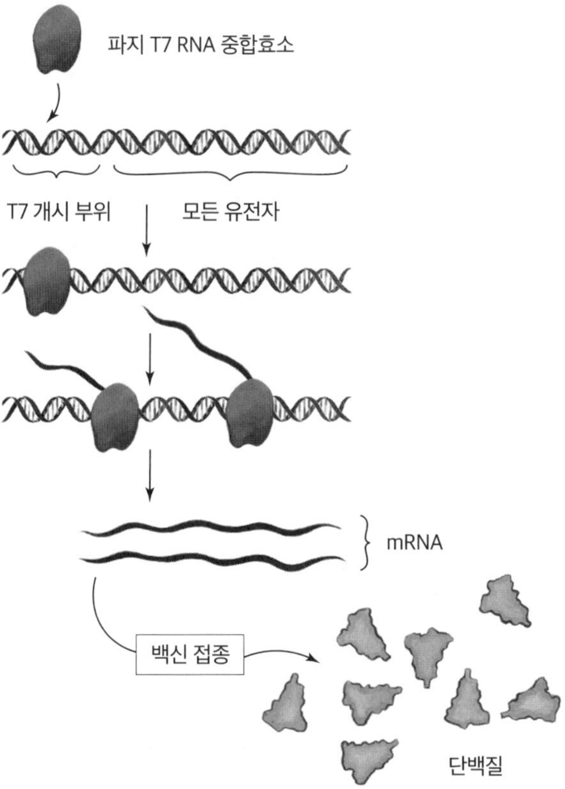

파지 T7 RNA 중합효소는 사실상 어떤 RNA든 전사하는 데 사용될 수 있다. 그렇게 하려면 먼저 복사할 유전자 앞에 17개의 염기쌍으로 이루어진 T7 개시 부위를 덧붙여야 한다. 중합효소는 뉴클레오티드라는 집짓기 블록을 mRNA로 조립한다(이 그림 속 2개의 중합효소는 왼쪽에서 오른쪽으로 전사하는 중이다). 마지막 단계는 mRNA 암호를 읽고 단백질을 생산하는 과정인데, 이때 리보솜이 필요하다. 예컨대 백신을 맞은 사람의 세포 속 리보솜은 주사로 주입된 mRNA를 활용해 스파이크 단백질을 만든다.

일찍이 1981년부터 스터디어는 T7 RNA 중합효소가[5] 목표로 하는 단백질의 mRNA를 만드는 용도로 사용될 수 있다고 예측했다. 얼마 지나지 않아 스터디어는 동료 존 던John Dunn과 함께 예측을 현실화했다. 두 사람은 T7 RNA 중합효소를 암호화하는 파지 T7의 유전자를 분리하는 데 성공했다.[6] 이 유전자를 대장균에 넣으면 박테리아 세포 전체가 T7 RNA 중합효소로 채워지므로 쉽게 정제할 수 있었다. 스터디어와 던은 T7 RNA 중합효소가 실험실에서 특정 RNA를 생산하고 세포 내부에서 특정 단백질의 합성에 유용할 것이라는 사실을 놓치지 않았다.• SARS-CoV-2의 스파이크 단백질이 그런 단백질이 될 것이라는 사실은 그들에게 아주 놀라운 일은 아니었을 것이다.

바이러스처럼 생각하기

mRNA 백신을 만드는 데 필요한 다음 퍼즐 조각은 세포 방어망을 통과해 mRNA를 인간 세포 안으로 미끄러뜨리는 전달체였다. 앞서 siRNA 치료제에 대해 설명할 때 살폈듯이, RNA는 우리 세포를 보호하는 지질막을 통과하기 어렵다. 이런 상황에서 필 펠그너Phil Felgner

---

• 많은 과학자가 RNA를 생산하는 도구인 박테리오파지 중합효소를 개발하는 데 기여했다. 그중에서도 핵심적인 기여자를 꼽자면 캘리포니아 대학교 버클리 캠퍼스의 마이크 체임벌린(Mike Chamberlin, 박테리오파지 T7과 SP6 RNA 중합효소 정제), 하버드 대학교의 더그 멜튼(Doug Melton), 톰 매니아티스(Tom Maniatis), 마이클 그린(Michael Green, 박테리오파지 SP6 시스템 개발), 하버드 의과대학의 스탠 타보르(Stan Tabor)와 찰스 리처드슨(Charles Richardson, T7 시스템 개발), 콜로라도 대학교의 올케 울렌벡(작은 RNA를 훨씬 빠르게 생산하기 위한 합성 DNA 주형을 사용하는 T7 시스템 적용) 등이 있다.

는 지질막이 핵산을 세포 안으로 받아들이는 문제의 장애물이 아니라 해결의 실마리가 될 수도 있다고 처음 생각한 사람이었다. 필은 RNA 바이러스가 인간 세포로 들어갈 수 있다면, 치료용 mRNA를 바이러스와 비슷한 지질막으로 감싸 전달 문제를 해결할 수 있다고 확신했다.

필의 예술적 기질 덕분에 그가 이 문제에 창의적으로 접근할 수 있었을 것이다. 과학자의 길을 걷기로 결심하기 전에 그는 샌프란시스코에 살면서 스페니시 클래식 기타를 공부하고 커피숍에서 공연을 했다.[7] 버지니아에서 박사 후 연구를 마친 뒤에는 베이 에어리어로 다시 이사했고, 신텍스사에 취직해 mRNA를 위한 지질막 전달 장치를 개발하기 시작했다.

필이 용감하게 지질에 자신의 미래를 건 것은 다행스러운 일이었다. RNA나 DNA를 연구하는 대부분의 과학자들은 이 기름진 분자에 대해 보통 크게 신경 쓰지 않는다. RNA와 DNA는 순수한 형태로 분리하기 쉽고 물에 녹기 쉬워 다루기가 쉬운 반면, 미끄러운 분자의 거대한 집합체인 지질은 물에 잘 녹지 않으며 다른 지질과 뭉쳐 있는 경향이 있다. 이 지질 덩어리는 마치 2022년 아르헨티나가 월드컵에서 우승한 직후 부에노스아이레스의 거리를 빽빽하게 채운 군중과 비슷하다. 많은 사람의 몸이 빽빽하게 밀착해 덩어리를 이루지만, 그 안에서도 개인은 여전히 움직이고 있으며 누구 옆에 누가 올지는 시시각각으로 바뀐다. 같은 방식으로 지질은 서로 단단히 뭉쳐 세포나 바이러스를 보호하는 막을 만든다.

신텍스사에서 필은 핵산을 위한 지질 전달체를 만들기가 정말 어렵다는 사실을 알게 된다. 자연에 존재하는 생물학적 막에서 지질은 대부분 DNA나 RNA 같은 핵산과 마찬가지로 음전하를 띤다. 그 말은 이 물질들이 서로 밀어낸다는 뜻이다. 그래서 필은 핵산을 포장하기 위해 양전하를 띠는 지질을 합성해 보았다. 그러자 이 지질은 일단 핵산에 꽤 잘 달라붙기는 했지만, 다른 웬만한 세포막에도 다 잘 달라붙었다. 이러한 이유로 동물의 몸속을 돌아다니는 바이러스와 유사한 형태로 포장하여 사용하기에는 적합하지 않았다. 그럼에도 필은 계속 인내심을 갖고 도전한 끝에 안에 핵산을 담을 수 있는, 양전하 지질로 만든 **리포솜**liposome이라는 작은 용기를 만드는 방법을 개발하는 데 성공했다.[8]

하지만 1988년, 신텍스사에서 필이 이룬 진전은 결실을 맺지 못하고 좌절되었다. 필의 상사가 이 지질 프로젝트가 회사에 바로 수익을 가져다주지 못하기에 중단할 수밖에 없다고 선언하면서부터였다. 당시 신텍스사는 이 기술이 더 먼 미래인 2020년쯤에 개발할 만하다고 판단했다[9](이 추측은 꽤 선견지명이 있었다. 지질 입자로 포장된 mRNA가 2020년 12월 셋째 주에 FDA로부터 코로나19 백신으로 승인받았기 때문이다).[10] 그러자 필은 지질 입자로 핵산을 전달하는 기술에 대한 열정을 억누르지 못하고 남쪽으로 이사를 떠나 샌디에이고에 비칼사를 설립했다. 그리고 얼마 지나지 않아 솔크 연구소의 밥 말론과 인더 베르마가 필에게 전화를 걸었다.

어둠 속에서 빛나는

mRNA를 약물이나 백신으로 사용하면 DNA를 기반으로 하는 치료법에 따르는 한 가지 안전 문제를 피할 수 있다는 말론과 베르마의 지적은 옳았다. 유전체에 돌이킬 수 없고 잠재적으로 해로운 변화를 일으킬 수 있다는 문제 말이다. 이들은 mRNA가 인체 내부의 RNA를 파괴하는 효소인 리보뉴클레아제에 취약하다는 점과 세포 안으로 침투하기 어려운 단점이 있다는 것도 알았다. 하지만 두 사람은 필이 새로 내놓은 리포솜에서 이 두 가지 문제를 한 번에 해결할 수 있는 가능성을 보았고, 이후 세 연구자는 바로 공동 연구를 시작했다.

솔크 연구팀은 첫 번째 실험에서 반딧불이 루시페라아제luciferase라는 단백질을 암호화하는 mRNA를 선택했다. 그것은 이 mRNA에 치료적인 가치가 있기 때문이 아니라, 어두운 여름밤에 반딧불이가 반짝이는 것처럼 검출하기 쉬웠기 때문이다. 이들은 mRNA-리포솜 제제를 페트리 디쉬에 배양한 인간, 쥐, 생쥐, 개구리, 초파리 등의 다양한 세포와 혼합했다. 세포가 아주 작은 반딧불이처럼 빛나기 시작하자, 연구자들은 mRNA가 세포 안에 제대로 들어가 새로운 집에서 단백질로 번역되고 있다는 사실을 확인했다.[11] 이렇게 1989년에 이들은 mRNA가 외부 단백질을 만들도록 세포를 재설계할 수 있다는 것을 분명히 보여주었다.

다음 단계는 이 실험이 페트리 디쉬뿐 아니라 살아 있는 동물에서도 효과가 있는지 확인하는 것이었다. 이듬해 밥 말론과 필 펠그너는 위스콘신 대학교의 존 울프John Wolff와 함께 생쥐의 근육에 루시페라아제 mRNA를 주입하는 실험을 했다.[12] 비록 생쥐의 몸 전체가 어둠 속에서 빛나지는 않았지만 주입 부위 근처의 근육세포는 빛을 냈다. 이것은 외부의 mRNA가 포유동물의 몸에서 단백질 합성을 유도한다는 사실을 보여주는 '원리 검증실험'이었다. 하지만 의학적인 응용에 관심 있는 연구자들은 여전히 회의적인 태도를 고수했다. 아무리 주입 처리한 근처의 조직이 빛나기는 했지만, 반딧불이의 루시페라아제는 세포를 빛나게 하는 데 매우 효율적이어서 이 인공 mRNA에서 실제로 많은 단백질이 만들어지는지는 명확하지 않았다. 대부분의 연구자들은 지질 입자에 담긴 mRNA로부터 과연 치료 효과를 발휘할 정도의 양으로 단백질을 생산할 수 있을지 의심했다.

이런 회의론은 프랑스의 백신 전문가 두 명이 다음 단계를 밟을 때까지 계속되었다. 1991년 피에르 묄리앵Pierre Meulien과 프레데릭 마르티농Frédéric Martinon은 선두적인 백신 회사인 파스퇴르 메리에우에 합류했다. 리옹 근처 시골에 있는 이 유서 깊은 회사는 놀고 있는 감염성 바이러스로부터 백신을 만들었다. 잘 복제되지 않도록 조작된 바이러스의 '백신용 균주'를 만들거나, 복제 능력을 대부분 잃을 때까지 열이나 화학 물질로 처리하는 방식이었다. 이 다소 조잡해 보이는 방식이 여전히 효과적인 이유는, 무력화된 바이러스일지라도 여전히 면역체계에 바이러스 공격을 경계하도록 신호를 보내는 단백질을 표면에 가지고 있기 때문이다. 사실 오늘날 사용되는 대부분의 백신이 이러한 방법으로 만들어진다.

말론과 베르마가 그랬듯, 묄리앵과 마르티농도 핵산으로 백신을 접종한 다음 핵산을 해독해 바이러스 단백질을 만드는 일은 인체에 맡기는 것이 훨씬 더 효율적이라고 생각했다. 하지만 DNA와 RNA 중 어느 핵산이 더 나은 백신을 만들까? 비록 RNA를 만들고 안정적으로 유지하는 데 어려움이 있었지만, 말론과 울프의 성공은 뮐리앵과 마르티농을 고무시켰다. 이들에게 mRNA와 DNA 사이에서 승부를 결정짓는 기준은 안전성 문제였다. 외부 DNA는 인체의 염색체에 삽입되었을 때 어떤 일이 벌어질지 알 수 없는 데 비해, mRNA는 염색체에 삽입되지 않으며 한동안 단백질 합성을 지휘하다가 인체 세포의 리보뉴클레아제 효소에 의해 깔끔하게 청소되었다.[13]

그에 따라 뮐리앵과 마르티농은 mRNA를 활용해서 독감 백신을 만드는 것을 목표로 삼았다. 첫 번째 실험으로, 이들은 독감 바이러스 단백질을 암호화하는 mRNA를 합성한 다음 mRNA를 리포솜 안에 넣어 캡슐화해서 쥐의 피부 아래에 혼합물을 주입했다. 그 결과 두 사람은 혼합물을 주입받은 쥐들 가운데 상당수가 독감 바이러스에 감염된 쥐 세포를 표적으로 삼는 강력한 킬러 T 림프구•를 만들어낸 것을 보고 흥분했다.[14] T세포가 특정 바이러스에 감염된 세포를 확인하면, 이들은 문자 그대로 감염된 세포에 구멍을 뚫어 파괴한다. 중요한 사실은, 킬러 T세포는 바이러스 종류에 따라 다르긴 해도 수개월에서 수년에 걸쳐 매우 오랜 기간 바이러스로부터 보호할 수 있다는 점이었다. 하지만 뮐리앵과 마르티농이 얻은 결과를 접한 과학자 커뮤니티와 투자자들은 뜨뜻미지근한 반응이었다. RNA가 매우

• 'T'는 이 면역세포가 동물의 흉선(thymus)에서 생성된다는 뜻이고, '림프구'는 백혈구를 뜻한다.

불안정하므로 DNA 백신에 미래를 계속 걸어야 한다고 여겼기 때문이다.[15]

필 펠그너의 선구적인 지질 입자는 확실히 배양된 세포에 효과가 있었지만, 동물 실험 결과 이 지질은 몇 가지 문제를 일으켰다.[16] 질병과 싸우는 백혈구의 수가 크게 줄었으며 혈액 응고에 문제가 생기고 심각한 염증도 일어났다. 과학자들은 이러한 이상 반응이 지질이 양전하를 띠기 때문이라고 추정했다(양전하를 띠는 지질은 자연계에 자연스럽게 발생하지 않기 때문에). 즉 새로운 유형의 지질 제제가 필요했다.

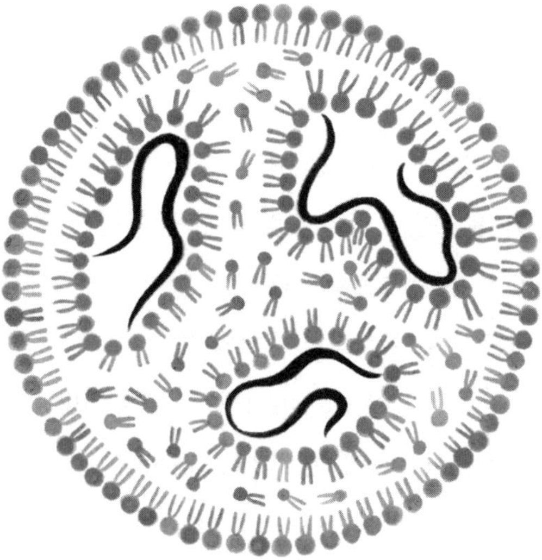

코로나바이러스와 유사한 크기를 가진 지질 나노입자(LNP)의 단면도. 각 지질은 mRNA에 결합하는 양전하를 띤 '머리(작은 원)', 그리고 함께 안쪽으로 늘어서서 포장되는 2개의 지방질 '꼬리'를 갖는다. 실제 LNP는 여러 지질의 혼합물로 만들어지지만, 이 그림에서는 단순화를 위해 하나의 유형만 그렸다. 각 LNP는 여러 mRNA 백신 분자(어두운색 가닥들)를 안에 넣어 캡슐화한다.

결국 이러한 지질 제제를 개발한 건 캐나다 밴쿠버에 자리한 브리티시 컬럼비아 대학교의 피테르 컬리스Pieter Cullis와 그가 설립한 회사였다.

1990년에 처음 개발된 이 새로운 유형의 지질은 주변 환경의 산성도에 따라 전하를 변화시키는 특성이 있다. 먼저 식초나 레몬즙을 첨가하는 정도의 약산성 용액에서 이 지질은 양전하를 띠므로, 음전하를 띤 RNA와 완벽하게 결합해서 **지질 나노입자**LNP라 불리는 작은 포장을 형성한다. 이때 용액의 산성도를 중화시키면 지질의 전하는 사라진다. 이렇게 전하가 부족해지면 지질 나노입자는 더욱 쉽게 혈류를 따라 순환하고 세포에 달라붙어 내부로 몰래 들어갈 수 있게 된다. 일단 포장이 표적 세포 안에 들어가면 지질은 더욱 산성을 띤 환경을 만나 다시 양전하를 띤다. 여기서 중요한 점은 세포 안에 있던 지질은 음전하를 띤다는 것이다. 그러면 음전하가 양전하를 끌어당기므로 지질 나노입자는 파열되고 그 안에 들어 있던 RNA 화물은 세포질로 방출된다.[17]

톰 투슬과 필 샤프가 속한 회사 앨라일람은 mRNA를 절단하는 siRNA를 인체에 들여보내기 위해 컬리스가 개발한 지질 나노입자를 사용했다. 앨라일람은 2018년 유전성 ATTR 치료제였던 이 siRNA를 인체에 전달하는 첫 번째 임상시험에서 성공적인 결론을 얻었다. 몇 년 뒤에 밝혀졌지만 이 siRNA 전달 기술은 mRNA 전달 기술을 위한 리허설이 되었다.

RNA를 위장시키기

지질 나노입자라는 적절한 전달 매개체를 사용하더라도, mRNA 백신은 여전히 **선천성 면역**innate immunity이라는 인체의 방어 메커니즘보다 한 수 앞설 필요가 있었다. 우리가 앞에서 살펴본 것처럼 바이러스는 그들이 공격하는 유기체만큼이나 오래전부터 존재했으리라 추정되기에, 유기체는 항바이러스 전략을 오랜 시간 진화시켜왔다. 이러한 전략 중 하나인 선천성 면역은 선충이나 곤충에서 쥐, 인간에 이르기까지 모든 동물에서 발견된다. '선천성'이라고 부르는 이유는 침입자에 대한 선험적 노출이 필요하지 않기 때문이다. (이와는 대조적으로 항체와 T세포를 이용하는 **적응성 면역**은 훨씬 더 특이적이며 사전 노출을 필요로 한다) 선천성 면역 시스템이 바이러스의 RNA를 인식할 수 있는 것은 정상적인 인간 RNA와 구별되는 특징을 가졌기 때문이다.[18] 예를 들어 바이러스 RNA 복제 과정에서 양성 가닥이 음성 가닥으로 복제되거나 그 반대로 복제될 때 만들어지는 중간체는 이중가닥이다. 감염되지 않은 세포라면 긴 이중가닥 RNA는 드물다. 게다가 바이러스의 RNA는 평범한 A, G, C, U 염기로 이루어진 반면, 세포 RNA는 염기 일부에 조그마한 화학 물질이 붙어 뉴클레오티드가 다양한 모습으로 변형된다.

선천성 면역체계가 바이러스 RNA의 이러한 특징을 인지하면 항바이러스 보호 기능을 매일같이 제공할 수 있겠지만 mRNA 백신 개발 측면에서는 골칫거리다. 바이러스 RNA를 외부 물질로 감지하는 선천성 면역 반응은 백신으로 주입된 mRNA 또한 외부 물질로 인식해 발진, 발열, 두통, 관절통을 포함하는 고약한 염증 반응을 유발할 수 있다.[19] 당연히 선천성 면역은 유입되는 RNA가 유익한 의도를 가지고 있는지 기만적인 설계를 가지고 있는지 구분하기 어렵다. 따라서 mRNA를 바이러스 RNA처럼 보이지 않도록 위장하는 기술이 mRNA 백신을 개발하는 데 필요한 또 다른 핵심 퍼즐 조각으로 떠올랐다. 여기에 관여한 인물이 카탈린 '카티' 카리코Katalin 'Kati' Karikó다.

1955년 헝가리에서 태어난 카리코는 다섯 살 무렵 어머니가 동물의 지방과 잿물로 비누를 만드는 것을 보고 생화학에 매료되었다. 하지만 박사학위를 받은 뒤 카리코는 공산주의 치하의 헝가리에서는 연구에 매진하는 과학자들에게 기회가 아주 적다는 사실을 알게 되었다. 1985년 카리코는 30세의 나이에 남편, 두 살배기 딸과 함께 미국으로 이주했다. 카리코는 가지고 있던 얼마 되지 않는 현금을 딸의 곰 인형 안에 넣어 챙겼다.[20]

1990년에 카리코는 펜실베이니아 대학교의 겸임교수가 되었다. 카리코는 mRNA를 치료제로 개발하는 데 열정을 보였지만 연구비를 주는 정부 기관이 보기에 이러한 접근 방식은 현실과 동떨어진 것처럼 보였다. "매일 밤 썼습니다, 제안서, 제안서, 제안서…. 결과는 늘 같았죠. 탈락, 탈락, 탈락…."[21] 펜실베이니아 대학교에서 카리코가 가르치는 학과 사람들이 보기에도 그의 목표는 비현실적인 것처럼 비쳤다. 결국 카리코는 1995년에 더 낮은 직위로 좌천되었다.

그러다 3년 뒤 제록스 복사기 앞에서 행운이 카리코를 찾아왔다. 인터넷 저널이 등장하기 전에 과학자들은 저녁에 읽을 학술지 논문을 도서관에서 복사하곤 했다. 당시 카리코는 새로 부임한 조교수인

드루 바이스만Drew Weissman과 누가 복사기를 먼저 사용할지 경쟁을 벌이곤 했다. 몇 번의 투닥거림 뒤에 이들은 서로가 무엇을 복사하고 있는지 알게 되었고, 관심사가 일치한다는 사실을 깨달았다.[22]

바이스만은 인간 백신을 연구하는 면역학자였다. 그리고 카리코는 mRNA가 치료용 단백질을 생산하는 데 효과적인 방법임에도 그동안 과소평가된 중요한 경로라고 확신한 RNA 과학자였다. 두 사람은 연구 내용뿐만 아니라 성격도 서로 보완적이었다. 카리코가 수다스럽고 발랄했다면, 바이스만은 좀 더 내성적이고 꼼꼼했다.[23]

두 사람은 함께 mRNA를 위장해 선천성 면역체계가 그것을 바이러스성 RNA로 인식하지 못하도록 하는 방법을 고안했다. 그 과정에서 이들은 RNA를 이루는 염기의 U야말로 선천성 면역체계가 RNA를 인지하는 데 사용하는 주요 특징이라는 사실을 발견했다. U가 DNA와 비교했을 때 RNA만이 가진 독특한 염기이기 때문일 것이다. 2005년에 카리코와 바이스만은 mRNA의 모든 U를 다양하게 변형된 버전의 U로 대체해 보았다. 그 결과 두 사람은 '가짜 UpseudoU'를 포함한 여러 변형된 버전이 선천성 면역체계에서 대부분 무시된다는 사실을 발견했다.[24]

다행히도 빌 스터디어가 과학적 용도로 개발한 T7 RNA 중합효소는 이러한 변형된 U를 이용해 RNA 사슬을 만드는 데 아무런 문제가 없었다. 리보솜 역시 이것을 받아들여 보통의 U처럼 읽어 들였다. 실제로 단백질을 합성할 때는 가짜 U가 포함된 mRNA가 더 효율적인 것처럼 보이기도 했다. 더구나 면역체계와 마찬가지로 세포의 리보뉴클레아제 역시 가짜 U가 포함된 RNA를 인식하지 못하므로 변형된 RNA는 정상 RNA보다 더 안정적이었다.[25] 이것은 거의 믿기 힘들 만큼 좋은 소식이었다. 보존해야 하는 두 가지 활동인 전사와 번역은 가짜 U에 의해 유지되거나 향상된 반면,[26] 원하지 않는 두 가지 활동인 선천성 면역체계에 대한 자극과 분해는 억제되었다.

결국 여러 회사들이 카리코와 바이스만의 기술을 사용할 권한을 사들였고 그중에는 바이오엔테크와 모더나가 있었다.[27] 이 생명공학 회사들은 처음에 이 기술을 암을 치료하는 데 활용할 생각이었다. 하지만 지구 전체를 뒤흔든 팬데믹 탓에 계획이 바뀌었다.

퍼즐 조각 맞추기

2020년 1월 10일, 상하이 푸단 대학교의 장융전张永振 교수는 누구나 열람할 수 있는 웹사이트에 신종 코로나바이러스의 RNA 염기서열을 게시했다.[28] 공동체를 위해 그가 한 이 일의 중요성은 바로 인정받지는 못했다. 이 새로운 바이러스가 중국 바깥세상에서는 큰 우려를 불러일으키지 않았기 때문이다. 사실 이 바이러스는 2002년 사스, 2012년 메르스라는 형태로 이전에 두 차례 유행한 중증 급성 호흡기 증후군을 일으키는 코로나바이러스와 비슷한 종류였다. 당시에는 전 세계를 통틀어 1,000명 미만의 사망자를 내며 잘 억제되었던 질병이었다. 하지만 머지않아 SARS-CoV-2로 명명될 이 신종 코로나바이러스는 달랐다. 전 지구적 재앙을 불러일으킬 운명이었다.

그런데 어찌된 일인지, 매사추세츠주 케임브리지에 본사를 둔, 당시 잘 알려지지 않은 생명공학 회사 모더나의 과학자들은 같은 달 이 신종 코로나바이러스가 사스나 메르스보다 더 큰 위협이 되리라는 사실을 깨달았다.[29] 독일 마인츠에 자리 잡은, 역시 잘 알려지지 않은 회사 바이오엔테크의 과학자들 역시 중국 우한에서 발생한 신종 코로나바이러스 감염에 관한 보고서를 읽다가 초기 팬데믹의 징후임을 알아차렸다. 즉 감염되었지만 증상이 없는 수많은 사람이 자기도 모르는 사이에 바이러스를 퍼뜨리고, 유행을 막기 위한 여행 제한 조치가 없는 상황이었다.[30] 두 회사는 치료제 개발을 목표로 mRNA 연구를 진행해왔다. 이제 두 회사는 그들이 개발하고 있는 mRNA 기술을 빠르게 응용하면 새로운 바이러스에 대한 백신 역할을 할 단백질을 만들 수 있다고 생각했다.

아직 어떠한 mRNA 백신도 유용성이 입증되지 않았다는 점을 고려하면, 이들의 시도는 여러 측면에서 매우 대담한 행보였다. 하지만 이들의 테이블 앞에는 필요한 모든 퍼즐 조각이 놓여 있었다. 지난 60여 년 동안 과학자들은 mRNA에 얽힌 수수께끼를 밝혀냈다. 유전 암호를 이미 해독했기에 누구나 장융전이 올린 SARS-CoV-2의 염기서열을 읽고 스파이크 단백질을 만드는 법을 이해할 수 있었다. 또한 mRNA를 사용해서 백신 개발의 핵심인 면역 반응을 이끌어내기에 충분한 단백질을 만들 수 있다는 사실도 밝혀냈다. 또한 과학자들은 DNA를 mRNA로 복사하는 강력한 기술을 개발했다. 지질-RNA의 조합을 만들면 RNA가 인간의 세포로 침투할 수 있다는 사실을 알아냈고, 지질 나노입자라는 조그만 기름 주머니도 개발했다. 그리고 과학자들은 mRNA의 U 염기를 변형된 형태로 대체하면, mRNA

를 위장시켜 인체에서 바람직하지 않은 염증 반응을 일으키지 않는다는 사실을 발견했다.

하지만 직소 퍼즐을 맞춰본 사람이라면 누구나 알 수 있듯이, 모든 조각을 테이블 위에 펼쳐놓는 건 앞으로 펼쳐질 힘든 작업의 시작일 뿐이다. 성공적인 코로나19 백신을 만드는 것이 얼마나 어려운 일이었는지 표현하려면, 이 mRNA 백신이 10여 종류의 경쟁자들과 달리기 시합을 하는 상황을 떠올려보면 좋다. 이 경쟁자들 중 상당수가 검증된 기술을 활용했고 다시 한 번 잘 작동할 가능성이 꽤 높아 보였다.[31] 이렇듯 접근법이 다양하다는 것은 넓게 그물을 던진다는 뜻이다. 비활성화된 SARS-CoV-2 바이러스를 활용하는 방식도 있고, 스파이크 단백질을 발현하도록 무해한 바이러스를 조작하는 방식도 있으며, DNA 백신도 여전히 후보로 여겨졌다. 이런 접근법 중 일부는 영국에서 처음 사용된 옥스퍼드-아스트라제네카 DNA 백신처럼[32] 꽤 괜찮은 성능의 백신을 내놓았지만, 두 mRNA 백신과 비교하면 효능이 떨어졌다. 인체에서 충분히 강력한 면역 반응을 이끌어내지 못해 탈락한 접근법들도 있었다.

mRNA 백신이라는 퍼즐을 맞추려면 놀라운 재능, 창의력과 투지, 그것을 실현할 실력이 뛰어난 과학자들이 필요했다. 이 중에서 우구르 사힌Ugur Sahin과 외즐렘 튀레치Özlem Türeci의 이야기는 특히 흥미롭다. 튀르키예에서 태어난 우구르 사힌은 아버지가 쾰른에 있는 포드 자동차 공장에 일자리를 얻게 되면서 독일로 이주했다. 튀르키예에서 독일로 이주한 생물학자인 어머니와 외과의사인 아버지 사이에서 태어난 외즐렘 튀레치 또한 튀르키예 혈통을 이어받았다. 사힌과 튀레치는 2001년 두 사람이 독일 자를란트 지역의 병원에서 일하던 중 처음 만났다. 이들은 2002년에 결혼했고 딸을 한 명 두었다. 두 사람은 가족으로서 함께 생활하는 것 외에도, 특히 면역 종양학 분야에서 그동안 해결되지 않은 의학적 문제들을 해결할 새로운 과학 지식을 탐구하는 데 공통된 열정을 품었다. 즉 종양 세포를 인식하고 파괴하도록 면역체계를 자극하는 것이었다.

2008년 사힌과 튀레치는 mRNA를 기반으로 한 암 백신 개발을(여기에 대해서는 뒤에서 더 자세히 다루겠다) 목표로 바이오엔테크사를 설립했다. 회사 일은 힘들었지만, 이들은 이후 10년 넘는 연구 끝에 놀라운 진전을 이뤄 10개 이상의 화합물이 임상시험 단계에 도달했다. 그러다 2020년 1월의 운명적인 그 날이 그들을 새로운 미션으로 이끌었다.

코로나19 백신의 표적은 코로나바이러스에 왕관 같은 겉모습을 만들어내는 선명한 스파이크 단백질일 것이다. 코로나바이러스를 둘러싼 지질 외피에서 튀어나온 90개의 스파이크 단백질은 면역체계가 가장 먼저 맞닥뜨리는 부분이며,[33] 코로나바이러스가 곧 공격할 것이라는 예고이기도 하다. 그렇기에 스파이크 단백질로 면역체계를 자극하는 것만으로 면역체계는 당장 실제 바이러스를 인지할 수 있다. 또한 스파이크 단백질은 바이러스가 인간 세포로 들어가도록 도우므로, 이 단백질에 대한 항체는(항원에 결합하고 덮어버리는) 바이러스의 감염을 억제하는 데 도움이 된다.

새로운 코로나바이러스 RNA의 서열을 파악하는 작업은 바이러스 스파이크 단백질을 암호화하는 mRNA를 설계하는 데 필수적이었지만, 그것은 시작에 불과했다. 우선 스파이크 단백질의 형태가 일정하지 않았다. 바이러스가 인간 세포와 융합하면서 왕관 모양의 스파이크가 다른 형태가 된다. mRNA 백신이 지정한 스파이크 단백질이 이런 형태로 바뀐다면 면역체계는 잘못된 형태의 단백질을 경계하도록 훈련받을 수도 있다. 코로나바이러스가 인체에 막 들어왔을 때, 그리고 바이러스 감염을 막을 시간이 아직 남아 있을 때 생겨난 항체는 코로나바이러스의 스파이크를 인지하지 못하게 되고, 이는 백신을 쓸모없게 만든다. 이 문제에 대한 해결책은 스파이크 단백질의 서열 일부를 프롤린이라는 유연하지 않은 아미노산으로 바꾸어 형태를 단단히 고정하는 것이다.[34] 비슷한 메르스 바이러스의 스파이크 단백질에 대해서도 비슷한 기술을 적용한 적이 있었다.

또한 사힌과 튀레치는 스파이크 단백질을 암호화하기 위해 어떤 코돈을 사용할지 결정해야 했다. 이 문제는 코로나19 백신뿐만 아니라 다른 모든 mRNA 백신에서도 발생할 수 있다. 대부분의 아미노산을 지정하는 코돈이 여러 개라는 유전자 암호의 '중복성' 때문에, 동일한 단백질을 암호화하는 조합이 엄청나게 많아진다. 하지만 어떤 염기서열은 다른 염기서열보다 더 효율적으로 번역된다. 사힌과 튀레치가 이전에 암에 대항하는 mRNA 백신을 연구했던 경험은 코로나19 때도 백신을 개발하는 데 도움이 되었다. 그래서 결국 두 사람은 20개의 mRNA 염기서열을 정해 시험하기로 했다.[35]

하지만 대답해야 할 질문들이 아직 더 있었다. 면역체계를 효과적으로 자극하려면 백신을 어느 정도의 양만큼 맞아야 할까? 백신은 어떻게 보관하고, 또 어느 정도의 온도에서 보관해야 할까? 인간을 대상으로 하는 임상시험을 어떻게 재빨리 진행할 수 있을까? 이때 주효했던 것이 화이자의 백신 책임자인 카트린 얀센Kathrin Jansen에게 두 사람이 건 한 통의 전화였다. 이렇게 이들은 화이자의 어마어마한 백신 관련 경험을 공유하게 되었고, 이 파트너십은 두 회사뿐만 아니라 전 세계 모든 이에게 이득을 가져왔다.[36]

2020년 11월, 화이자의 이사들은 무언가를 초조하게 기다렸다. 이들은 바이오엔테크와 함께 개발 중인 mRNA 백신의 임상시험 결과를 듣기 직전이었다. 백신이 95%의 효능을 보인다는 사실이 발표되자 사람들은 크게 안도의 한숨을 쉬었고 박수갈채와 승리의 함성이 터졌다.[37] 사실 이사회는 공중보건학적으로 성공했다고 할 만한 최소 70%의 효능을 기대했다. 그러면 코로나19 백신의 효능은 인플루엔자 백신(평균적으로 40%의 효능을 보이며 해마다 10%에서 60%까지 차이가 생긴다)과 홍역 백신(97%의 효능을 보임)[38] 사이 어딘가에 놓이게 될 것이다. 95%는 사람들 대부분의 예상을 가뿐히 뛰어넘는 수치였다. 위험한 도박을 꺼리는 것으로 평판이 나 있던 이 보수적인 제약회사는 입증되지 않은 mRNA 기술에 베팅했고, 이제 막 성과를 낸 참이었다.

마인츠와 매사추세츠주 케임브리지에서도 비슷한 축하의 함성이 들렸다. 모더나 백신의 임상시험이 비슷한 시기에 이루어졌고, 역시 95%의 효능을 보였기 때문이다. 화이자와 손잡은 바이오엔테크, 모더나가 각기 독립적으로 연구한 데다 스파이크 단백질을 암호화하는 데 사용하는 코돈을 비롯해 여러 가지 결정을 다르게 내렸음에도, 이들이 거의 동시에 비슷한 효과를 보이는 백신을 개발했다는 건 놀라운 일이다.[39] mRNA 치료 요법이 '너무 불안정하다', '세포에 들어가기가 너무 어렵다', '인체에 면역 반응을 잘 일으킨다'라는 이유로 폄하되다가 '세상을 구한 한 방의 주사'[40]의 도래를 알리기까지 30년이 걸렸다.

미래의 치료법은 어떨까?

팬데믹 기간에 우리는 코로나19를 퇴치하기 위한 mRNA 백신을 개발하고자 전례 없이 모든 자원을 쏟아 붓고, 그 사용법과 효능에 대한 데이터를 엄청나게 생산했다. 또한 우리는 이러한 백신의 한계에 대해서도 배웠다. 백신을 맞아도 보통 증세가 심하지는 않았지만 감염이 계속 일어났으며, 백신으로는 빠르게 변이하는 바이러스를 따라잡기가 몹시 힘들었다. 하지만 새로운 치료제에 대한 이보다 더 인상적인 신약 테스트 결과는 또 없을 것이다. 실제로 노벨 위원회는 2023년에 카리코와 바이스만에게 노벨 생리의학상을 수여해 mRNA 백신의 잠재력을 인정했다. 두 사람이 찾아낸 돌파구는 코로나19에 효과적인 백신으로 이어졌을 뿐만 아니라, 노벨 생리의학상 수상자를 결정하는 카롤린스카 연구소 노벨 위원회의 표현을 인용하자면, "mRNA가 어떻게 우리의 면역체계와 상호 작용하는지에 대한 지식을 근본적으로 변화시켜 다른 전염병과 싸울 백신을 개발하기 위한 길을 열었다."[41] mRNA를 주입해 단백질을 전달하는 방식이 단순한 백신을 넘어서서 의학적 난제들에 대한 해결책을 제공할 수 있을까? 우리는 mRNA 치료법 혁명의 중간 지점에 서 있는가?

답은 '아직 모른다'이다. 다른 바이러스성 질병에 대항하는 더 효율적인 백신을 더 많이 공급해 달라는 충족되지 않은 의료 수요가 분명히 존재한다. 예를 들어 오늘날의 독감 백신은 독감 바이러스의 다양성(균주라고도 불리는 아형이 60종류 이상이다)을 따라잡을 수 없기에 효능에 한계가 있다. 어느 한 균주에 대한 백신은 거의 해당 균주에 의한 감염에 대해서만 여러분을 보호한다. 그래서 매년 2월, 세계보건기구는 전 세계 감시 데이터를 검토하고 다가오는 독감 시즌에 어떤 균주가 가장 널리 퍼질지 예측하려고 노력한다. 이때 너무 많은 균주가 섞이면 백신의 효과가 떨어지기에, 독감 백신은 3개의 균주(3가), 또는 4개의 균주(4가)에 대해서만 한 번에 접종이 가능하다. 독감 백신은 대부분 바이러스의 균주를 달걀에 손으로 주입하는 방식으로 만들어진다(그래서 소량의 달걀 단백질이 백신에 남아 있게 되고, 약사들은 사람들에게 백신을 접종하기 전 달걀에 알레르기가 있는지 묻는다). 또한 백신을 생산하는 데 6개월 걸리는 만큼 다음번에 나타날 독감 바이러스의 종류를 정확하게 특정해서 백신으로 예방하기는 힘들다. 바꿔 말하면, 우리가 특정 독감 시즌에 어떤 균주가 우세한지 확실히 알 때쯤이면 이미 개발한 백신을 바꾸기에는 너무 늦다. 이제 코로나19 백신 덕분에 mRNA 백신 생산을 위한 플랫폼이 생겼으니, 달걀에 손으로 주입하는 방식보다 훨씬 더 빨리 백신을 휘리릭 만들 수 있게 되었다. 목표는 유행할 바이러스에 더 정확히 들어맞는 백신을 생산해 더욱 높은 효능을 갖도록 하는 것이다. 그 대신 매년 미국에서만 1억 4,000만 개의 달걀을 아낄 수 있다. 엄청난 양의 오믈렛이다.

mRNA 백신의 그다음 목표는 다른 바이러스들뿐만 아니라, 무엇보다도 암 치료다. 바이오엔테크와 모더나 둘 다 코로나19 팬데믹으로 잠깐 정신을 딴 데 팔기 전까지(우리에게는 좋은 일이었지만) 암 백신 개발에 힘썼다는 점을 기억하라.

암 백신이 이론상으로라도 효과가 있기는 할까? 이 질문에 대한 답은 명확하지 않을 수도 있다. 바이러스에 대항하는 백신을 만드는 것은 말이 된다. 바이러스는 바깥에서 온 침입자이고 사람의 몸과 구별되는 생물학적 특징을 갖기 때문에 인간의 면역체계가 그것을 외부의 것으로 인식하고 파괴하려는 게 당연하다. SARS-CoV-2 스파이크 단백질이 좋은 예다. 이 단백질은 바이러스에 특이적으로 나타나며 감염되지 않은 인간에게는 아예 존재하지 않으므로, 이 단백질이 존재한다는 것은 누가 봐도 명확한 위험 신호다. 암 중에는 바이러스에 의해 생기는 종류가 몇 가지 있다. 예컨대 자궁경부암은 대부분 인유두종 바이러스에 의해 발생한다고 알려져 있다. 그렇기 때문에 머크사의 가다실 백신이 한때 자궁경부암으로 잃을 뻔한 수많은 생명을 구했던 것도 쉽게 이해가 간다.[42] 이 바이러스에 감염되지 않으면 자궁경부암에 걸리지 않는다. 하지만 대부분의 암은 바이러스가 아니라 세포 내부의 정상적인 과정이 잘못되어 발생한다.

암 백신이 가능한 이유는, 종양이 건강한 인체 조직에 없는 특이한 단백질을 만들어내기 때문이다. 담배 연기(폐암의 경우)나 자외선(흑색종의 경우) 같은 돌연변이 유발 물질에 의해 DNA에 돌연변이가 생기면, 암을 유발할 수 있는 돌연변이 단백질이 만들어진다. 인체 세포는 면역 감시의 일환으로 단백질을 잘게 자른 조각을 바깥 표면에 내놓고, 이것을 통해 T세포의 조사를 받는 자연적인 메커니즘을 가지고 있다. 이때 만약 단백질 조각에 돌연변이가 생기면, T세포는 그것을 '외부의 것'으로 인식하고 그 세포를 죽인다. 기본적인 논리는, 어떤 세포가 바이러스 단백질이나 돌연변이 단백질을 생산하고 있는 것이 관찰되면 그 세포는 아마 감염된 세포거나 암세포이기 쉽다는 것이다. 둘 중에 어떤 경우든 전체 유기체를 위해 그 세포를 희생할 필요가 있다.

1990년대 초, 듀크 대학교에서 연구하는 면역학자였던 엘리 길보아Eli Gilboa는 이러한 자연적인 시스템을 증폭시키고, mRNA를 이용해서 종양 세포를 인식해 파괴하도록 동물의 면역체계를 사전에 훈련시킬 수 있을지 연구했다. 길보아는 전이성 폐암이 발생하도록 유전적으로 조작된 쥐들을 대상으로 일련의 실험을 수행했다. 그의 실험 설계에는 두 가지 새로운 특징이 있었다. 첫째, 이 실험에서는 특정한 mRNA를 만드는 대신 쥐의 폐 종양에서 모든 mRNA를 분리했는데, 이것은 여러 돌연변이 단백질들을 인식하고 반응하도록 면역체계를 훈련시키는 과정이었다. 둘째, 길보아는 리포솜으로 감싼 mRNA를 쥐에게 직접 주입하는 대신, 먼저 특별한 부류의 면역세포를 분리한 다음 mRNA-리보솜 조합으로 세포를 처리하고 나서 쥐에게 다시 도입했다. 이렇게 한 이유는 mRNA가 살아 있는 쥐의 몸속에서 적절한 세포를 찾기를 단순히 바라는 게 아니라, 면역체계를 훈련시키려는 곳에 mRNA를 바로 투입하기 위해서였다.

길보아가 얻은 결과는 놀라웠다. 종양 mRNA로 처리한 면역세포를 가진 생쥐는 이후 종양 세포를 주사해도 끄떡없었다. 폐암의 확산세는 극적으로 줄었다.[43] 하지만 쥐에게 좋은 것이 항상 인간에게 좋은 것으로 직결되지는 않는다. mRNA를 기반으로 한 다양한 암 백신에 대해 지금껏 50건 넘는 인체 대상 임상시험이 이루어졌지만, 아직 정식으로 승인된 사례는 없다.[44] 하지만 이후 코로나19 백신에 대한 개발 경험을 바탕으로 모더나, 바이오엔테크 같은 회사가 mRNA 암 백신 프로젝트에 다시 힘을 불어넣었다.[45] 그 결과 2022년 모더나는 머크와 협력해 흑색종을 표적으로 하는 mRNA 백신에 대해 매우 희망적인 결과를 발표했다.[46] 어쩌면 성공이 눈앞에 다가왔는지도 모른다.

그렇다면 백신이 아닌 mRNA 요법은 얼마나 유망할까? siRNA 치료법뿐만 아니라 대부분의 전통적인 의약품은 질병을 촉진하는 과정을 억제하지만, mRNA는 반대다. 환자에게 존재하지 않거나 돌연변이가 일어난 단백질을 다시 정상 단백질 형태로 회복시킨다. 돌연변이 단백질로 인해 생기는 질병에는 겸상 적혈구증, 근위축증, 낭포성 섬유증, 척추성 근위축증(에이드리안 크레이너가 안티센스 RNA로 환자의 치료에 도움을 주었던 질환)이 있다. 그 밖에도 전 세계적으로 1,000명 또는 1만 명 남짓한 환자들을 괴롭히는 소위 희귀병의 세계는 연구에 중요한 기회를 제공한다. mRNA 치료법은 환자 맞춤형 암호화 서열을 대규모로 처리할 수 있는 단일 mRNA 치료 플랫폼에 대한 희망을 갖게 한다. 성공한다면 환자의 몸속 기계 장치는 그에게 절실하게 필요한 관련 단백질을 번역해서 만들 것이다.

마지막으로 1990년대에 제약 산업을 재정의했던 치료용 항체에 대해 생각해보자. 치료용 항체는 우리 면역체계의 B세포가 만든 항체를 실험실에서 만들어낸 버전이다. 과학자들은 이 항체가 세포 표면의 단백질 표적에 특이적으로 결합하도록 조정할 수 있다. 단순히 단백질에 결합하는 것만으로 질병의 진행을 무력화하는 경우도 있고, 질병에 걸린 세포를 죽이는 유익한 효과를 유도하는 경우도 있다. 흔하게 처방되는 치료용 항체로는 류머티즘성 관절염의 경우 휴미라, 암의 경우 키트루다와 옵디보, 습진과 천식의 경우 듀피젠트, 건선과 크론병의 경우 스텔라라가 있다. 이들 치료용 항체는 단백질이라서 알약으로 복용할 수는 없다. 소화계는 우리가 삼킨 단백질을 소화시키는데, 이때 음식 속 단백질과 치료용 단백질을 구별하지 않기 때문이다. 그래서 치료용 항체는 대개 혈액 속으로 직접 전달된다. 환자는 병원이나 주사실에 가서 팔에 꽂힌 주삿바늘을 통해 약제가 천천히 떨어지는 동안 한 시간은 가만히 앉아 있어야 한다. 이러한 정맥 주사는 비용이 많이 들고 지루하며 환자에게 고통을 안기기 십상이다. 누군가는 단백질마다 그에 해당하는 mRNA가 있는 만큼, 이러한 항체도 백신 접종과 마찬가지로 피하 주사를 통해 mRNA로 전달하면 된다고 생각할 수 있다. mRNA를 통해 치료용 항체를 충분히 생산할 수 있을지는 아직 확실하지 않지만, 그 아이디어 자체는 현재 생물의학 연구자들이 들여다보고 있을 만큼 충분히 매력적이다. 투자자들이 mRNA를 폄하하고 무시하는 시대는 이제 확실히 끝났다.

요약하면, 이 모든 mRNA 치료제의 기본이 되는 과학적 원리는 단순하다. 면역체계를 자극하거나, 누락 또는 돌연변이를 일으킨 단백질을 대체할 다른 단백질이 필요한 모든 경우에, 필요한 단백질 대신 해당 mRNA를 활용하여 우리 몸속에서 그 단백질을 만들도록 지시하는 것이다. 물론 이 원리를 현실화하기란 쉽지 않지만, 코로나19 mRNA 백신의 성공은 엄청난 자극이 되었다.

● ● ●

우리는 지금까지 효과적인 약제로 탈바꿈한 세 종류의 RNA에 대해 살펴보았다. 첫 번째는 치명적인 소아 질환인 척추성 근위축증을 성공적으로 치료한 안티센스 RNA다. 안정성과 전달력을 개선하기 위해 화학적 변형을 충분히 한 이 RNA는 유용성이 입증되었다. 두 번째는 siRNA다. 이는 희귀하고 파괴적인 유전 질환을 치료하는 데 사용되었으며, 가까운 미래에 알츠하이머나 ALS 같은 신경 퇴행성 질환을 퇴치하는 데도 사용될 수 있다. 마지막은 바로 mRNA다. 우리가 아직 생생하게 기억하는 최악의 팬데믹을 물리친 효과적인 백신으로 변신한 mRNA는 인류에게 새로운 백신과 치료제를 제공할 준비가 되어 있다.

이 세 가지 경우 모두 치료 요법은 RNA 수준에서 작동하므로 인간 유전자에는 아무런 변화가 없다. 앞에서 살펴본 것처럼 mRNA 백신의 장점 중 하나는 유전체를 변형시킬 위험이 없다는 것이다. 하지만 오늘날 RNA를 기반으로 하는 또 다른 자연적인 과정, 즉 박테리아가 바이러스 감염에 대항해 자기를 보호하고자 사용하는 방어 체계는 인간을 포함한 모든 생물 종의 게놈을 편집하는 도구로 탈바꿈시켰다. 그것도 전례 없는 속도와 정확성을 가지고 말이다. 그런데 이 기술은 RNA를 기반으로 한 이전의 기술들과는 달리 유전체에 영구적인 변화를 초래하므로 그만큼 강력하기도 하지만, 동시에 잘못 사용하면 위험할 수 있다. 이번에도 다시 한번 혁명의 촉매가 된 것은 기적의 분자, RNA다.

11장

가위 들고 달리기: 크리스퍼 혁명

RUNNING WITH SCISSORS

과학자들이 점차 뜨거워지는 우리 행성에서 재배할 수 있는 열과 가뭄에 강한 농작물, 또는 탄소를 포집해 기후 변화의 영향을 되돌릴 수 있는 유기체, 파괴적인 유전 질환에 대한 빠르고 안전한 치료법을 개발할 수 있는 세상을 상상해보라. 이것이 바로 크리스퍼CRISPR에 의해 유토피아적으로 변화된 미래의 상이다. 최근 나온 책들에서 이 유전자 편집 기술을 "진화를 통제할 수 있는 상상하기도 어려운 대단한 힘", "인간성을 편집할 수 있는" 멋진 전망, "인류의 미래"를 결정하는 기술이라고 선전한다.[1] 하지만 모든 사람이 크리스퍼에 대해 그렇게 낙관적이지는 않다. 그것이 세상을 어떻게 부정적으로 변화시킬지에 대한 디스토피아적인 상도 존재한다. 무책임한 개인이나 정부가 크리스퍼를 이용해 사람들을 공격하는 동물이나 말 잘 듣는 초능력자 집단을 만든다는 식이다. 그런데 영화 〈스타워즈〉에서처럼 누군가가 유전공학을 통해 '클론 트루퍼(영화에서 클론 부대원으로 이뤄진 군대-옮긴이)'를 만드는 게 과연 가능할까?

크리스퍼를 사용하면 모기에서 옥수수, 인간에 이르기까지 거의 모든 유기체의 유전자를 변화시킬 수 있다. 많은 사람이 크리스퍼를 유전자 공학과 연관시키지만, 사실 크리스퍼의 작동 부위는 박테리아의 자연적인 생명 현상에서 발견되었다. 박테리아는 앞에서 살펴본 파지라는 바이러스의 공격을 막는 데 이 과정을 사용한다. 박테리아와 바이러스 사이의 전쟁은 아마도 10억 년 이상 지속되었을 것이다. 어느 한쪽이 새로운 공격을 할 때마다 다른 쪽은 새로운 반격을 시도한다. 그렇기에 DNA를 기반으로 하는 바이러스에 대항해 작동하는 크리스퍼 시스템은, 어떤 의미에서 보면 그렇게 특별하지 않으며 파지에 대항하는 여러 보호 체계 중 하나일 뿐이다.● 하지만 이것이 유전공학의 도구로 재구성된 것은 최초이며, 특히 RNA를 통해 전례 없는 힘을 발휘한다.

크리스퍼의 DNA 절단 장치는 두 부분으로 구성된다. 첫 번째는 Cas9CRISPR-associated 9 단백질이다. 이 단백질은 분자 가위처럼 작동하는 효소로, DNA 이중나선의 두 가닥을 물리적으로 절단한다.

● 게놈 편집 도구로 가장 먼저 사용되기 시작한 CRISPR-Cas9 시스템은 DNA를 가진 파지로부터 박테리아를 보호한다. 반면에 RNA를 절단해 RNA 파지로부터 박테리아를 보호하는, RNA에서 유도된 다른 크리스퍼 시스템도 있다.

어린 시절 부모님으로부터 위험하니 가위를 들고 함부로 뛰어다니지 말라는 잔소리를 들어봤을 것이다. 똑같은 위험성이 여기에도 적용된다. 제대로 제어되지 않으면 이 DNA 절단 가위는 무작위로 커다란 손상을 입힐 수 있다. 바로 그런 이유로, 여기서 RNA가 등장한다. 나와 함께 박사 후 연구원으로 일하던 제니퍼 다우드나(앞선 장에서 RNA 구조의 비밀을 풀던 그 과학자)와 동료 에마뉘엘 샤르팡티에Emmacuelle Charpentier는 2012년에 맞춤형 '가이드 RNA'와 Cas9 효소를 결합하면 크리스퍼의 가위가 특정 유전자 서열을 절단하도록 정확하게 지시할 수 있다는 것을 발견했고, 이 획기적인 돌파구는 2020년 두 사람에게 노벨 화학상을 안겨주었다. 다우드나와 샤르팡티에의 발견이 발표된 후[2] 몇 달 안에 MIT의 장펑张锋, 하버드 대학교의 조지 처치George Church, 버클리에 있는 제니퍼의 연구팀은 이 RNA로 유도한 게놈 편집 방식이 살아 있는 인간 세포에서 효과가 있음을 보여주었다.[3] 적용할 수 있는 분야가 수도 없이 많았지만, 과학자들은 무엇보다 먼저 암을 유발하는 종양 유전자oncogene들, 또한 알츠하이머나 근위축성 측삭경화증에서 잘못 접힌 단백질을 암호화하는 유전자들을 비활성화하는 데 크리스퍼를 가장 먼저 응용하기로 결정했다.

그렇다면 RNA는 정확히 어떻게 이런 일을 가능하게 하는가? 앞에서 몇 번이고 살펴보았듯이, RNA는 염기쌍 짝짓기의 귀재여서 그 안의 핵산들은 서로 생산적인 방식으로 대화하며 분자적인 짝짓기를 한다. Cas9 단백질과 결합하는 RNA 분자는 이 힘을 사용해서 두 가닥의 DNA 중 하나와 염기쌍 짝짓기를 하고, 그에 따라 게놈 편집이 일어날 정확한 위치를 놀랍도록 정확하게 지정한다. 이 기술이 등장하기 전에는 인간 게놈 안의 특정 부위를 편집하는 방법이 값비싸고 지루하며 너무 어려워서 전 세계의 몇몇 실험실에서만 사용할 수 있었다. 하지만 요즘에는 학부생들도 약간의 훈련만 받으면 크리스퍼 키트를 사용해 유전자의 나쁜 돌연변이를 지우거나, 몇 주 안에 어떤 유전자를 완전히 무력화할 수도 있다. 내가 일하는 실험실에서는 크리스퍼가 너무 자주 언급된 나머지 마치 '구글로 검색하다'를 '구글하다'라고 말하는 것처럼 일종의 동사가 되었다. 일단 어떤 유전자를 '크리스퍼해서' 무언가 수정하면, 그것이 우리의 페트리 디쉬에서 자라는 세포에 어떤 영향을 미치는지 직접 관찰할 수 있다.

크리스퍼를 두 팔 벌려 받아들이는 것은 비단 우리 연구실만이 아니다. 이 기술을 더욱 급진적으로 적용하는 것에 대한 논의가 이루어지고 있지만, 전 세계적으로 7,000여 곳의 연구실들이 이미 크리스퍼를 사용했고, 그중 일부는 인상적인 새로운 발견을 했다.[4] 하지만 더 많은 혁신적 발견들이 다가오고 있다. 연구자들은 세포뿐만 아니라 초파리나 쥐 같은 살아 있는 동물들에게 유전자 변화를 일으키기 위해 크리스퍼를 일상적으로 사용한다. 과학자들은 지나치게 들떠 무언가 과장하는 것을 혐오하지만, 생명과학 분야의 많은 연구자는 이 기술이 마치 '그리스도의 재림'과 비슷하다고 묘사한다. 보통은 '크리스퍼 혁명'이라고 부르지만 말이다.

박테리아를 구하라

이와 같은 과학자들의 열정적인 반응을 이해하고 크리스퍼의 드높은 가능성을 진정으로 이해하려면, 그 보잘것없는 시작부터 살펴야 한다. 연구자들은 박테리아 게놈의 DNA 염기서열을 살펴보다가 우리가 오늘날 크리스퍼라 부르는 실체를 처음으로 확인했다. 이들은 ATG라는 시작 코돈으로 시작해 3개의 정지 코돈 중 하나로 끝나는 트리플렛 코돈의 연속적인 가닥에서 박테리아의 단백질을 암호화하는 유전자를 확인하는 데 익숙했다. 하지만 크리스퍼 DNA는 새롭고 특이해서 연구자들의 관심을 끌었다. 그것은 '다시 합창합시다'와 같이 앞으로 읽든 뒤로 읽든 똑같은 회문이 반복되는 염기서열을 포함했다. 그런데 이러한 반복 서열들과 공간을 두고 배열된 것은 박테리아의 염기서열이 아니라 오히려 그것을 공격하는 바이러스인 파지에서 비롯한 염기서열이었다.

마치 박테리아가 그동안 침입한 파지들을 기록하고 있는 것 같았다. 이 반복 서열은 나중에 새로운 파지 서열을 삽입하도록 지시하는 것으로 밝혀졌는데,[5] 마치 연락처 목록을 업데이트하는 것과 비슷했다. 이 DNA 배열에는 '규칙적인 간격을 둔 짧은 회문 반복 서열의 모임'이라는 매우 긴 이름이 붙었는데, 고맙게도 연구자들은 크리스퍼 CRISPR라고 짧게 줄여 불렀다. 하지만 크리스퍼가 하는 일은 여전히 확실하지 않았다.

제니퍼 다우드나는 2006년 버클리의 동료인 질 밴필드Jill Banfield의 소개로 크리스퍼를 알게 되었다. 밴필드는 처음부터 이 특이한

DNA 배열에 관심을 가졌지만, 그 기능적 의미는 훨씬 더 흥미로웠다. 예컨대 건강한 박테리아로 우유를 요거트로 만드는 요거트 회사의 과학자들은 크리스퍼가 프로바이오틱 박테리아를 공격하는 파지를 제거시킨다는 사실을 발견했다.[6] 곧 이들과 동료들은 크리스퍼 시스템이 박테리아에 들어오는 파지 DNA를 잘라 파괴한다는 사실을 알아냈다.[7] 일단 박테리아가 크리스퍼 클러스터에 저장된 특정한 파지 서열의 일부를 가지고 있으면, 박테리아는 그 파지에게 공격받지 않도록 면제되었다. 마치 크리스퍼가 박테리아에게 이렇게 외치는 듯했다. "내 조상들이 당신을 예전에 보았는데 정말 나쁜 존재들이라서, 이제 당신을 파괴할 것이다!" 크리스퍼는 과거의 감염이나 백신에 의해 시동이 걸리는 인간의 면역체계와 비슷한 면모를 보였다. 하지만 박테리아가 그 면역력을 DNA에 내장한 채로 다음 세대에 전달한다는 점에서 크리스퍼가 훨씬 나았다. 후손 박테리아는 예방접종을 받은 채로 태어난 셈이다.

이제 RNA가 나설 차례였다. 존 반 데르 오스트John van der Oost가 이끄는 네덜란드의 연구진은 작은 RNA들이 박테리아의 크리스퍼 반복 서열에서 전사된다는 것을 발견했다. 이 RNA는 어째서인지 바이러스에 저항하는 방어력을 유도했다.[8] 하지만 어떻게 그렇게 할 수 있을까? RNA가 크리스퍼에서 핵심적인 역할을 한다는 점이 분명해지자, RNA 전문가인 제니퍼는 자신의 실험실에서 그것의 작동 방식을 연구하기로 결심했다. 제니퍼가 아직 성숙하지 못한 이 연구 분야의 리더가 되기까지는 그리 오랜 시간이 걸리지 않았다.[9]

2011년 제니퍼는 크리스퍼 RNA가 이 항바이러스 시스템이 보이는 특이성의 핵심 열쇠라고 가정했다. 이 RNA는 마치 일치하는 서열이 없는 박테리아의 염색체는 내버려둔 채 잘라내야 할 파지의 DNA를 인식하도록 안내자 역할을 하는 것처럼 보였다. 하지만 RNA가 잘라낼 DNA를 식별하는 역할을 한다면, 누가 그것을 실제로 잘라냈을까? 이 질문에 대한 답은 스웨덴 우메오 대학교의 에마뉘엘 샤르팡티에와 제니퍼의 공동 연구에서 찾을 수 있다.

에마뉘엘은 가냘픈 체구의 여성이지만, 일단 연단에 오르면 명확한 사고로 자신의 생각을 또렷이 전달해 청중들을 매료시키는 사람이다. 그동안 제니퍼는 멀리서 에마뉘엘의 작업을 감탄하며 바라보다가 2011년 푸에르토리코의 학회에서 우연히 처음 만났다.[10] 에마뉘엘은 말씨가 부드럽지만 능청스러운 유머를 구사하고 주변 사람의 기분이 좋아질 만큼 유쾌했다.[11] 함께 있는 동안 즐겁다는 것은 협업이 잘 이루어질 것이라는 좋은 징조다.

에마뉘엘은 만약 패혈성 인두염을 일으키는 박테리아에서 Cas9라는 단백질에 돌연변이가 일어나면 이 박테리아는 더 이상 파지의 공격으로부터 보호받지 못한다는 것을 발견했다. 크리스퍼가 더 이상 작동하지 않기 때문이었다. 이 Cas9 단백질이 침입하는 파지 DNA를 잘라내는 가위 역할을 담당하는, 지금껏 알려지지 않은 효소일까? 그렇다면 크리스퍼에서 복사된 RNA는 어떻게 이 가위 단백질에게 어디를 자를지 알려줄까? 이것은 에마뉘엘과 제니퍼 두 사람 모두 흥미롭게 여기는 질문이어서, 둘은 함께 연구하기로 했다.

Cas9 단백질이 정말로 크리스퍼의 가위인지를 검증하기 위해, 이들은 단백질을 정제해 다양한 가이드 RNA 후보가 들어 있는 시험관에서 뒤섞었다. 이제 여기에 여러 합성 DNA를 주가할 예정이었다. 이 DNA 중 일부는 가이드 RNA와 짝을 맞추는 파지 서열의 사본이고(표적), 나머지는 짝을 맞추지 않는 DNA였다(대조군). 만약 두 사람의 가설이 옳다면, 파지와 비슷한 DNA는 그것과 짝을 이루는 가이드 RNA가 존재할 때 반으로 잘릴 테지만, 짝이 맞지 않는 DNA는 그대로 남을 것이다.

뛰어난 재능을 가졌지만 겸손한 체코 출신의 박사 후 연구원 마르틴 지넥Martin Jinek이 제니퍼의 실험실에서 연구를 총괄했다. 에마뉘엘의 실험실에서 마르틴과 같은 역할을 하는 사람은 크르지스토프 칠린스키Krzysztof Chylinski라는 폴란드 대학원생이었다. 다행히 두 사람 다 폴란드와 체코의 국경 사이에서[12] 자라 폴란드어를 할 줄 알았기에 스카이프로 자주 대화를 나누었다.

첫 번째 단계는 단백질을 정제하는 것이었다. 크르지스토프에게서 Cas9의 유전자를 받은 마르틴은 즉시 대장균이 단백질을 만들도록 했다. 대장균에서 다른 박테리아의 단백질을 발현시키는 작업이 종종 성공을 거두기는 했지만 언제나 그렇지는 않았기에, 마르틴과 동료 학생은 Cas9 단백질 생산을 최적화하기 위해 여러 조건을 탐색해야 했다. 이후 이들은 핵심적인 실험을 시작했다. Cas9 단백질과 가이드 RNA가 서로 결합할 수 있도록 시험관에서 섞고, 가이드 RNA와 짝이 맞는 서열의 DNA를 파지 RNA의 대역으로 추가한 다음 그 DNA만이 절단되었는지를 확인하는 것이었다.

하지만 실험은 완전히 실패하고 말았다. 표적 RNA는 아무런 손상 없이 그대로였다. 당황한 연구자들은 스카이프를 통해 머리를 싸매고 토론했다. 어쩌면 애초에 가설이 틀렸을지도 모른다. Cas9가 DNA를 절단하는 효소가 아니었던 게 아닐까? 아니면 실험 과정에서 어떤 요소가 빠진 걸까? 에마뉘엘은 '트랜스 활성화 크리스퍼 RNA'를 뜻하는 tracrRNA라는 두 번째 RNA를 발견한 적이 있는데, 이것은 박테리아가 크리스퍼 가이드 RNA를 생산하는 데 필요했다. 혹시 Cas9이 DNA를 절단할 때도 이런 또 다른 RNA가 필요한 게 아닐까?

마르틴은 가이드 RNA와 tracrRNA를 새로운 시험관에 섞었다. 그러자 이번에는 표적이 깔끔하게 두 조각으로 잘렸다. Cas9와 가이드 RNA가 유전자 가위처럼 작동하려면 tracrRNA의 도움이 필요했다. tracrRNA는 절단을 위해 가위를 단단히 고정하는 엄지손가락 역할을 했다. 이때 표적 DNA가 실제로 절단되었을 뿐 아니라 그 표적만 잘라내는 특이성도 대단했다.[13] 가이드의 염기서열과 짝을 맞추지 않는 DNA는 손을 대지 않았지만, 이 절단되지 않은 DNA의 서열에서 20개 뉴클레오티드만큼 짝을 이루는 새로운 가이드 RNA를 설계해 집어넣으면 DNA를 자를 수 있었다. 이것은 워드 소프트웨어에서 '검색' 기능과 비슷했다. 20자로 이루어진 문자열을 검색하면 소프트웨어가 완벽하게 일치하는 텍스트를 모두 강조 표시한다.●[14]

하지만 제니퍼와 마르틴은 성공에 한껏 도취하기만 하는 과학자

● 후속 연구에 따르면 크리스퍼 시스템은 가이드 RNA와 DNA 표적 사이에 20개 뉴클레오티드가 전부 완벽하게 일치하기를 요구하지는 않는다. 그에 따라 '표적을 어느 정도 벗어난' 편집이 가능해졌는데, 이것은 과학자들이 그동안 해결하고자 했던 잠재적인 우려 사항이다.

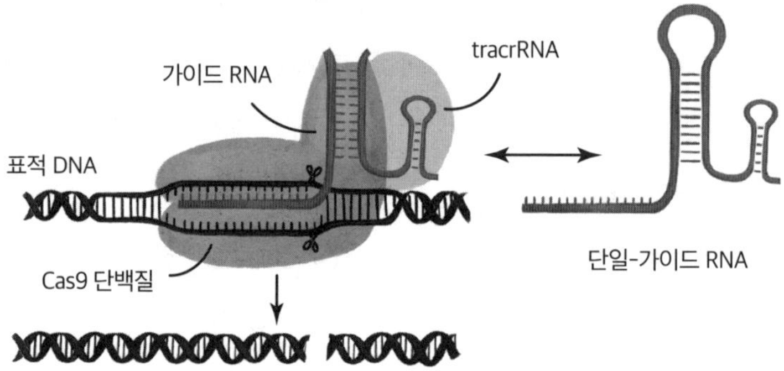

크리스퍼-Cas9 박테리아 방어 복합체(왼쪽)는 표적인 파지 DNA 서열을 인식하는 가이드 RNA, 그리고 가이드 RNA와 염기쌍 짝을 이루며, 그것을 Cas9 단백질에 고정시키는 tracrRNA를 가지고 있다. Cas9는 DNA 두 가닥을 모두 절단한다. 게놈 편집에 사용되는 크리스퍼-Cas9의 조작된 형태는(오른쪽) 2개의 자연적인 RNA를 융합해서 만든 단일-가이드 RNA를 가진다.

들이 아니었다. 그래서 제니퍼는 마르틴과 함께 새로 얻은 데이터를 확인해 발견을 축하한 다음, 곧장 '어떻게 해야 이것을 더 발전시킬 수 있을까?'로 화제를 돌렸다. 2개의 서로 분리된 RNA와 단백질 하나를 이용해 크리스퍼로 DNA를 절단하는 것은 시험관 안, 그리고 박테리아에서 분명 성공했다. 하지만 이 기술이 인간 세포에 어떻게 활용될 수 있을지를 고민해보면 문제는 복잡해 보였다. 아마 세포 안에 3개의 DNA를 도입해야 할 것이다. 즉 세포가 Cas9 단백질, 가이드 RNA, tracrRNA라는 세 가지 구성 요소를 자체적으로 생산하도록 해야 했다. 그런 다음 굉장한 인내심을 가지고 RNA 중합효소에 의해 3개의 DNA가 각각 해당하는 RNA로 전사된 다음, 그 결과 생성된 Cas9 mRNA가 리보솜으로 가는 길을 찾아 단백질로 번역되고,

마지막으로 3개의 최종 구성 요소가 DNA 표적이 있는 세포의 핵에서 서로를 찾아야 했다. 움직여야 할 부품이 아주 많은 셈이다. 시스템을 단순화하는 방법이 없을까?

경험이 풍부한 이 두 RNA 과학자가 답을 찾는 데는 그리 오랜 시간이 걸리지 않았다. 이들은 가이드 RNA와 tracrRNA를 하나의 분자로 만드는 방법을 알아냈다. 제니퍼가 25년 전 잭 쇼스탁의 연구실에서 대학원생으로 지낼 때 SunY 리보자임을 이용해서 했던 것과는 정반대의 방식이었다. 그런 다음 제니퍼는 좀 더 다루기 쉬운 크기의 여러 조각으로 큰 RNA를 조립하는 방법을 고안했다. 이제 제니퍼와 마르틴은 2개의 크리스퍼 RNA를 보면서 어떻게 이 둘을 연결해 **단일-가이드 RNA**를 만들 수 있을지 고민했다. Cas9 단백질에 단일-가이드 RNA가 합쳐진 이 역동적인 이인조는 시험관에서 표적 DNA를 깔끔하게 절단했다. 이제 다우드나-샤르팡티에 팀은 그들의 발견을 만천하에 공개하고,[15] 곧 쏟아질 쓰나미 같은 사람들의 관심에 미리 마음의 준비를 했다.

먼저 가위, 그다음 접착제

만약 DNA를 절단하는 것만이 크리스퍼가 부리는 마법의 전부였다면, 산업계는 말할 것도 없고 학술 분야에서도 크리스퍼에 대한 관심은 훨씬 적었을 것이다. DNA를 절단하는 새로운 도구의 등장만으로 생명공학 기업들의 먹거리가 될 산업 전체가 탄생하지는 않았을 것이다. 하지만 RNA로 유도되는 Cas9이 이전에는 상상하지 못했던 특이성으로 DNA를 절단한다는 사실은 결코 우연히 발견한 것이 아니다.

효모를 비롯한 균류 연구에서 시작해 초파리와 포유류로 넘어가면서, 과학자들은 살아 있는 세포들이 부서진 DNA 분자를 그대로 두지 않는다는 사실을 이미 알고 있었다. 게놈의 완전성은 생명이 살아가는 데 필수적이었기 때문이다. 아주 옛날부터 유기체들은 부서진 DNA를 빠르게 붙이는 방법들을 찾았다. 그 결과 연구자가 크리스퍼를 이용해 어떤 유전자를 자르면, 세포의 수선 장치들이 활동을 개시한다. 이때가 바로 유전자 편집이 일어나는 순간이다.[16]

인간을 포함한 진핵생물에서 DNA의 복구는 크게 두 가지 방식으로 일어난다. 첫 번째는 재빨리, 다소 지저분하게 일어나는 '긴급 복구'로, 부서진 염색체 말단을 다시 연결한다. 전문 용어로는 **비상동 말단 연결**NHEJ이다. 여기서 '말단 연결'이 무슨 뜻인지는 설명하지 않아도 자명하다. 그리고 '비상동'이란 두 말단이 공통된 DNA 서열을 가질 필요가 없다는 뜻이다. 즉 부서진 두 DNA 말단이 무엇이든 서로 연결할 수 있다. NHEJ의 특징은 꿰매는 과정이 엉성해서 수선 부위에서 몇 개의 뉴클레오티드가 손실되거나 삽입된다는 것이다. 바꿔 말하면, 이 과정은 복구된 DNA에 원치 않는 돌연변이를 남기곤 한다. 따라서 크리스퍼 절단에 뒤이어 NHEJ가 일어나면 종종 단백질을 지정하는 코돈의 순서가 엉망이 되어 유전자가 비활성화된다.

이해하기 쉽도록 이 작동 방식을 단어를 처리하는 과정에 빗대보자. 단일-가이드 RNA는 마치 문서에서 '검색' 기능으로 문자열을 찾는 것처럼 DNA 염기서열을 검색한다. 우리가 찾고자 하는 문자열,

예컨대 '그 큰 고양이'를 입력하면(ATGCCTTCG로 암호화되는) 소프트웨어는 문서에서 정확하게 일치하는 곳을 찾아준다.

GTAGGGC *ATG* CCT TCG AAA ATA TTT TGT *TAG* CGC CTC CTT GGA GTA GAA

그 큰 고양이는 먹었다 하나의 통통한 쥐를.

여기서 시작 코돈과 종결 코돈은 이탤릭체로 표시된다. 이제 가이드 RNA가 작동 부위를 찾으면 Cas9 효소가 그 부위에서 DNA를 절단하는데, 이것은 키보드에서 '리턴' 버튼을 누르는 것과 같다. 그러면 줄이 바뀌며 텍스트가 중간에서 끊어진다.

GTAGGGC *ATG* CCT TCG

AAA ATA TTT TGT *TAG* CGC CTC CTT GGA GTA GAA

그 큰 고양이

먹었다 하나의 통통한 쥐를.

이제 '백스페이스' 버튼을 누르면 원문이 복원된다. 이것은 NHEJ가 DNA를 복구하는 과정과 비슷하다. 하지만 NHEJ는 엉성하다는 사실을 기억하라. 그래서 종종 실수로 한두 글자가 빠지거나 삽입된 채 말단이 연결된다. 예컨대 T라는 오타(밑줄 친) 하나를 삽입한 뒤 문장을 다시 꿰매 보자.

GTAGGGC *ATG* CCT TCG TAA AAT ATT TTG TTA GCG CCT CCT TGG AGT AGA

그 큰 고양이는 뛴다 이제 본다 여우가 달리는 걸 밖으로 크고 큰 재미있는 태양을 먹었다

글자를 겨우 하나 삽입했을 뿐인데 문장 전체의 의미, 즉 유전자의 의미가 파괴된다. 이것은 NHEJ가 재빨리, 다소 지저분하게 유전자를 수선하는 데 따른 대가다.

두 번째 DNA 복구 방법은 **상동 재조합**이다. '상동'이란 DNA의 부서진 끝이 자신과 염기쌍 짝을 이루는 DNA 서열을 찾아 주변을 둘러본다는 뜻이고, '재조합'이란 이 DNA가 상대 DNA 서열을 주형으로 삼아 자기 자신을 정확하게 복구한다는 뜻이다. 염기쌍 짝을 이루는 DNA 서열은 염색체의 또 다른 사본에서 올 수도 있다. 즉 어머니에게서 물려받은 염색체를 주형으로 삼아 아버지에게서 물려받은 부서진 염색체를 수선할 수 있다. 하지만 상동 재조합이 이루어지려면 NHEJ보다 까다로운 조건을 충족해야 하므로 이런 경우는 많지 않다.

언뜻 보기에 완벽한 DNA 수선이 유전자 편집에 유용할 것 같지는 않다. 실제로 원래의 DNA 염기서열을 복구하면 유전자 편집에 쓸모가 없었을 것이다. 하지만 크리스퍼가 발견되기 훨씬 전에, 과학자들은 공여체 주형 DNA를 이용해• 상동 재조합 과정을 쉽게 속일 수 있다는 것을 발견했다. 이 DNA는 절단 부위 근처와 동일한 서열을 가지고 있으면서 아무 상관 없는 DNA 조각을 가지고 있다. 이렇

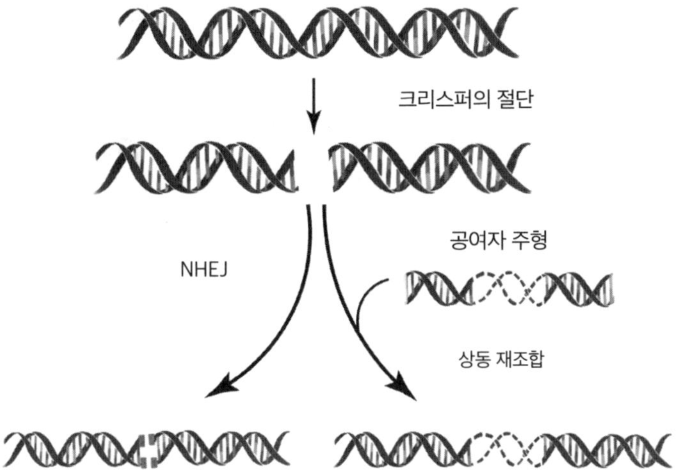

크리스퍼-Cas9가 특정 서열에서 표적 DNA를 절단하고 나면, 세포의 DNA 수선 장치가 넘겨받아 유전자 편집을 수행한다. 이때 비상동 말단 연결(NHEJ)은 신속하지만 엉성한 복구 시스템이어서 보통 수선 부위에 약간의 DNA를 삽입하거나 삭제한다. 반면 상동 재조합은 더 정확한 시스템이며, 복구를 안내하기 위해 공여체 주형 DNA가 필요하다. 공여체 주형은 측면 서열이 표적 DNA의 서열과 맞아떨어지면 인간 DNA의 돌연변이를 수정하거나 새로운 유전 요소를 추가하기 위해 새로운 서열(이중나선의 점선 부분)을 도입할 수 있다.

게 하면 염기쌍으로 짝지어지지 않는 이 엉뚱한 DNA가 함께 따라온다. 이런 방식으로 과학자들은 유전자의 염기서열을 정확하게 편집

● 그동안 살아 있는 세포에 외부의 DNA를 도입하기 위한 여러 방법이 개발되었다. 그중 일부는 외부 DNA가 존재하는 상태에서 세포 표면을 손상시키는데, 그러면 세포가 손상을 복구하는 동안 DNA의 일부가 안으로 들어간다. 그뿐만 아니라 바이러스를 조작해 비바이러스성 DNA를 세포 안으로 운반하도록 할 수도 있다. 또한 '고속발사 삽입(biolistics)'이라는 기술은 외부 DNA를 작은 입자에 코팅한 다음 문자 그대로 세포 안으로 발사해 집어넣는다.

할 수 있다. 또는 훨씬 더 극적으로, 처음에는 유전자와 염기쌍으로 짝지어지는 서열을 도입하기 시작했지만, 유전자를 완전히 재설계해 그 뒤쪽으로 새로운 유전 요소를 삽입한 염기서열을 도입할 수도 있다. 크리스퍼 이전에는 DNA의 특정 지점을 잘라서 재조합을 일으키게 하는 것이 쉽지 않았다. 하지만 이제 RNA의 안내를 받는 크리스퍼를 통해 놀랍도록 정확하게 이 작업을 할 수 있다.

상동 재조합이 어떻게 작동하는지 이해하려면, '복사와 붙여넣기' 기능을 사용해 문서에 새로운 문자를 추가한 다음 문장을 다시 이어 붙여 편집하는 것을 상상해보라. 염색체에 적용하면 다음과 같다.

GTAGGGC *ATG* CCT TCG AAA ATA TTT TGT *TAG* CGC CTC CTT GGA GTA GAA

그 큰 고양이 먹었다 하나의 통통한 쥐를.

이제 공여자 주형에 대해 살펴보자. 이것은 염색체의 서열과 동일하게 시작하지만 새로운 정보를 추가하며 이어진다.

ATG CCT TCG CTT ATG TTG TTA GTA TGG TAG CGC CTC CTT GGA

그 큰 고양이 그리고 여우 뛰어다닌다 재미 위해서

크리스퍼의 절단이 이뤄진 뒤 상동 재조합이 뒤따르면 변경된 문장이 원래의 염색체에 통합된다.

GUAGGGC ATG CCT TCG CTT ATG TTG TTA GTA TGG TAG CGC CTC CTT GGA

그 큰 고양이 그리고 여우 뛰어다닌다 재미 위해서

그렇게 그 큰 고양이는 통통한 쥐를 잡아먹는 대신 여우와 함께 뛰게 되었다. '복사해서 붙여넣기' 기능으로 우리가 문서 속 한 문장을 다시 쓸 수 있듯이, RNA 덕분에 크리스퍼는 생명체의 암호를 다시 쓸 수 있다.

데드 Cas9의 다양한 전략

크리스퍼라는 새로운 발견에 대한 소문이 베이 브리지를 건너 샌프란시스코로 전해지는 데는 그리 오래 걸리지 않았다. 2012년 제니퍼와 에마뉘엘이 공저한 크리스퍼-Cas9에 대한 논문이 채 발표되기도 전에, 제니퍼는 캘리포니아 대학교 샌프란시스코 캠퍼스의 동료들과 함께 이리저리 궁리하기 시작했다. 엄청난 정확도로 인간의 특정 유전자를 켜고 끄는 크리스퍼-Cas9의 능력을 이용할 방법을 찾기 위해서였다. 게다가 DNA를 자르지 않고도 말이다.

어째서 DNA를 자르지 않는 크리스퍼 시스템이 유용한 유전자 조작 기술이 될 수 있는 걸까? 가이드 RNA가 Cas9를 프로그래밍해서 이중가닥 DNA가 정확한 부위에서 끊어지도록 할 수는 있지만, 그 후에도 과학자들은 여전히 이미 존재하던 세포의 장치에 의존해서 끊어진 부분을 고쳐야 했다. 하지만 이 수리는 다소 무작위적이었다. 엉성한 NHEJ가 수선을 맡는 경우가 대부분이었고 아주 가끔씩만 정확한 상동 재조합이 일어났다. 앞서 살폈듯이 NHEJ에 의한 수선은 때때로 해롭고 통제 불가능한 결과를 초래하기 때문에, 과학자들은 웬만해선 NHEJ를 피하려 했다. 그런데 만약 DNA가 처음부터 잘리지 않는다면 DNA 말단이 생기지 않으니 NHEJ도 일어나지 않을 것이다.

몇몇 과학자들은 Cas9 단백질에 돌연변이를 일으켜 DNA를 자르는 능력을 무력화하되 단일-가이드 RNA에 결합하는 기능은 그대로 남도록 변형시켰다. 이들은 자신의 창조물을 '데드(dead, 죽은) Cas9'이라 불렀다. 그리고 다양한 단백질을 데드 Cas9에 결합하면 그 단백질을 인간 게놈의 특정 부위에 전달할 수 있다는 것을 발견했다. 이런 단백질 중에는 이미 유전자를 활성화하거나 억제하는 능력이 있다고 알려진 단백질도 포함되어 있었다.

조금 비현실적이기는 하지만 이해를 돕기 위해, 여러분이 레이저 유도 미사일 시스템을 이용해 누군가에게 꽃을 보내려 한다고 상상해보자. 먼저 미사일이 더 이상 폭발하지 않도록 탄두의 작동을 중단시켜야 한다(이 부분이 '데드 Cas9'이다). 그런 다음 미사일의 유도 시스템(가이드 RNA)을 사용해서 꽃다발을 정확하게 집 앞까지 배달할 수 있다. 좌표를 입력하면 집을 폭파하는 대신 누군가를 기쁘게 할 수 있다. 중요한 점은 여러분이 정밀하게 안내되는 전달 시스템을 개발하면 탑재물을 한 가지 종류로만 제한할 필요는 없다는 것이다.

새로운 데드 Cas9이 고안되고, 그것이 실제로 잘 작동하는지 입증되는 속도는 실로 놀라웠다. 원래의 크리스퍼-Cas9 시스템에 대한 제니퍼와 에마뉘엘의 논문이 2012년 6월 28일 〈사이언스〉지에 발표되었고, 같은 해 12월에 이미 버클리-샌프란시스코 연합팀이 데드 Cas9에 유전자 억제인자와 활성화인자들을 매달아[17] 몇몇 인간 유전자들이 명령에 따라 켜지고 꺼질 수 있다는 것을 입증했다. 또 다른 연구진들도 다른 데드 Cas9 도구를 개발하고자 재빨리 뛰어들었다.[18] 보통 과학 연구가 이 정도로 빠르게 진행되지는 않는다. 물론 과학자들의 재능과 노력이 뒷받침되어야 했지만, 여기에는 RNA 유도 Cas9 장치가 기가 막히게 잘 작동한다는 것도 핵심적인 요소였다. 물이 들어오면 노를 저어야 하는 법이다!

하버드 대학교에서 일하는 화학자이자 생화학자인 데이비드 리우 David Liu는 데드 Cas9을 활용해 특히 쓸모 많은 유전자 편집 기술을 개척했다. 데이비드는 겸상 적혈구증 등 인간의 유전 질환을 유발하는 유전자의 단일 염기 돌연변이를 어떻게 교정할 수 있을지에 관심을 가졌다. 만약 1세대 크리스퍼 기술을 사용한다면 정확한 서열을 가진 공여체 주형 DNA를 추가해야 하고, NHEJ가 아닌 상동 재조합이 일어나기를 기대해야 한다. 물론 다 가능한 과정이지만 비효율적인 것은 어쩔 수 없다. 데이비드는 여러 해 전에 과학자들이 DNA를 이루는 알파벳 문자 중 하나를 다른 문자로 바꾸는 '염기 편집 효소'를 발견했다는 사실을 알고 있었다. 그는 이러한 염기 편집 단백질 중 하나를 데드 Cas9에 결합하면 가이드 RNA가 지시하는 부위의 단일 염기 돌연변이를 지울 수 있다고 생각했다. 이렇게 하면 유전자를 교정하기 위해 세포 자체의 상동 재조합 장치에 의존하지 않고도 유전자 편집 과정을 조종할 수 있다.

이러한 데이비드의 생각은 현실화됐다. 데이비드는 가이드 RNA가 염기 편집 효소를 게놈 속 어떠한 위치로도 이끌 수 있고, 이 효소는 이중가닥을 끊지 않고도 DNA 안의 문자 하나(예컨대 C를 T로)를 변경할 수 있다는 사실을 발견했다. 그러면 새로운 문자 T는 mRNA의 U로 전사되고(아래 그림에 밑줄로 표시), 정확한 아미노산을 지시하도록 트리플렛 코돈을 변경한다.

GUAGGGC *AUG* CCU UCG AAA AUA UUU UGU *UAG* CGC CUC CUU GGA GUA GAA

그 큰 고양이 먹었다 하나의 통통한 쥐를.

GUAGGGC *AUG* CCU UUG AAA AUA UUU UGU *UAG* CGC CUC CUU GGA GUA GAA

그 큰 여우 먹었다 하나의 통통한 쥐를.

단지 글자 하나가 바뀐 게 작은 변화처럼 보일 수 있지만, 가끔은 삶과 죽음을 가르는 차이가 될 수도 있다.

크리스퍼 연구는 현재 짜릿하고 흥분되는 시기를 맞았다. 매년 새로운 혁신이 등장하기 때문이다. 원래의 유전자 편집 기술, 즉 Cas9-가이드 RNA를 이용해 표적 부위 근처에서 DNA를 절단하고 상동 재조합을 위한 공여체 주형으로 DNA를 공급하는 방식은 여전히 큰 역할을 하고 있으며, 계속해서 개선되는 중이다. Cas9-가이드 RNA의 '위치 추적' 기능을 이용하되 DNA 절단은 피하려는 다양한 데드

Cas9 전략 또한 계속 발전하는 중이다. 데이비드 리우의 염기 편집기는 그러한 접근 방식 가운데 하나다. Cas12a라는 단백질 효소를[19] 포함한 Cas9의 친척을 사용하는 대안적인 크리스퍼 시스템을 연구하는 과학자들도 있다. 이런 효소는 NHEJ보다 상동 재조합을 선호하도록 DNA 수선 방식을 바꿔 DNA를 절단한다. 즉 오늘날 우리는 다행스럽게도 다양한 크리스퍼 도구를 갖췄다. 이는 치료제를 개발할 때 하나가 잘못되더라도 대안이 존재한다는 뜻이다.

유전 질환을 치료하는 크리스퍼 요법

유전자 가위는 우리가 게놈을 정확하게 편집하도록 해준다. 그런데 우리가 편집해야 할 것은 무엇일까?

일단 가장 확실한 답은 유전병을 일으키는 돌연변이다. 앞서 살펴보았듯이 유전자에 생기는 국소적인 돌연변이는 인간에게 수없이 많은 유전병을 일으킨다. 이렇게 분자적인 수준까지 알려진 첫 번째 사례가 겸상 적혈구증이다.[20] 이 병은 혈액 단백질 헤모글로빈의 소단위체 중 하나를 암호화하는 베타글로빈 유전자에서 단일 염기쌍 돌연변이가 일어나 글루타메이트가 아미노산인 발린으로 치환되면서 발생한다. 헤모글로빈 단백질의 나머지는 다 정상이라서, 이런 돌연변이를 가진 단백질은 대부분 잘 작동하여 혈류를 따라 산소를 운반한다. 그런데 갑자기 스트레스를 받거나 탈수, 운동, 감염 등이 일어나면, 돌연변이 단백질이 적혈구 내부에 뭉치게 되어 적혈구가 정상적인 접시 모양에서 길쑥한 낫 모양으로 변형된다. 이 변형된 석혈구가 서로 달라붙어 혈관을 막아, 때로 입원이 필요할 정도의 통증을 일으킨다. 병원에 가도 통증을 제어하거나 수혈을 시도할 수 있지만 근본적인 치료법은 없다.

국소적인 돌연변이로 일어나는 또 다른 유전 질환으로는 베타 지중해성 빈혈(앞서 살폈듯이 잘못된 스플라이싱으로 인해 일어난다고 알려진 최초의 질병), 테이-삭스병, 낭포성 섬유증, 그리고 다양한 형태의 근위축증이 있다. 겸상 적혈구증과 마찬가지로 이런 질환은 모두 불치병이다. 앞 장에서 설명한 siRNA나 mRNA처럼 RNA에 기반한 요법은 이런 질병에 대한 유용한 치료법이 될 수도 있지만, 돌연변이 단백질을 전부 없애지는 못하므로 병을 완전히 뿌리 뽑지는 못한다. 하지만 유전자를 돌연변이가 없는 정상 상태로 되돌리도록 편집하면, 이론적으로는 치료법이 될 수도 있다. 크리스퍼를 이용하는 이런 유전자 편집은 초파리와 쥐를 대상으로 이미 이루어졌다. 인간이라고 해서 안 될 이유가 있겠는가?

하지만 크리스퍼 유전자 편집을 치료법으로 고려할 때, 생물의학자들은 신경 써야 할 부분이 많다. 일단, 어떤 질병부터 시작해야 할까? 크리스퍼가 정확하고 빠르다는 장점이 있긴 해도, 치료법을 개발하려면 수년간의 노력과 10억 달러에 가까운 투자가 필요한 만큼 목표로 하는 질병을 신중하게 선택해야 한다. 한 가지 중요한 고려사항은 해당 질병에 대한 효과적인 치료법이 없어야 한다는 것이다. 이는 유전자 편집에 성공했을 때 큰 영향을 끼칠 수 있음을 의미한다.

그다음으로 크리스퍼 요법의 후보가 될 질환은 위험성 대비 이득이 극대화되는, 환자를 정말 쇠약하게 만드는 치명적인 병이어야 한다. 게다가 인체 내 모든 세포의 DNA를 편집할 수는 없어서, 정상적인 단백질로 부분적인 복원이 이루어지더라도 치료 효과를 거두는 질병이 적합한 후보가 된다. 이는 돌연변이에 영향받는 세포들에 우리가 쉽게 접근할 수 있어야 한다는 뜻이므로, 혈액 질환들은 특히 매력적인 표적이 된다. 연구자들은 환자의 몸에서 혈액을 뽑아내 치료한 다음 다시 주입하면 된다. 병을 치료하려면 뇌 세포에 접근해야 하는 알츠하이머와는 대조적이다. 당연하지만 사람의 뇌 속에 있는 1,000억 개의 세포에 접근하기란 결코 쉽지 않다.

결국 이 모든 기준을 충족하는 질환은 겸상 적혈구증이다. 환자가 극도로 쇠약해지는 데다 현재 마땅한 치료법이 없다. 또한 헤모글로빈 단백질을 고치려면 어떤 DNA 염기쌍을 변경해야 하는지 과학자들이 정확히 아는 데다, 인간 혈액은 쉽게 접근할 수 있는 조직이기 때문이다. 그렇기에 크리스퍼를 다루는 주요 생명공학 기업 대부분이 겸상 적혈구증 프로젝트를 진행하고 있다는 사실은 결코 놀랍지 않다.[21] 기업들은 다들 자기만의 고유한 접근 방식을 취하고 있는데, 이것은 과학적으로 바람직한 일이다. 골대로 여러 번 슛을 쏘다 보면 네트를 가르고 골인할 확률이 높아진다. 비록 데이비드 리우가 개발한 데드 Cas9 기반 염기 편집 기술이 이러한 응용에 매우 적합해 보이긴 하지만,[22] 그 밖에도 괜찮은 경쟁 기술들이 충분히 존재한다.[23]

하지만 겸상 적혈구증을 고치는 크리스퍼 요법을 개발하려면 몇몇 중요한 도전 과제들이 해결되어야 한다. 일단 적혈구는 본질적으로 헤모글로빈이 채워진 작은 봉지다. 적혈구에는 DNA가 없어서 편집할 베타글로빈 유전자도 없다. 이 적혈구들은 골수에 있는 혈액 줄기세포에서 유래한다. 혈액 줄기세포에는 유전자가 전부 존재하며, 이 가운데 우리가 고쳐야 할 돌연변이 낫 세포 유전자도 포함된다. 좋은 소식이 있다면, 줄기세포가 계속 분열하여 적혈구가 될 세포들을 만들어낸다는 것이다. 따라서 만약 우리가 줄기세포에서 유전자를 복구할 수 있다면, 복구된 단백질의 혜택은 줄기세포의 모든 딸세포에게 돌아간다. 문제는 이러한 줄기세포가 희귀해서 분리하기가 어렵고, 일단 환자로부터 수집되었다 해도 유전자 편집이 이루어질 실험실에서 배양하기 힘들다는 점이다. 어쨌든 편집을 거친 줄기세포는 골수에서 다시 집을 찾을 수 있도록 환자에게 이식되어야 한다. 이 세포는 환자 자신의 것인 만큼 다른 사람에게 골수를 기증받았을 때 발생할 수 있는 면역 거부반응이 없다. 또한 일반적인 골수 이식과는 달리 방사선을 쏘이지 않아도 된다.

2020년, 미시시피주 출신으로 네 아이의 어머니인 30대 여성 빅토리아 그레이Victoria Gray가 크리스퍼 치료를 받은 최초의 적혈구증 환자가 되었다.[24] 그레이는 평생 갑작스럽게 닥치는 끔찍한 고통을 두려워하며 살아왔다. 게다가 피로감이 너무 심한 나머지 아이들을 돌볼 수 없는 날이 많았다. 그럴 때마다 응급실에서 밤을 보내며 수혈받았지만, 증상을 일시적으로 완화할 뿐이었다. 이제 크리스퍼 치료를 받은 그레이는 처음으로 건강한 인생을 즐기고 있다. 이러한 사연은 굉장히 고무적이다. 크리스퍼 치료제의 효과와 안전성을 철저히 검증하기 위해서는 임상시험이 필수적인데, 이러한 시험이 현재 진행 중에 있다. 2023년에는 크리스퍼를 기반으로 하는 엑사 셀(캐스

게비라고도 불리는)이라는 약이[25] 겸상 적혈구증과 수혈에 의존하는 지중해성 빈혈 치료제로 당국의 승인을 받으며 새로운 희망을 안겨주었다. 이 약은 처음에는 영국의 규제 기관으로부터, 이후에는 미국 FDA로부터 치료제로 허가받았다. 이 희망적인 신약의 뒤를 이어 계속해서 더 많은 치료제가 개발되기를 바란다.

공공의 가치

만약 여러분에게 모든 걸 할 수 있는 강력한 유전자 가위가 있다면 어째서 돌연변이를 교정하려는 노력을 **체세포**에만 한정지어야 하는지, 즉 배아 세포에는 왜 이 요법을 적용할 수 없는지 궁금해할 것이다. 유전 질환을 더 효율적으로 치료하려면 태어나기 전 배아 상태에서 오류를 교정하는 게 좋지 않을까? 허젠쿠이贺建奎의 생각도 그와 같았다. 중국 심천에 자리한 남방과기대학교 교수인 그는 2018년에 HIV 감염에 대한 면역력을 부여하고자 HIV가 인간 세포에 침투할 때 사용하는 단백질을 제거하는 방식으로 크리스퍼를 사용해 두 쌍둥이 자매의 배아를 유전적으로 편집했다는 사실을 밝힌 이후 과학계에서 내쳐졌다. 그는 일하던 대학교에서 해고된 것은 물론이고 '불법적인 의료 행위'로 3년의 징역형을 선고받았다. 그동안 대중의 항의에 반항적인 태도를 고수해왔지만, 2023년 영국 신문 〈가디언〉지와의 인터뷰에서 자신이 '너무 빨리 움직였을 뿐'이라 생각한다고 밝혔다.[26]

허젠쿠이의 행동은 크리스퍼를 비롯한 유전자 편집을 어디까지

허용할지 경계를 두어야 한다는 과학계의 합의에 대한 위반이었다. 물론 안전성과 효능에 대한 데이터가 충분히 축적되면 재평가할 수 있고, 또 반드시 재평가해야 한다는 점에서, 이는 '적어도 현재로서는 곤란하다'는 식의 규정이라 볼 수 있다. 인간의 유전자 편집은 체세포에만 국한되어야 하고,[27] 배아나 정자, 난자가 되는 **생식 세포**에는 사용하지 말아야 한다는 것이 현재의 기준이다. 체세포의 유전자 변화는 다음 세대에 물려줄 수 없는 반면, 생식 세포의 유전자 변화는 후손에게 전달된다는 차이가 있다. 여기에는 표적을 벗어나 잘못된 곳에서 유전자 편집이 일어났다 해도 그 영향은 치료받는 환자 본인에게만 국한되어야 하고 미래 세대에 부담이 되어서는 안 된다는 생각이 깔려 있다.

과학계에서 널리 받아들여지고 있는 두 번째 경계는 '향상'에 관한 것이다. 예컨대 크리스퍼 유전자 편집을 활용해 자녀를 더 키 크고, 힘 세고, 더 빠르고 높이 뛰며, 아름다운 외모를 갖게 만들 가능성도 생각해볼 수 있다. 하지만 그러면 크리스퍼는 우생학을 실현하는 위험한 도구가 되고 만다. 물론 이러한 용도에 대한 윤리적 문제는 논란의 여지가 있을 수 있다. 하지만 사람들 대부분은 크리스퍼라는 자원을 배분하는 첫 번째 우선순위가 심각한 질병의 치료라는 데 동의할 것이다. 아직 이 범주에서도 안전성과 효능에 대해 답해야 할 질문들이 있다. 게다가 우리가 생식 세포를 편집하거나 타고난 능력을 향상시키는 데 크리스퍼를 활용하지 않기로 동의하고 안전 문제에 대해 정책적 합의에 이른다 해도, 어떤 사람은 자연이 우리를 다루는 솜씨를 마음대로 바꿀 권리가 있는지에 대해 여전히 의문을 제기할 것이다.

중요한 사실은 크리스퍼 치료제가 유전자 치료 분야에서 가장 앞서가는 최신 트렌드라는 사실이다. 2023년 1월 기준 미국에 사용 승인을 받은[28] 유전자 치료제는 5종으로, 어느 것도 크리스퍼 기술을 이용하지 않는다. 이 치료제들의 목표는 모두 돌연변이 유전자를 보완하기 위해 기능적인 유전자 사본을 도입하는 것이다. 하지만 그 대체 유전자가 인간 게놈의 어디에 삽입될지 조절할 수는 없다. 예컨대 혈우병 B는 혈액 내 응고 단백질이 부족해 발생하는 희귀한 출혈성 질환으로, 바이러스를 사용해서 응고 인자를 암호화하는 유전자의 건강한 사본을 체내에 도입하는 방식이 임상시험에서 효능을 보였다. 다만 이 치료제를 개발한 CSL 베링은 1회분의 약제에 350만 달러를 책정할 예정이어서 가장 비싼 치료제로 기록을 세웠다. RNA로 유도하는 크리스퍼 요법의 효율성과 특이성이 개선되어 향후 유전자 치료제가 더 안전하고 저렴해지기를 바란다.

2015년 1월 24일, 유전체 공학의 양면성을 우려하는 미국의 생물의학자, 변호사, 윤리학자들이 캘리포니아주 나파에 모여 앞으로 우리가 걸어야 할 신중한 길에 대해 터놓고 토론을 벌였다. 이들은 근시일 안에 생식 세포에 대한 유전자 편집을 강력하게 금지하기로 합의하면서도, 앞으로 이러한 접근법에 대한 책임 있는 사용을 위한 지침이 마련될 수 있다고 가능성을 열어 두었다. 또한 인간과 비인간을 대상으로 하는 크리스퍼 요법의 효과와 특이성을 평가하기 위한 오픈 액세스 연구(연구 결과물이 제한 없이 자유롭게 공유되어야 한다는 정책)에 대한 지원이 중요하다고 강조했고,[29] 크리스퍼의 위험과 이점에 대해 대중을 교육하는 개방형 포럼이 필요하다고 주장했다. 많은 과학자가 동의하는 이들의 가장 중요한 목표는 크리스퍼 기술에 대한 대중의 신뢰를 잃지 않는 것이었다. 기술을 책임 있고 규제된 방식으로 사용했을 때 얻게 될 보상이 잠재적인 위험에 대한 두려움과 혼란으로 가려질 수 있기 때문이다.

모기를 때려잡는 시대

환자를 치료하는 분야가 크리스퍼 기술이라는 큰 기회와 도전의 양면성을 보여주는 유일한 응용 방식은 아니다. 환경 문제에 대한 크리스퍼의 여러 응용 프로그램에는 흥분과 우려라는 양면성이 따른다. 우리를 고생시키는 고약한 모기에 대한 제안이 특히 그랬다.

말라리아는 주로 아프리카와 동남아시아에서 매년 50만 명 넘는 아이들의 목숨을 빼앗는 엄청난 공중 보건 문제다. 그 원인은 잘 알려져 있다. 말라리아 원충이라 불리는 기생동물이 원인인데, 이 원충이 생애 주기를 수행하려면 아노펠레스속의 특정 모기가 필요하다. 아노펠레스속 모기가 말라리아 원충에 감염된 사람을 물 때 모기의 몸에 원충이 들어간다. 그러면 말라리아 원충은 모기의 몸속에서 번식한다. 이제 모기가 사람을 물 때 말라리아 원충은 함께 따라와 감염 주기를 계속 이어간다.

다양한 공중 보건 조치를 통해 말라리아를 퇴치할 수 있다. 먼저 아노펠레스속 모기는 사람들이 잠자리에 든 밤중에 활동하기 때문에, 침대 위에 모기장을 설치하기만 해도 모기를 상당 부분 막을 수 있다. 늪지를 비롯한 탁 트인 수원지에서 물을 빼내는 작업도 모기 개체수를 줄이므로 도움이 된다. 하지만 훨씬 더 급진적인 방법이 있다. 아노펠레스속 모기 종을 아예 근절하는 것이다. 원리적으로 보면 RNA 유도 크리스퍼 장치에 그런 일을 할 수 있는 잠재력이 있다.[30]

이 방법은 '크리스퍼 유전자 드라이브'라고 불린다. Cas9-단일가닥 RNA 조합을 조작해서 암컷 모기의 수정능력에 필요한 유전자로 유도하는 것이다. 이 유전자는 수컷과 암컷 모두에게 존재하지만 암컷에게만 발현된다. 모기는 초파리와 진화적 근연관계라 가까운 편이다. 그동안 여러 해에 걸쳐 과학자들이 초파리를 연구했던 만큼, 이런 유전자를 찾는 건 그렇게 어려운 일이 아니다. 그에 따라 모기 암컷의 수정능력과 관련한 유전자가 확인되면, Cas9 단백질과 그 유전자에 맞춰진 단일 가이드 RNA를 둘 다 암호화하는 DNA 조각을 모기에 주입한다. 그러면 크리스퍼 장치가 모기의 몸속에서 조립되어 수정능력과 관련한 유전자를 절단한다. 지금까지는 꽤 간단하지만, 이제 정말 창의적인 부분이 등장한다. 주입된 DNA는 동시에 상동 재조합을 위한 공여체 주형 역할을 하도록 설계되었다. 그에 따라 Cas9와 단일 가이드 RNA를 암호화하는 서열은 모기의 수정능력 관련 유전자에 삽입된다. 이 삽입은 두 가지 이점을 동시에 달성한다. 하나는 암컷의 수정능력 유전자를 비활성화하는 것이고, 다른 하나는 그 유전자를 비활성화하는 데 필요한 장치를 모기의 유전체에 내장하는 것이다.

결과적으로 이런 유전자를 지닌 수컷과 짝짓기를 하는 암컷 모기는 불임이 되는 반면, 수컷은 번식하고 현재 그들의 DNA에 내장된 크리스퍼 장치를 후손에 물려줄 수 있다. 크리스퍼 장치가 개체군 안에서 구동되면drive 결국 많은 수의 암컷이 불임이 되어 모기 개체군은 전부 죽어 없어진다.

크리스퍼 유전자 드라이브에 관한 연구는 충분히 진행되어, 실제로 자연계에서 효과를 발휘할 것이라는 확신을 줄 만큼 신뢰를 얻고 있다. 물론 크리스퍼에 저항하는 돌연변이 모기가 나타날 가능성이 있다. 크리스퍼에 저항하는 개체라면 적응도 측면에서 엄청난 이득을 누릴 테니 말이다. 그럼에도 만약 크리스퍼 장치로 유전체가 조작된 모기들이 환경에 방출된다면, 그에 따라 아노펠레스속 모기 개체수가 줄어들 것이고 매년 수십만 명에 달하는 아이들이 말라리아로 죽음을 맞는 무시무시한 결과를 막을 수 있을 것이다.

이러한 조치가 주는 보상은 분명하다. 하지만 여기에 따르는 위험도 존재할 수 있으며, 그 위험은 아직 명확히 규명되지 않았다. 최근 미국의 명망 있는 학술지인 〈국립과학원 회보〉에 실린 한 논문은 다음과 같은 질문을 던졌다. "크리스퍼를 기반으로 한 유전자 조작은 생물을 통제하는 은빛 탄환인가, 아니면 국제적인 환경 보존에 문제를 일으키는가?"[31] 크리스퍼 시스템을 환경에 방출했을 때 어떤 영향을 미칠지 평가하기란 쉽지 않다. 언뜻 생각하면, 아노펠레스속 모기 개체군이 사라진다면 모기 유충을 먹고 사는 물고기라든가 성체 모기를 먹고 사는 잠자리, 조류, 박쥐, 거미가 위협받을지도 모른다는 우려가 든다. 하지만 아노펠레스속 모기가 가진 먹이로서의 가치를 연구한 생태학자들에 따르면, 포식자들이 이 모기가 없어도 다른 종의 모기나 곤충으로 먹이를 쉽게 바꿀 수 있기에 이 시나리오는 가능

성이 없다.[32]

좀 더 예측하기 어려운 문제는, 크리스퍼 시스템이 모기에서 모기로 옮겨 다니는 동안 드물게 표적을 놓쳐 모기 게놈의 다른 어딘가에 삽입될 가능성에 대한 것이다. 이 경우 후손은 더 이상 불임이 되지 않아 모기 박멸의 효과가 떨어질 것이다. 설상가상으로, 이러한 오류가 모기의 적응도를 **높이는** 유전자를 어떻게든 퍼뜨려서, 이미 골칫거리인 상황을 더욱 악화시킬 가능성도 있다.

인류가 외래종을 환경에 도입했던 과거의 암울한 전력이 없었다면, 이런 악몽 같은 시나리오는 불가능에 가까운 일로 쉽게 무시될 수도 있었을 것이다. 예컨대 1935년에 사탕수수 해충*Dermolepida albohirtum*의 침입을 통제하고자 호주 정부에서 일하는 한 과학자가 두꺼비를 사육해서 방출했고, 원래 102마리였던 두꺼비는 결국 10억 마리 이상으로 늘었다. 이 거대한 두꺼비는 몸에 독성이 있어서 토종 동물이 잡아먹으면 목숨을 잃을 가능성이 있었다. 또한 하와이의 사탕수수 설탕 업계는 쥐를 통제하기 위해 아시아몽구스를 수입했지만, 이 몽구스는 대신 더 쉽게 먹을 수 있는 먹이로 아기 새와 거북이 알을 찾아냈다. 이와 비슷하게 뉴질랜드에서도 외래종인 토끼를 통제하기 위해 영국 담비를 풀었지만, 담비는 뉴질랜드의 국조인 키위를 포함한 토종 새들을 잡아먹어 멸종을 부추겼다. 1930년대와 1940년대에도 미국 토양 보호국은 흙의 침식을 방지하고 장식용 울타리로 쓰기 위해 농부들에게 일본이 원산지인 칡을 심도록 지원했지만[33] 이 식물은 너무 빨리 자라 남부의 몇몇 숲을 점령하고 말았다.

이렇듯 토착종이 아닌 종을 새로운 환경에 풀어놓았던 여러 사례가 의도치 않은 결과를 초래했던 점을 되돌아보면, 크리스퍼로 유전자가 변형된 모기를 말라리아가 창궐하는 아프리카 지역에 도입하기 전에 잠시 멈춰 생각해보게 한다. 게다가 유전자 조작으로 모기를 통제하는 방식이 의도대로 작동했다 해도, 이 사례는 쥐, 곰쥐, 말조개, 그리고 큰아프리카달팽이 같은 외래종들을 뿌리 뽑는 데 이 기술을 확장하도록 부추길 수도 있다. 각각의 프로젝트는 매력적으로 들릴지 모르지만, 잠재적 문제점들을 잘 파악해서 조심스럽게 접근할 필요가 있다.

이것은 우리에게 다시 새로운 질문을 던진다. 아노펠레스속 모기를 없애면 말라리아가 사라져 연간 수백만 명이 발병해 백만 명이 사망하는(대부분 어린이인) 일을 막을 수 있다. 여기까지만 보면 크리스퍼 유전자 조작이 매우 매력적인 것처럼 느껴진다. 이 모기 말고도 계속해서 번성할 다른 모기 종들이 많으므로 자연이 아노펠레스속 모기를 아쉬워할 것 같지도 않다. 그럼에도 우리가 여전히 알지 못하는 사실들이 있기에 방아쇠를 당기지 말아야 한다. 바로 그것이 2016년에 완료된 1년간의 조사를 통해 미국 국립 아카데미가 크리스퍼 유전자 드라이브를 실행하기 전에 더 많은 연구가 필요하다는 결론을 내린 이유다.[34]

크리스퍼 세계

크리스퍼 유전자 드라이브에 대한 심사는 아직 끝나지 않았지만, 유전자 편집 기술을 더욱 무해한 방식으로 적용해 지구를 도울 수 있을지는 고민해야 한다. 지구의 기후가 변화하고 있다는 것은 분명한 사실이다. 2014년에서 2023년 사이에 우리는 역사상 가장 더운 8년을 겪었다.[35] 미국 서부에 가뭄이 지속되면서 미국에서 가장 큰 2개의 물 저장고인 미드 호수와 파월 호수는 수위가 사상 최저 수준으로 떨어졌다. 또한 해양 온도가 상승하면서 산호초에서 공생조류가 사라지며 백화 현상이 생기고 있다. 건강한 산호초는 아름다울 뿐만 아니라, 모든 해양 생물의 4분의 1이 의존하는 서식지여서 전 세계 식량 공급에 필수적인 존재다.

이것이 크리스퍼 유전자 편집과 무슨 상관이 있을까? 유전자를 변형하거나 게놈에 새로운 유전자를 삽입하는 일은 유기체가 지금보다 덥고 건조한 세계에서 더 잘 생존하고 번창하게 하는 하나의 살길을 제공할 수 있기 때문이다. 물론 충분한 시간이 주어지면, 다윈주의 진화를 통해 산호초나 농작물을 비롯해 위험에 처한 많은 종이 아무런 외부의 도움 없이도 기후 변화에 적응할 것이다. 그렇지만 기후 변화는 너무 빠르게 일어나고 있어서, 무작위적인 돌연변이와 자연선택으로는 도저히 따라잡지 못한다. 이 유기체들이 멸종을 피하려면 외부에서 어느 정도 개입해야 할지도 모른다. 이런 이유로 과학자들은 농작물이 더위와 가뭄에 더 잘 견디도록 크리스퍼를 활용하고 있다. 확실히 농약 제조 업체들은 크리스퍼가 발견되기 전에도 이미 식물 유전자를 변형하고 있었지만, RNA로 유도된 크리스퍼 유전자 편집은 속도나 효율성, 특이성 면에서 선택적인 우위를 점했다. 심지어 과학자들은 해양 산호가 백화 현상을 겪지 않고 더 온난한 바다에서 잘 지낼 수 있도록 산호를 유전공학적으로 개량하고자 노력하는 중이다. 여기서 드러나는 크리스퍼의 장점들은 훨씬 더 놀랍다. 산호 유전학이라는 별도의 분야가 존재하지 않는 데다 기존에 사용하던 기술도 없기에, 크리스퍼가 지금껏 시험한 모든 유기체와 마찬가지로 산호에서도 잘 작동한다면 산호의 게놈을 변경하는 데 지금 당장 사용 가능한 유일한 도구가 크리스퍼뿐인 상황이다.[36]

또한 크리스퍼로 더 나은 바이오 연료를 개발하면 또 다른 방식으로 기후 위기를 해결하는 데 도움이 된다. 우리는 집을 따뜻하게 하고 자동차를 운전하며 휴대폰을 충전하기 위해 전기를 생산해야 하는데, 이때 여전히 화석 연료에 주로 의존한다. 2022년 미국에서 소비한 에너지의 약 80%가 석유, 석탄, 천연가스에서 나왔고, 단지 20%만이 수력, 태양열, 풍력, 핵에너지에서 비롯했다.[37] 화석 연료를 연소시키면 지구를 따뜻하게 하는 강력한 온실 기체인 이산화탄소가 생성된다. 하지만 만일 우리가 식물이나 조류를 사용해 바이오 연료를 생산한다면 이산화탄소의 배출량과 흡수량이 같아진다. 식물은 살아 있는 동안 광합성을 통해 대기에서 이산화탄소를 제거하기 때문이다. 그러면 식물로 만들어진 연료를 태울 때 방출하는 이산화탄소를 상쇄할 수 있다.

이러한 계산에 따라, 옥수수로 바이오 연료인 에탄올을 만든 다음 에탄올을 휘발유와 혼합해 '더욱 친환경적'으로 만드는 것이 한때 열풍이었고 정부의 전폭적인 지지를 받았다. 하지만 여기에는 문제가 있었다. 옥수수를 식량으로 이용할 수 없게 될 뿐 아니라, 옥수수를 재배하고 가공하는 데 드는 에너지 비용이 이 탄소고정 방법에서 얻는 이익을 상쇄시키기 때문이다. 그에 따라 탄소 고정의 이점은 거의 사라진다.[38] 반면에 조류는 옥수수에 비해 연료를 에이커당 20배 넘게 생산하고, 농사를 지을 수 없는 땅에서도 재배할 수 있으며 옥수수가 필요로 하는 귀한 담수 대신 염수를 사용한다.[39] 바로 여기서 크리스퍼 게놈 편집이 등장한다. 조류는 자연적으로 에탄올을 많이 생산할 진화적 유인이 없는 생물이지만, 게놈을 편집해서 바이오 연료의 생산을 크게 높이도록 다시 설계할 수 있다.[40]

한편 가스난로와 가스레인지에서 사용하는 메탄가스 또한 연소되지 않고 대기에 방출될 경우 지구 온난화를 강력하게 부추긴다. 메탄가스 방출의 주요 원천이 좀 웃기다. 소의 트림과 방귀다. 매년 메탄 배출량의 무려 40%가 방목하는 동물들, 더 정확히 말하면 동물의 소화계에 있는 박테리아에서 발생한다. 크리스퍼 유전자 편집을 통해 이러한 박테리아가 메탄을 방출하는 대신 당이나 지방 같은 안전한 분자를 통해 탄소를 고정하도록 바꿀 수 있다.[41]

대기 중의 온실가스를 줄이기 위한 또 다른 방법은 식물들이 언제나 하고 있는 일을 더 늘리는 것이다. 즉 광합성을 이용해 이산화탄소를 당류와 산소로 전환하는 것이다. 제니퍼 다우드나가 이끄는 캘리포니아 대학교 버클리 캠퍼스의 유전체 혁신 연구소는 대기 중의 이산화탄소를 제거하고 탄소를 저장하는 식물과 토양 박테리아가 지닌 고유한 능력을 향상시키기 위한 대규모 프로젝트에 착수했다. 이들은 식물이 더 많이 광합성을 하고 뿌리에 탄소를 더 많이 저장하도록 크리스퍼 게놈 편집을 활용하는 중이다.[42] 이러한 접근법들은 단순히 기후 변화의 결과를 복원하는 데 그치지 않고 과정 그 자체를 뒤집을 잠재력을 가지고 있다. 가이드 RNA에 의해 작동되는 크리스퍼가 과연 지구를 구하는 데 도움이 될까? 시간이 지나면 알게 될 것이다.

• • •

과학자들은 크리스퍼를 발견하기 훨씬 전부터 박테리아가 이러한 시스템을 가지고 있었다는 사실에 놀랐다. 더 놀라운 점은 인간 게놈 안에서 특정 DNA 서열을 자르거나 수정하도록 박테리아를 재설계할 수 있다는 사실이었다. 하지만 다른 각도에서 보면, RNA는 여전히 기존의 똑같은 기술에 의존하고 있다. 크리스퍼 처리를 반복할 때마다 가이드 RNA는 핵산과 염기쌍 짝을 이루는 힘을 이용해 복잡한 게놈의 특정 부위에 편집 장치를 가져다준다. 그러면 관련 단백질이 그 DNA 서열에 특정 역할을 수행한다. 촉매적으로 활성화된 Cas9나 데드 Cas9, 아니면 비슷한 계열의 다른 구성원들이 그런 단백질이다.

우리는 앞서 RNA 간섭과 텔로머라아제에서 동일한 원리를 접한 적이 있다. RNA가 가이드 역할을 하고, 일단 RNA가 작용 부위를 찾으면 단백질 효소가 촉매 작용을 한다. 크리스퍼 유전자 편집이 이처럼 빠르게 폭발적으로 발전한 이유 중 하나는, RNA와 관련한 이러한 과거의 돌파구로부터 확립된 패턴에 부합했기 때문이다. 과학자들에게 혁명적으로 새로운 가위가 주어지기는 했지만, 사실 그들은 이미 가위를 사용하는 방법을 알고 있었다.

에필로그

RNA의 미래

우주론자들은 암흑 물질과 암흑 에너지의 본성을 이해하는 데 굉장히 집중하는 중이다. 빅뱅 이후로 우주는 계속해서 팽창하고 있다. 시간이 지나 별들이 서로에게 중력을 행사하면서 우주의 팽창 속도는 느려져야 했지만, 천문학자들의 발견에 따르면 팽창 속도는 오히려 빨라지고 있었다. 별과 은하들이 보이는 이 비정상적인 움직임을 설명하기 위해 천문학자들은 현재 우리가 우주가 가진 내용물의 5%만 보고 있을 뿐이라고 추측했다. 나머지는 보이지 않는다. 27%는 암흑 물질이고 68%는 암흑 에너지다.[1]

이처럼 비록 눈으로 볼 수는 없지만 적어도 천문학 분야에서 암흑 물질이 중요하다는 사실은 다들 안다. 하지만 생물학은 어떤가? 밝혀진 바에 따르면 우리의 게놈 또한 대부분 '암흑 물질'로 구성되어 있다. 단백질을 지정하는 인간 유전자의 암호화 영역은 우리 게놈의 약 2%에 지나지 않는다. 여기에 암호화 영역을 방해하는 인트론, 즉 DNA가 mRNA의 전구체로 전사된 뒤 스플라이싱을 통해 잘려 나가는 서열을 더하면 24%가 추가된다. 그에 따라 게놈의 약 4분의 3은 '암흑 물질'이 된다. 수십 년 동안 이 75%는 그것에 어떤 기능이 있든 우리 눈에 보이지 않는다는 이유로 '정크(쓰레기, 폐기물) DNA'로 치부되었다.

하지만 RNA 염기서열을 분석하는 기술이 발전하면서 과학자들은 암흑 물질의 DNA 대부분이 실제로 RNA로 전사된다는 것을 발견했다. 이 DNA의 일부는 뇌나 근육, 심장, 생식기 속에서 RNA로 복제된다. 신체의 모든 조직에서 만들어진 RNA를 합쳐야만 비로소 우리는 인간 RNA의 진정한 다양성과 마주할 수 있다. DNA의 '암흑 물질'로 만들어진 RNA는 총 수십만 개로 추정된다.[2] 이것들은 mRNA라기보다는 비암호화 RNA들이다. 즉 리보솜 RNA, tRNA, 텔로머라아제 RNA, 마이크로 RNA와 같은 범주에 속한다. 하지만 이 RNA들이 하는 일은 대부분 여전히 수수께끼다.

이런 암흑 물질에서 비롯한 RNA를 **긴 비암호화 RNA**lncRNA라고 부른다. 이 RNA는 인간에게 특히 많지만, 실험용 쥐를 포함한 다른 포유동물에도 풍부하다. 몇몇 경우에는 이런 RNA도 분명한 생물학적 기능을 지닌다. 예컨대 Firre라는 이름의 한 lncRNA는 쥐 혈액 세포가 정상적으로 발달하도록 돕는다. Firre가 지나치게 많으면 선천적인 면역 반응이 망가지면서 쥐는 박테리아 감염을 방어하지 못한다.[3] Tug1이라고 불리는 또 다른 lncRNA는 수컷 쥐가 생식력을 갖는데 필수적이다.[4] 하지만 이렇듯 확실하게 기능이 알려진 RNA는 흔치 않다. 대부분의 lncRNA는 기능이 밝혀지지 않았다.

그렇기에 상당수의 과학자들은 이 RNA들에 대해서 나와 의견이 다르다. 이들은 DNA에서 RNA를 합성하는 효소인 RNA 중합효소가 실수를 저지르면서 때때로 정크 DNA를 정크 RNA로 복제하는 것이라고 여긴다. 좀 더 학술적으로 설명하면 이런 RNA는 RNA 중합효소가 완벽하지 않아서 생기는 일종의 '전사 잡음'이다. 이 효소가 가끔씩 DNA의 잘못된 위치에 내려앉아 그것을 RNA로 복제하는 일이 생기는데, 그 RNA는 기능이 없을 수 있다는 것이다. 나 역시 lncRNA의 일부가 단순히 잡음에 불과하고, 기능이 없을 수 있으며, 사실상 아무런 의미도 없다는 것을 당연히 인정한다.

하지만 그렇게 먼 옛날이 아닌 과거에 텔로머라아제 RNA나 마이크로 RNA, 촉매 RNA가 이해되지 않았던 시절이 있었다는 것을 지적하고 싶다. 당시 이 RNA는 어떤 기능도 부여받지 못했고, 역시 '잡음'이나 '쓰레기'로 치부되곤 했다. 하지만 지금은 수백 명의 과학자들이 학술회의에 참석해 이 RNA에 대해 토론하고, 생명공학 회사들은 이 RNA를 차세대 의약품 개발에 활용하고자 노력하는 중이다. 우리가 이 RNA 이야기로부터 배운 한 가지 교훈이 있다면 그 힘을 결코 과소평가하지 말아야 한다는 것이다. 어쩌면 이 lncRNA들도 미래에는 RNA 관련 책에 풍부한 자료를 제공할지 모른다.

아직 발견되지 않은 RNA가 숨어 있을 가능성이 높은 장소는 인간과 생쥐뿐만이 아니다. 세상에는 생물학적으로 미개척지인 생물체들이 넘쳐난다. 이 책에서 다룬 여러 RNA의 발견에 얽힌 사연과 그 RNA들이 나온 미천한 유기체를 생각해보라. 예를 들어 연못의 부유물에 서식하는 미생물인 테트라히메나를 연구한 결과 촉매 RNA뿐만 아니라 텔로머라아제도 발견되었는데, 이것은 암과 인간의 노화에 대한 통찰을 제공했다. 또한 과학자들은 유플로테스를 통해 텔로머라아제 RNA의 단백질 파트너인 TERT를 발견했으며, 여기에 상응하는 인간 TERT 유전자는 모든 암에서 세 번째로 많이 돌연변이가 일어나는 것으로 밝혀졌다. 그뿐 아니라 박테리아가 바이러스로부터 자신을 어떻게 방어하는지 연구한 결과, 우리는 광범위한 게놈 편집 능력을 지닌 크리스퍼를 발견하게 되었다. 우리 목숨을 구하는 mRNA 백신을 만들 RNA 중합효소 역시 대장균을 감염시키는 바이러스인 T7에 의해 만들어졌다. 선충은 그동안 과학자들이 전혀 예상치 못한 유전자 조절 방식인 RNA 간섭의 비밀을 밝히는 데 중요한 단서를 제공했다. 인체에서도 작동하지만 그동안 알아채지 못했던 방식이었다.

이 중 어떤 경우에도 우리 과학자들은 이 연구가 어디로 이어질지 정확히 알지 못했다. 대부분 자신의 작업이 질병을 치료하거나 생명공학의 새로운 도구를 만들어낼 것이라고는 기대하지 않았다. 대신 단지 호기심에 이끌려 근본적인 생물학적 현상을 이해하려고 애썼을 뿐이다. 우리가 연구하기로 선택한 난해한 생명체들은 이러한 현상 중 하나를 더 과장해서 보여주어 이 복잡한 문제에 더 쉽게 접근하도록 하든가, 아니면 실험실에서 다른 실용적인 이점을 제공했다. 그리고 우리는 모든 생명체가 거대한 생명의 나무를 통해 서로 연관

되어 있다는 진화론을 믿고 있어서, 잘 모르는 유기체에서 발견한 모든 것이 다른 유기체에도 영향을 미칠 것이라는 사실을 알고 있었다.

하지만 오늘날 연구비를 지원하는 기관들은 RNA 과학에 대한 지원을 줄이고 있다. 지난 반세기 동안 우리가 잘 알려지지 않은 생명체의 RNA를 연구함으로써 의학과 생명공학 분야에서 그렇게나 엄청난 혜택을 누렸는데도 말이다. 사실 순수한 호기심에서 출발하는 기초과학 연구에 대한 자금 지원은 최근 수십 년 동안 줄어들었다. 연간 연구비 예산이 300억 달러가 넘는, 단연코 전 세계 최대 생물의학 연구 지원 기관인 미국 국립보건원NIH조차 테트라히메나 같은 동물 연구에 대한 자금 지원을 상당 부분 끊었다. 국립보건원은 이제 단순히 인간의 세포나 환자 자신, 생쥐를 이용한 질병 중심의 연구만 강조할 뿐이어서, 효모나 선충, 초파리를 이용하는 연구는 거의 찬밥 신세가 되었다. 나는 그동안 연구했던 '연못 조류'가 인간과 너무 다르다는 이유로 소외되자, 생물학 연구에 좌절감을 느끼거나 일찍 은퇴한 과학자들을 알고 있다.

당연히 질병 위주의 연구에 자금을 지원한다고 하면 매력적으로 들릴 것이다. 의회나 정부 관리가 유방암이나 전립선암에 대한 지원을 늘리자고 사람들 앞에서 홍보하는 것이 연못 조류나 곰팡이, 선충을 연구하자고 설득하는 것보다 훨씬 쉽다. 하지만 이 책에서 다룬 RNA 이야기를 생각하면 가장 유망한 신약이나 치료법 가운데 상당수가 과학적 호기심만으로 이루어진 연구에서 비롯했다. 나는 좀 더 균형 잡힌 연구 포트폴리오를 꾸려야만 특정 질병과 기초 과학이 제기하는 근본적인 문제를 동시에 해결할 수 있다고 믿는다. 우리는 다음번 의학 분야의 주요 돌파구가 또다시 뜻밖의 원천에서 나올 수 있다는 사실을 겸허하게 인정해야 한다.

● ● ●

우리가 새로운 RNA를 발견할 수 있는 장소는 자연뿐만이 아니다. 솔 슈피겔만을 비롯한 연구자들의 선구적인 노력 덕분에 과학자들은 시험관에서 진화의 과정을 빠르게 추적할 수 있었고, 자연적으로 발생하는 것을 넘어서는 RNA의 새로운 잠재력을 발견할 수 있게 되었다.

압타머aptamer라는 이름을 가진 그러한 RNA의 한 부류는 단백질 항체가 표적과 결합하는 것과 마찬가지로, 특정 단백질 또는 작은 분자에 특이적으로 결합하는 형태로 접힌다. 1990년에 볼더에 있는 콜로라도 대학교의 크레이그 투어크Craig Tuerk와 래리 골드Larry Gold,[5] 하버드 대학교의 앤디 엘링턴Andy Ellington과 잭 쇼스탁은[6] 각각 다른 RNA 서열의 방대한 집합체를 만든 다음, 선택한 표적에 결합하는 매우 희귀한 서열을 분리할 수 있다는 사실을 독자적으로 증명했다. 이들의 실험 설계는 기능적 분자이자 정보 분자라는 RNA의 이중적 특성을 활용한다.

이렇듯 시험관에서 진화시키는 방식은 1조 개 이상의 서로 다른 RNA 서열에서 시작한다. 표적에 결합할 수 있는 것들, 예를 들어 바이러스 외피 단백질에 결합하는 것들은 포획되지만 결합하지 못하는 '패배자' 분자들이 씻겨 내려간다. 문제는 1조 개에 달하는 거의 모든 RNA가 이 작업을 수행할 수 없는 패배자라는 것이다. 가끔씩 매우 희귀하게 이 일을 할 수 있는 구조로 우연히 접힌 RNA가 생길 뿐이다. 그렇다면 어떻게 이 1조 분의 1 확률로 나타나는 승자를 찾을 수 있을까? 바로 여기서 RNA의 정보적 특성이 중요해진다. 우리는 중합효소를 활용해서 승자인 RNA를 중합효소 연쇄반응PCR을 통해 반복해서 복제한다. 그러면 곧 혼자뿐이라 외로웠던 승자 RNA는 수백만 개에 달하는 동일한 사본을 갖게 되고, 이제 그것이 가진 A, G, C, U 염기의 순서를 알 수 있게 된다.

래리 골드는 무수히 많은 형태로 접히기 쉬운 RNA의 특징을 살려 소마로직이라는 회사를 설립했고[7] 압타머를 진단용 플랫폼에 적용했다. 이 회사에서는 7,000개의 압타머를 만들었는데, 각각은 혈액 한 방울에 들어 있는 인간 단백질의 양을 인식하고 측정한다. 그동안 전 세계의 연구자들이 심장병이나 다양한 암이 진행되고 있음을 사전에 알려주는[8] 특정 단백질의 변화를 민감하게 추적하고자 이러한 압타머를 사용했다. 제약회사들도 압타머에서 수집한 정보를 사용해서 특정 질병을 치료하는 데 표적이 될 새로운 단백질을 찾아내는 중이다.

다양한 분자와 결합할 수 있는 압타머는 신속하게 식별할 수 있어 바이오센서로도 개발되는 중이다.[9] 예컨대 수은이나 납과 결합하는 RNA 압타머를 활용해 환경 시료에서 이런 독성을 확인할 수 있다. 농업 분야에서는 병원성 대장균 표면의 분자, 바이러스, 항생제와 결합하는 압타머를 활용해 신선한 농산물이나 다진 고기에 건강에 해로운 오염 물질이 없었는지 확인할 수 있다.

RNA 압타머가 특정 단백질에 결합하는 능력은 항체와 비슷하므로 치료에도 응용될 수 있다. 2004년에는 시력 저하의 주요 원인인 노화에 따른 황반변성을 치료하는 약제로 압타머가 최초로 미국 식품의약국의 승인을 받았다. 27개의 뉴클레오티드로 이루어진 RNA 압타머인 마쿠젠은 VEGF라는 성장인자와 결합해 이것의 활성을 저해한다. VEGF는 눈의 망막을 가로지르는 혈관이 성장하도록 촉진하는 인자다. 임상시험에서 피험자의 눈에 6주마다 한 번씩 마쿠젠을 주입했더니 약 3분의 1에서 시력이 향상되었다. 곧 더욱 효율적인 VEGF 억제제로 대체되기는 했지만, 압타머가 치료제로 유용할 수 있음을 입증한 결과였다.[10]

또한 1990년, 솔크 연구소에서 일하는 제리 조이스Jerry Joice는 시험관에서 진화를 유도해 자연에서 발견되는 것과 달리 새로운 촉매 역할을 수행하는 인공 RNA인 리보자임을 최초로 만들어냈다. 전반적인 실험 프로토콜은 래리 골드와 잭 쇼스탁이 압타머를 찾기 위해 사용했던 것과 비슷하다. 무작위한 RNA 염기서열의 방대한 집단을 대상으로, 특정 지점에서 DNA 분자를 절단하는 시도를 하고 이 작업을 수행할 수 있는 희귀한 분자를 수집해 증폭하는 것이다.[11] 다른 과학자들은 이 접근법을 사용해 RNA 중합효소[12]처럼 자체적으로 뉴클레오티드 집짓기 블록을 쌓아 올리거나[13] 아미노산에 RNA를 부착하는 인공 리보자임을[14] 발견하기도 했다. 이 새로운 리보자임은 RNA의 촉매 작용이 이전에 상상했던 것보다 훨씬 다양하다는 것을 보여주며, 지구상의 생명체가 말 그대로 'RNA 세계'에서 출현했을 수 있다는 견해를 뒷받침한다.

그렇기에 미래에 RNA에 관한 책이 다시 나온다면 자연적인 원천과 인공적인 원천을 둘 다 다루어야 할 것이다. 첫 번째의 경우, 우리는 인간 게놈의 헤아릴 수 없는 깊은 곳이나 다양한 생명체에 숨어 있는 방대한 미개척 RNA들을 보유하고 있다. 두 번째 경우에도 우리가 아는 한 자연에서 일어나지 않는 기술을 사용하는 새로운 RNA를 진화시킬 방법을 찾아냈다. 여기서 우리가 배운 교훈은 다음과 같다. 결코 RNA를 과소평가하지 말라.

• • •

이 책을 쓰는 동안 나는 RNA를 내가 목격한 수많은 드라마의 주인공으로 삼고자 했다. 결국 RNA는 궁극의 촉매다. RNA는 자체 스플라이싱을 통해 스스로에 대한 재배열을 촉매할 수 있고, 다양한 RNA 스플라이싱을 촉매하여 인간의 게놈이 제한된 양으로도 그렇게나 많은 일을 할 수 있도록 돕는다. RNA는 지구상의 모든 인간과 생명체 속 효소와 구조물을 이루는 단백질을 만들도록 촉매한다. 또한 RNA는 단백질과 함께 염색체 끄트머리인 텔로미어가 확장되도록 촉매해 인간 배아와 줄기세포의 발달에 기여하지만, 불행히도 종양 세포가 계속 분열하도록 유도하기도 한다. 마찬가지로 RNA 간섭이라 불리는 과정을 통해 특정 유전자가 발현되지 못하게 한다. 크리스퍼라고 불리는 또 다른 RNA와 단백질의 팀은 박테리아 바이러스가 파괴되도록 촉매하고, 우리 DNA의 기본 암호를 편집하는 전례 없이 강력한 수단을 제공한다. RNA는 인간 바이러스에 힘을 불어넣어 주는 동시에, 지질 주머니에 포장된 채 mRNA 백신의 형태로 이 바이러스로부터 인체를 보호하기도 한다. RNA는 그 기원에서부터 생명체를 촉매했으며, 효소로서 마법을 부리는 동시에 정보 분자의 역할도 맡아 왔다. 적어도 과학자들은 그렇게 생각한다.

RNA에 관심이 집중되도록 노력하긴 했지만, 이 책의 이야기는 나의 개인적인 여정과도 교차되기에, 가끔은 나레이터 역할에서 벗어나 무대에 직접 등장하기도 했다. 박사과정과 박사 후 과정을 마치기까지 오로지 DNA만 다뤘던 나는 RNA가 이토록 나의 머릿속을 온통 지배할 줄은 몰랐다. DNA 과학자에서 RNA 과학자로의 변신은 나뿐만이 아니라 이 분야의 초창기에 많은 연구자가 선택한 길이었다. 그와 동시에 RNA는 더 이상 DNA에 의존하는 도구가 아니라, 그 그림자에서 벗어나 무한한 가능성을 지닌 경이로운 분자로 거듭나는 중이다. 나는 인생 여정의 전환점마다 RNA와 함께 조수석에 타고 여행을 할 수 있어 행운이었다고 생각한다.

감사의 글

내가 이 책을 쓰기로 결심한 건 2021년 6월이었다. 그동안 콜로라도 대학교에서 수천 명의 학부 신입생을 대상으로 화학을 가르쳤던 만큼, 나는 복잡한 과학 개념을 일반 대중에게 잘 전달할 수 있다고 확신했다. 일반 독자를 대상으로 RNA를 설명하는 것쯤은 쉽지 않을까? 하지만 이런 나의 자신감은 지나친 자만으로 드러났다. 화학을 전공하는 학생들은 고등학교에서 과학 수업을 들은 적이라도 있지만, 그들의 부모님은 오랫동안 과학을 거의 등진 상태였다. 나는 이 탐구심 많은 광범위한 비과학자 집단을 끌어들일 만한 책을 써보겠다고 결심했지만, 마무리하기까지 2년 동안 굉장히 힘들었다.

내가 여기저기서 도움을 받지 않았더라면 이 책을 계속 쓸 수 없었을 것이다. 무엇보다 내가 의도한 독자와 비슷한 수준의 생화학적 지식을 지닌 스티브 헤이먼을 만나게 되어 다행이었다. 장별로 헤이먼이 제안한 내용은 최종 결과물이 나오는 데 매우 중요했다. 또한 W. W. 노턴 출판사의 내 담당 편집자인 제시카 야오는 거의 모든 문장에 대해 질문을 던지는 데 주저하지 않았다. 원고의 짜임새가 이것이 최선인지, 내 설명이 지나치게 전문적인 게 아닌지 야오가 질문을 던질 때마다 나는 종종 반발했지만, 결국 그의 말이 거의 항상 옳았다. 세심한 삽화로 복잡한 개념을 설명하는 데 도움을 준 조비나르 '조비' 크리미안과 작업한 것 또한 행운이었다. 조비나르가 일관된 방식으로 RNA를 그려준 만큼 독자들은 이 책을 읽으며 머릿속에서 개념이 더욱 간명하게 정리될 것이다. 마지막으로 나의 에이전트인 피터 번스타인과 에이미 번스타인은 열정적으로 좋은 출판사를 찾아주었다.

제니퍼 다우드나와 존 잉글리스는 이 프로젝트를 시작하도록 독려하고 출판에 이르기까지 조언을 아끼지 않았다. 글을 쓰면서 나는 수많은 과학자에게 심층 인터뷰를 부탁하거나 대화를 청했는데, 고맙게도 거의 예외 없이 이들은 RNA를 대중에게 소개한다는 작업 자체에 흥분했다. 존 아벨슨, 데이나 캐럴, 필 펠그너, 엘프리드 가모우, 세실리아 게리어-다카다, 크리스틴 거스리, 프랭클린 황, 멜리사 무어, 해리 놀러, 놈 페이스, 댄 록사르, 조앤 스타이츠, 브루스 슐렌저, 에릭 웨스토프, 멍차오 야오가 그랬다. 이들의 회상과 기억력 덕분에 이 책에 더욱 사실에 가까운 글이 담겼으며, 가끔은 멋진 일화도 덧붙일 수 있었다. 또한 내 동료 딩쉐, 그와 박사 후 과정을 함께한 조이타 바드라 덕에 선충에 대해 이야기를 나누고, 고맙게도 선충에 제제를 주입하는 작업을 바로 앞에서 지켜볼 수 있었다. 익숙하지 않은 몇 가지 의학 개념에 대한 설명이 필요할 때는 폴 로스먼의 전문 지식에 기댔다.

지난 수십 년에 걸쳐 나의 연구실에서 교육받은 100여 명의 대학원생과 박사 후 연구원들, 그리고 이와 비슷한 수의 학부생들에게도 감사하고 싶다. 비록 이 책에는 그중 몇 명의 이름만 언급했지만, 우리가 함께 겪은 연구의 기쁨과 좌절은 내가 일반 독자들에게 풀어놓는 설명의 재료가 되었다. 그런 만큼 여러분은 모두 이 책의 숨은 공로자로 중요한 역할을 했다. 나의 오랜 연구 동료인 아트 자우그나 올케 울렌벡, 친구 톰 만과 다를 바 없다.

필요할 때마다 친절한 안내자가 되어 주고 매일 밤 실험실이라는 동굴로 긴 휴가를 가도록 허락한 아내 캐럴에게 특별한 감사를 전한다. 가끔 스키를 비롯한 몇몇 여가 활동을 빼먹어도 양해해준 딸과 사위들에게도 고맙다. 수요일 아침 내가 유치원에 데려다줄 때마다 인생의 기쁨을 표현하고 전해준 스카일러에게도 감사하다. 스카일러, 너는 브래들리나 벤저민과 마찬가지로 인간의 발생 과정이라는 마법을 일깨우는 멋진 존재들이란다. 바로 거기에 RNA라는 촉매가 적잖이 기여하고 있지.

용어 설명

- **B세포:** 동물을 감염으로부터 보호하는 림프구. 바이러스나 박테리아에 결합해 침입을 억제하는 항체를 생성함.
- **Dicer:** 긴 이중가닥 RNA를 잘게 잘라 siRNA로 만드는 단백질 효소. 마이크로 RNA의 전구체를 잘라 성숙한 마이크로 RNA로 만들기도 함.
- **DNA 백신:** 바이러스나 박테리아 단백질을 암호화하는 유전자를 이용해 적응성 면역체계가 해당 병원체를 찾도록 훈련하는 백신. 인간의 수용체에 의존해 DNA를 mRNA로, 다시 단백질로 복사함.
- **DNA 염기서열:** 하나의 DNA 가닥을 따라 뉴클레오티드라는 집짓기 블록을 이어가는 구체적인 순서.
- **mRNA 백신:** 병원체의 표면 단백질을 암호화하는 mRNA를 이용해서 면역

계가 특정 병원체를 감시하도록 유도하는 제품. 인체 세포는 mRNA를 병원체에 특이적인 단백질로 번역해 자신의 적응성 면역체계에 알림. '적응성 면역' 항목을 참조할 것.

- **RNA 가공**: 전구체 RNA가 처음 전사된 이후 기능을 가진 RNA가 되기까지 거쳐야 하는 단계. 예컨대 RNA 스플라이싱이나 불필요한 서열을 잘라내는 단계, DNA에 의해 암호화되지 않은 염기를 첨가하는 과정을 말함.
- **RNA 간섭(RNAi)**: mRNA가 전사된 후 유기체가 mRNA의 활동을 줄이게 하는 자연적인 조절 과정. 이후 용도가 변경되어 희귀 유전 질환을 치료하는 요법이 되었음. '마이크로 RNA'와 'siRNA' 항목을 참조할 것.
- **RNA 서열**: RNA의 단일가닥을 따라 집짓기 블록인 뉴클레오티드가 이어지는 특정한 순서.
- **RNA 스플라이싱**: RNA 전구체 중간에 끼어들어간 서열(인트론)을 잘라내고 남은 서열을 결합하는 생화학적 과정.
- **RNA 중합효소**: DNA에서 RNA로 정보를 복사하는 효소.
- **tracrRNA**: '트랜스 활성화 크리스퍼 RNA'의 약자. 가이드 RNA와 염기쌍을 이뤄 그것을 Cas9 단백질에 고정시키는 자연 발생적 박테리아 RNA.
- **T세포**: 병원체에 감염되었거나 암을 일으킨 동물의 세포를 파괴해 해당 동물의 몸을 보호하는 림프구.
- **가족성 질환**: 한 가계를 따라 전해지는 질병으로, 병을 일으키는 돌연변이가 부모에서 아이로 전달되기 때문에 나타남.
- **가짜 U**: 일부 tRNA 분자의 특정 위치에서 자연적으로 발견되는 변형된 우라실. 여전히 A-U 염기쌍을 형성하지만 선천성 면역체계에서는 이것을 인식하지 못함. '선천성 면역' 항목을 참조할 것.

- **게놈:** 한 유기체 안에 들어 있는 DNA의 총합. 23개의 염색체로 묶여 있는 인간 게놈은 약 30억 개의 염기를 가지고 있음.
- **겔 전기영동:** DNA나 RNA 같은 거대 분자를 분리하는 실험 방식. 물컹대는 젤리 비슷한 물질로 이루어진 판인 겔 위에 전기장을 걸면 위쪽에 음극, 아래쪽에 양극이 걸리면서 음전하를 띤 DNA나 RNA 분자가 겔을 따라 밀려 나와 크기에 따라 분리됨.
- **공여체 주형:** 크리스퍼 유전자 편집에 사용되는 DNA 분자로, DNA가 절단된 후 상동 재조합을 위한 주형을 제공함. 공여체 주형의 염기서열은 복구된 염색체의 일부가 됨.
- **긴 비암호화 RNA(lncRNA):** 200개 이상의 뉴클레오티드로 이루어진 RNA 분자로 단백질을 암호화하지 않음. 대부분의 lncRNA는 그 기능이 알려지지 않았음.
- **꼬마염색체:** 같은 세포 안에서 염색체 DNA와는 독립적으로 복제되는 작은 DNA 조각. 플라스미드의 자연적인 버전이 꼬마염색체임. 테트라히메나의 리보솜 RNA 유전자도 꼬마염색체에 존재함.
- **노쇠:** 세포가 계속 살아가며 신진대사를 이어가지만 더 이상 분열하지 않는 세포 노화의 말기.
- **뉴클레오티드:** DNA 또는 RNA의 기본 구성 요소로, 인산기와 당(디옥시리보스 또는 리보스), 염기(A, G, C, 그리고 DNA에서는 T, RNA에서는 U)로 이루어짐. 이 염기가 뉴클레오티드가 담는 정보적인 내용임.
- **단백질:** 아미노산의 사슬은 특정한 모양으로 접혀서 다양한 기능을 수행함. 동물의 경우에는 몇몇 단백질이 근섬유, 피부, 머리카락 같은 구조를 형성함. 단백질 일부는 효소 역할을 해서 우리가 먹는 음식을 구성 성분으로 분해한

다음 조각들을 재활용해 새로운 세포 기계를 만듦. 또한 우리 세포를 둘러싸는 외피에 구멍을 뚫어 염이나 영양소를 선택적으로 세포 안에 들어오게 하며 다른 것들은 들어오지 못하게 막음. 신호 분자의 역할을 맡아 외부로부터 정보를 받고 그에 따라 내부 과정을 활성화하기도 함. 항체가 되어 바이러스 같은 외부의 침입자로부터 우리를 보호하기도 함.

- **단일 가이드 RNA:** 크리스퍼 유전자 편집을 위해 만들어진 RNA로 가이드 RNA와 tracrRNA를 결합함.
- **대체 mRNA 스플라이싱:** 서로 다른 스플라이싱 부위를 사용해 서로 다른 각각의 mRNA 전사체를 생성하는 과정. 결과적으로 하나의 유전자가 둘 이상의 단백질을 암호화하게 된다.
- **리보뉴클레아제(RNase):** RNA를 자르는 효소.
- **리보뉴클레아제 P(RNase P):** tRNA 전구체에서 앞부분의 서열을 절단해 활성을 띤 성숙한 tRNA를 만들어내는 효소. 박테리아의 이 효소는 촉매 RNA 부분(리보자임)과 지지 단백질로 이루어짐. '전구체' 항목을 참조할 것.
- **리보솜:** 단백질을 만드는 세포 공장. rRNA와 리보솜 단백질로 구성됨.
- **리보솜 RNA(rRNA):** 리보솜의 기능에 필수적인 비암호화 RNA. 박테리아의 리보솜에는 3개의 리보솜 RNA가 있고 진핵생물의 리보솜에는 4개의 리보솜 RNA가 있음.
- **리보솜의 작은 소단위체:** 단백질 합성 기계에서 mRNA와 가장 먼저 조립되는 부분. mRNA의 해독과 tRNA의 결합을 지휘함. 대장균에서는 3개의 rRNA 중 두 번째로 큰 rRNA와 22개의 단백질로 이루어짐.
- **리보솜의 큰 소단위체:** 펩타이드 전달 반응의 활성부위가 들어 있는 단백질 합성 기계의 일부로, 아미노산을 연결해 단백질을 만듦. 대장균의 경우 2개

의 rRNA(각각 2,904개, 120개의 뉴클레오티드로 구성된)와 약 33개의 단백질로 구성되어 있음.

- **리보자임:** 효소 활성을 갖는 리보핵산.
- **리포솜:** DNA나 RNA를 세포 내로 전달하기 위한 운반체로, 외부에는 이중의 지질층이 있고 안쪽에서는 핵산을 캡슐처럼 가두는 것이 특징임.
- **림프구:** 면역체계를 이루는 백혈구로 주로 B세포와 T세포로 구성됨.
- **마이크로 RNA:** 아주 작은 RNA로 세포질 내 mRNA와 결합해 그것을 잘라내거나 번역을 억제해 RNA 수준에서 유전자 발현을 방해함. 마이크로 RNA는 자체적으로 그 안에서 염기쌍을 이루어 긴 이중가닥을 형성했다가 Dicer에 의해 더 작은 조각으로 잘림. 인체에서 팔다리의 발달, 심장 근육의 형성, 혈구나 면역 세포 생산, 태반의 발달과 임신 같은 과정에 기여함. 마이크로 RNA가 교란되면 여러 질병에 걸릴 수 있음.
- **박테리오파지:** 박테리아를 감염시키는 DNA 바이러스 또는 RNA 바이러스.
- **번역:** mRNA 암호를 읽어 단백질을 합성하는 과정. 리보솜에 의해 수행됨.
- **발효:** 효모를 비롯한 미생물에서 당이나 전분을 알코올로 바꾸는 효소 촉매 작용.
- **베타 글로빈:** 적혈구에 존재하는 산소 운반 단백질인 헤모글로빈을 구성하는 두 종류의 단백질 사슬 중 하나. 헤모글로빈은 2개의 알파 글로빈과 2개의 베타 글로빈 소단위체를 가짐. '알파 글로빈' 항목도 참조할 것.
- **복제:** 단일 핵산 분자와 동일하거나 거의 비슷한 사본을 만드는 과정. DNA 복제에서는 하나의 이중나선이 2개의 이중나선으로 복사됨. 또한 바이러스에서 주로 발견되는 RNA 복제에서는 하나의 단일가닥 RNA가 여러 개의 자손 가닥으로 복사됨.

- **복제효소:** 핵산을 복제하거나 같은 종류의 핵산으로 더 많이 복제하는 효소의 총칭. 복제효소의 예로 DNA 중합효소, 바이러스의 RNA 의존성 RNA 중합효소가 있음.
- **분자:** 화학 결합에 의해 특정한 방식으로 원자들이 뭉쳐진 무리. 물, 자당, 이산화탄소가 분자에 속함. DNA, RNA, 단백질 역시 분자지만 크기가 커서 고분자라고 불림.
- **비상동 말단 연결(NHEJ):** 동일한 서열의 온전한 버전 없이 부서진 말단이 서로 직접적으로 연결되는 DNA 이중가닥의 복구 과정. NHEJ는 종종 복구 부위에 뉴클레오티드가 삽입되거나 결손되는 작은 부위를 남김. '상동 재조합' 항목을 참조할 것.
- **비암호화 RNA:** 단백질을 암호화하지 않지만 세포 생물학에서 중요한 역할을 담당하는 RNA 무리를 일컬음. 리보솜 RNA, tRNA, 텔로머라아제 RNA, 작은 핵 RNA, 리보자임이 여기에 해당함.
- **산발성 질환:** 가족력 없이 자연적으로 발생하는 질병. 그래도 여전히 체세포의 돌연변이로 인한 유전적인 원인이 존재할 수 있음.
- **상동 재조합:** DNA 이중가닥을 복구하기 위해 동일하거나 유사한 서열의 온전한 버전을 필요로 하는 과정. 두 버전의 DNA 사이의 유전 정보 교환(재조합)이 이 복구 과정의 중간 단계에 포함됨.
- **상보적인:** 서로 맞아떨어지는 것. 예컨대 RNA 염기쌍에서 G는 C와 상보적임.
- **생식 세포:** 성세포(정자와 난자), 또는 성세포를 생산하는 세포. 유전 정보를 생명체의 자손에게 전달한다는 점에서 체세포와 차이가 있음.
- **생존 운동 뉴런(SMN1과 SMN2):** SMN1 유전자는 snRNA 단백질 복합체의 조립에 관여하는 단백질을 암호화함. 여기에 돌연변이가 생기면 SMA를 일

으킴. 이때 돌연변이 SMN1이 일으킨 손실을 구제하기 위해 SMN2 유전자가 활성화될 수 있음.

- **선천성 면역:** 특정 병원체에 특이적이지 않다는 점에서 적응성 면역과는 다르게 감염으로부터 생명체를 보호하는 과정. 선천성 면역체계는 병원체의 보존된 특징을 인지하고 그에 따라 빠르게 활성화되어 침입자를 파괴함.
- **세포 외 유출:** 성숙한 바이러스 입자가 감염된 세포를 빠져나가는 과정으로, 그 세포가 자신의 단백질을 밖으로 내보내는 경로를 히치하이크해서 이용함.
- **세포막:** 여러 생명체들이 가진 세포를 보호하는 바깥층. 지질 분자로 이루어진 2층의 외피로 되어 있음.
- **수용체:** 다른 단백질이나 호르몬, 냄새 분자에 특이적으로 결합하는 단백질. 세포가 외부 환경에 반응하도록 함.
- **스플라이싱:** 'RNA 스플라이싱'을 참조하라.
- **스플라이싱 인자:** mRNA 스플라이싱을 촉진하고 조절하는 수많은 단백질들. 이러한 인자들은 직접 스플라이싱을 촉매하는 snRNA 단백질 복합체와는 다름.
- **아르고너트:** RNA 간섭에 필요한 단백질로, siRNA와 마이크로 RNA를 결합해 mRNA의 번역을 저해하기 위한 가이드로 사용함.
- **아미노산:** 단백질을 구성하는 집짓기 블록의 하나. 20개의 아미노산이 존재하며, 1~6개의 mRNA 코돈이 각각의 아미노산을 지정한다.
- **아미노산 서열:** 단백질 사슬을 따라 이어지는 집짓기 블록(아미노산)의 구체적인 순서를 말함. 이에 따라 단백질이 3차원적으로 어떻게 접힐지 결정된다. 그렇게 단백질은 위에서 음식물을 소화하거나 근육을 움직이게 하고, 혈류에서 산소를 운반하는 등의 특수한 역할을 다할 수 있다.

- **안티센스 RNA:** 표적 mRNA에 상보적인 RNA를 활용해서 유전자의 기능을 억제하는 도구.
- **안티코돈:** mRNA 코돈과 염기쌍을 이루는 tRNA 분자의 세 가지 염기.
- **적응성 면역:** 특정 병원체 또는 다른 이물질에 대한 특이적인 감염으로부터 몸을 보호하는 과정. 선천성 면역계와 달리 후천적인 적응성 면역은 감염이나 백신 접종을 통해 몸이 병원체에 사전 노출되어야 한다. 그래야만 병원체의 새로운 노출에 반응할 준비를 갖출 수 있다. '선천성 면역' 항목도 참조할 것.
- **알파 글로빈:** 적혈구에 존재하는 산소 운반 단백질인 헤모글로빈을 구성하는 두 종류의 단백질 사슬 중 하나. 헤모글로빈은 2개의 알파 글로빈과 2개의 베타 글로빈이라는 소단위체를 가지고 있는데, 이것들은 서로 유사한 단백질 사슬이지만 완전히 동일하지는 않다. '베타 글로빈' 항목도 참조할 것.
- **압타머:** 단백질이나 작은 분자에 특이적으로 결합하도록 선택된 인공 핵산 분자. '들어맞다'라는 뜻을 가진 라틴어 압투스(aptus)에서 따온 말.
- **양성(+)가닥 RNA 바이러스:** 이 바이러스의 RNA는 단백질을 암호화하는 mRNA 역할을 할 준비를 마치고 숙주로 들어감. 이후 mRNA는 숙주 세포의 리보솜을 강탈해 몸에 해로운 단백질을 만들어냄. 양성(+)가닥 RNA 바이러스로는 소아마비 바이러스, 뎅기 바이러스, A형과 C형 간염 바이러스, SARS-CoV-2, 리노바이러스 등이 있으며, 마지막 바이러스는 감기를 일으킴.
- **엑스선 결정학:** 단백질과 핵산을 포함한 분자의 구조를 결정하는 기술. 단백질 분자의 결정 같은 시료에 엑스선을 쐰 다음 회절된 방사선의 영상을 수집하고, 이런 회절이 이루어지려면 결정의 구조가 어때야 하는지를 계산하는 과정임.
- **역전사효소:** 단일가닥 RNA를 DNA로 역전사하는 효소. 통상적으로 DNA에

서 RNA로 향하는 전사 과정을 반대로 뒤집음.

- **염기:** 핵산 정보의 기본 단위인 DNA 또는 RNA 사슬의 모든 위치에 존재하는 화학적 단위. 염기 가운데 셋(A, G, C)은 DNA와 RNA에서 동일하지만 네 번째 염기는 DNA에서는 T, RNA에서는 U임. '뉴클레오티드' 항목도 참조할 것.
- **염기쌍:** G(구아닌)와 C(사이토신), A(아데닌)와 T(티민), U(우라실)와의 상호 작용. 염기쌍은 DNA 이중나선의 꼬인 사다리에서 가로대 역할을 함. 한 가닥으로 이뤄진 RNA 구조 또한 그 안에서 형성되는 염기쌍에 의존함.
- **염색체:** 생물의 유전 정보를 전달하며 DNA와 단백질로 이루어진 각각의 패키지. DNA가 복제에 돌입하기 전 각 염색체에는 DNA 이중나선이 하나씩 들어 있음.
- **유전자 치료:** DNA를 활용해 질병을 치료하거나 예방하는 것. 가장 일반적인 방식은 결함이 있는 유전자를 보충하기 위해 건강한 유전자의 새로운 사본을 환자에게 부여하는 형태임.
- **음성(-)가닥 RNA 바이러스:** 바이러스 RNA는 mRNA에 상보적인 가닥의 형태로 숙주에 들어감. 이 바이러스들은 (-)가닥을 (+)가닥으로 복사하는 자가 복제 효소를 가지고 오는데, 호흡기세포융합바이러스(RSV), 광견병 바이러스, 에볼라 바이러스 등이 모두 (-)가닥 바이러스임.
- **인트론:** 단백질을 암호화하지 않은 채 전사 후 RNA에서 스플라이싱되어 나온 DNA 조각. rRNA와 tRNA 인트론은 제 기능을 하는 성숙한 분자의 염기서열 중간에 끼어 있기 때문에 스플라이싱을 거쳐 잘려 나가야 함. DNA와 RNA 모두에서 같은 용어를 사용함.
- **작은 핵 RNA(snRNA):** 풍부하게 존재하는 안정적인 비암호화 RNA로, 특정 단백질과의 복합체로 존재함. U1, U2 snRNA는 mRNA 전구체에서 스플라

이싱 부위를 표시하고, U2, U5, U6 snRNA는 mRNA 스플라이싱 과정의 촉매 작용에 직접적으로 관여함. 또한 U4 snRNA는 스플라이싱의 초기 단계에서 U6 snRNA가 치환되기 전까지 활동을 억누름. 한편 U3 snRNA는 mRNA 스플라이싱 대신 rRNA의 성숙에 관여함.

- **적응성 면역**: 특정 병원체 또는 다른 이물질에 대한 특이적인 감염으로부터 몸을 보호하는 과정. 선천성 면역계와 달리 후천적인 적응성 면역은 감염이나 백신 접종을 통해 몸이 병원체에 사전 노출되어야 한다. 그래야만 병원체의 새로운 노출에 반응할 준비를 갖출 수 있다. '선천성 면역' 항목도 참조할 것.
- **전구체**: RNA 전구체의 경우, 유전자로부터 RNA가 전사된 이후 다듬어지거나, 스플라이싱되거나, 또 다른 방식으로 변형되어 제 역할을 할 준비를 마침.
- **전달 RNA(tRNA)**: 리보솜 내부의 성장하는 단백질 사슬에 정확한 아미노산을 전달하는 작은 RNA. 각각의 tRNA는 자기가 전달할 아미노산에 해당하는 mRNA의 코돈을 인식함.
- **전령 RNA(mRNA)**: 특정 단백질의 합성을 지시하는 일련의 코돈을 포함하는 RNA. 인간 mRNA는 세포핵에 있는 DNA에서 세포질에 있는 리보솜으로 메시지를 전달함.
- **전사**: DNA가 RNA로 복사되는 과정.
- **전위**: 리보솜 내의 한 부위에서 다른 부위로 mRNA 코돈(여기에 부착된 tRNA와 함께)이 이동하는 것. 코돈을 하나씩 읽고 다음 tRNA가 들어갈 공간을 만들려면 전위가 일어나야 한다.
- **종양 유전자**: 정상적인 인간 유전자에 돌연변이가 일어난 형태로 비정상적인 세포 분열을 유발하고 암을 일으킴.
- **지질 나노입자(LNP)**: mRNA 기반 백신이나 치료제가 세포의 방어 체제를

우회하도록 하는, 지질 분자로 이루어진 약물 전달 시스템.

- **지질 외피:** 일부 RNA 바이러스의 경우에는 캡시드가 RNA를 보호하고 목적지까지 전달하는 '캡슐'을 제공함. 하지만 몇몇 바이러스의 경우, 캡시드는 지질 분자로 이루어진 막으로 한층 더 둘러싸임.
- **지질:** 물에 잘 녹지 않는 지방이나 왁스, 기름을 말함. 동물 세포를 둘러싸고 있는 막이나 외피를 가진 바이러스의 겉층은 지질로 이루어져 있음.
- **진핵생물:** 조류에서 인간에 이르기까지, 세포핵을 이루어 그 안에 DNA를 격리하는 유기체.
- **짧은 간섭 RNA(siRNA):** 23개의 뉴클레오티드로 이루어진 인공적인 이중가닥의 RNA로, 그중 한 가닥은 표적 mRNA와 상보적임. RNA 간섭 경로를 통해 표적 mRNA의 절단과 비활성화를 지시함.
- **척수성 근위축(SMA):** SMN1 유전자의 돌연변이로 발생하는 치명적인 신경퇴행성 질환.
- **체세포:** 생식 세포를 제외한 생명체의 모든 세포로 피부, 근육, 간, 혈액, 뇌세포가 여기에 해당함. 인간의 경우에는 이배체(2벌의 염색체)를 갖고 있어 후천적인 돌연변이를 자손에게 물려주지 않음.
- **캡시드:** 리보뉴클레아제처럼 살아 있는 조직에 들이닥치는 위험으로부터 바이러스의 RNA를 보호하는 단백질 껍데기. 표적 세포로 드나드는 RNA를 안내함.
- **코돈:** 단백질 산물의 특정 아미노산을 지정하는, mRNA 속 뉴클레오티드 3개로 이루어진 무리.
- **크리스퍼(CRISPER):** 가이드 RNA(절단할 DNA 서열을 표적으로 삼는)와 절단을 수행하는 Cas9(CRISPER-associated 9) 단백질에 의해 구동되는 DNA

절단 시스템. 처음에 박테리아에서 박테리오파지라 불리는 바이러스의 공격을 막는 자연적인 과정의 하나로 발견되었음.

- **텔로머라아제:** 염색체 말단에 보호 DNA 염기서열(텔로미어)을 추가해 진핵세포가 계속 분열하게 하는 분자 기계. TERT를 비롯한 단백질과 RNA 분자로 이루어졌음.
- **텔로머라아제 역전사효소(TERT):** 텔로미어 DNA 합성을 위한 촉매 중심을 포함하는, 텔로머라아제 RNA의 단백질 파트너.
- **텔로미어:** 반복되는 DNA 염기서열과 그와 관련된 보호 단백질로 이루어진 염색체의 끄트머리. 텔로미어의 길이는 어떤 체세포가 겪을 수 있는 세포 분열의 횟수를 알려주는 시계 역할을 함.
- **트리플렛 코돈:** '코돈' 항목을 참조하라.
- **파지:** 박테리아를 감염시키는 바이러스인 박테리오파지의 줄임말.
- **펩타이드 전달 반응:** 2개의 아미노산을 결합해 단백질 사슬을 형성하는 화학반응.
- **플라스미드:** 일반적으로 원형의 작은 DNA 형태를 하고 있으며, 세포의 염색체와 독립적으로 복제되는 인공적인 DNA임. 유전자를 분리하고 조작하는 연구에 활용됨.
- **효소:** 살아 있는 세포 안의 물질로, 반응에 소모되지 않고 생명체에 필요한 생화학 반응의 속도를 높임. 보통 단백질이며 우리의 심장을 뛰게 하고, 위 속의 음식물을 분해하며, 세포의 모양을 만드는 모든 구조물을 합성함.

미주

프롤로그

1. Janet M. Sasso, Barbara J. B. Ambrose, Rumiana Tenchov, Ruchira S. Datta, Matthew T. Basel, Robert K. DeLong, and Qiongqiong Angela Zhou, "The Progress and Promise of RNA Medicine—An Arsenal of Targeted Treatments," *Journal of Medical Chemistry* 65, 6975–7015, 2022.
2. Lin Ning, Mujiexin Liu, Yushu Gou, Yue Yang, Bifang He, and Jian Huang, "Development and Application of Ribonucleic Therapy Strategies Against COVID-19," *International Journal of Biological Sciences* 18, 5070–85, 2022.
3. Cheryl Barton, "Renewed Interest in RNA-Targeted Therapies—Delivery Remains the Achilles Heel," Pharma Letter, January 31, 2023, https://www.thepharmaletter.com/article/renewed-interest–in-rna-targeted-therapies-delivery-remains-the-achilles-heel.
4. RNA 연구에 대한 학술적인 단계별 설명을 접하고 싶은 사람들에게는 다음 책을 추천한다. *RNA: Life's Indispensable Molecule by Jim Darnell*(Cold Spring Harbor, NY: Cold

Spring Harbor Laboratory Press, 2011) and *RNA: The Epicenter of Genetic Information* by John Mattick and Paulo Amaral(Boca Raton, FL: CRC Press, 2022).

1장 전령

1. Paul Halpern, *Flashes of Creation: George Gamow, Fred Hoyle, and the Great Big Bang Debate*(New York: Basic Books, 2021), 2.
2. Karl Hufbauer, *George Gamow, 1904–1968: A Biographical Memoir*(Washington, DC: National Academy of Sciences, 2009), 9.
3. James Watson, *Genes, Girls, and Gamow*(Oxford: Oxford University Press, 2003), xxiv.
4. Hufbauer, *George Gamow*, 25.
5. Watson, *Genes, Girls, and Gamow*, 24.
6. F. Sanger and H. Tuppy, "The Amino-Acid Sequence in the Phenylalanyl Chain of Insulin. 1. The Identification of Lower Peptides from Partial Hydrolysates," *Biochemical Journal* 49, 463–81, 1951.
7. 저자가 댄 록사르와 했던 인터뷰 내용, 콜로라도주 볼더, 2023년 10월 4일.
8. Jean Brachet, "La detection histochimique et le microdosage des acides pentose-nucleiques," *Enzymologia* 10, 87–96, 1942; Torbjorn Caspersson, "The Relation Between Nucleic Acid and Protein Synthesis," *Symposia of the Society for Experimental Biology* 1, 129–51, 1947.
9. James Darnell, *RNA: Life's Indispensable Molecule*(Cold Spring Harbor, NY: Cold Spring Harbor Laboratory Press, 2011), 9–10.
10. Oswald T. Avery, Colin M. MacLeod, and Maclyn McCarty, "Studies on the Chemical Nature of the Substance Inducing Transformation of Pneumococcal Types: Induction of Transformation by a Desoxyribonucleic Acid Fraction Isolated from Pneumococcus Type III," *Journal of Experimental Medicine* 79, 137–58, 1944.
11. J. D. Watson and F. H. C. Crick, "Molecular Structure of Nucleic Acids: A Structure for Deoxyribose Nucleic Acid," *Nature* 171, 737–38, 1953.
12. 프랑스의 앙드레 부아뱅(André Boivin)은 1947년에 DNA가 RNA가 만들어지는 과정을 지배하고, 다시 RNA가 세포질에서 단백질 생성을 조절한다는 것을 처음으로 제안했다. 다음을 보라. Matthew Cobb, "Who Discovered Messenger RNA?," *Current Biology* 25,

R523–R548, 2015.

13. Francis Crick, "The Genetic Code," in *What Mad Pursuit: A Personal View of Scientific Discovery*(New York: Basic Books, 1990), 89–101.
14. George Gamow, *My World Line: An Informal Biography*(New York: Viking, 1970), 148.
15. "50th Anniversary of Good Friday Meeting(April 15, 1960)," Cold Spring Harbor Laboratory Press Email News, accessed August 29, 2023, https://www.cshlpress.com/email_news/goodfriday.html.
16. Kenneth Volkin and Larry Astrachan, "Phosphorus Incorporation in Escherichia coli Ribonucleic Acid After Infection with Bacteriophage T2," *Virology* 2, 149–61, 1956.
17. Sydney Brenner, Francois Jacob, and Matthew Meselson, "An Unstable Intermediate Carrying Information from Genes to Ribosomes for Protein Synthesis," *Nature* 190, 576–80, 1961. 제임스 왓슨과 그가 속한 하버드 대학교의 연구팀 또한 동시에 mRNA 사냥에 나섰고, 이들이 같은 시기에 발견한 결과는 브레너 등(Brenner et al.)의 논문에 연이어 실렸다. 다음 논문을 참조하라: Francois Gros, H. Hiatt, Walter Gilbert, C. G. Kurland, R. W. Risebrough, and J. D. Watson, "Unstable Ribonucleic Acid Revealed by Pulse Labelling of Escherichia coli," *Nature* 190, 581–85, 1961.
18. Francis H. C. Crick, Leslie Barnett, Sydney Brenner, and Richard Watts-Tobin, "General Nature of the Genetic Code for Proteins," *Nature* 192, 1227–32, 1961.
19. Elizabeth B. Keller, Paul Zamecnik, and Robert B. Loftfield, "The Role of Microsomes in the Incorporation of Amino Acids into Proteins," *Journal of Histochemistry and Cytochemistry* 2, 378–86, 1954; John W. Littlefield, Elizabeth B. Keller, Jerome Gross, and Paul C. Zamecnik, "Studies of Cytoplasmic Ribonucleoprotein Particles from the Liver of the Rat," *Journal of Biological Chemistry* 217, 111–24, 1955.
20. Marshall W. Nirenberg and J. Heinrich Matthaei, "The Dependence of Cell-Free Protein Synthesis in E. coli upon Naturally Occurring or Synthetic Polyribonucleotides," *Proceedings of the National Academy of Sciences USA* 47, 1588–602, 1961. 중요한 것은, 이 논문은 poly(U)가 폴리페닐알라닌을 암호화하는 것이 U, UU, UUU, 또는 페닐알라닌을 지정하는 다른 어떤 코돈인지 구별하지 못한다는 점을 신중하게 명시하고 있다는 것이다.
21. 이 효소는 다름 아닌 대장균의 RNA 중합효소였다. RNA 중합효소는 단량체(A, G, C, U)를 RNA의 중합체로 결합하는 과정을 촉매해 DNA 주형에 의해 결정된 서열을 만들어낸다는 이유로 이렇게 명명되었다. 비슷한 반응을 촉매하지만 A, G, C, T의 디옥시뉴

클레오티드 단량체를 사용하는 DNA 중합효소도 존재한다.
22. S. Nishimura, D. S. Jones, E. Ohtsuka, H. Hayatsu, T. M. Jacob, and H. G. Khorana, "Studies on Polynucleotides: XLVII. The In Vitro Synthesis of Homopeptides as Directed by a Ribopolynucleotide Containing a Repeating Trinucleotide Sequence. New Codon Sequences for Lysine, Glutamic Acid and Arginine," *Journal of Molecular Biology* 13, 283–301, 1965.
23. 1968년 노벨 생리의학상은 알라닌 tRNA의 구조를 밝혀 DNA와 단백질 합성을 연결하는 공적을 세운 로버트 W. 홀리(Robert W. Holley)에게 돌아갔다.
24. Gamow, *My World Line*, 148.
25. Matthew Cobb, "60 Years Ago, Francis Crick Changed the Logic of Biology," *PLOS Biology* 15, e2003243, 2017.
26. Francis H. C. Crick, "On Protein Synthesis," *Symposia of the Society for Experimental Biology* 12, 138–63, 1958.
27. Mahlon B. Hoagland, Mary Louise Stephenson, Jesse F. Scott, Liselotte I. Hecht, and Paul C. Zamecnik, "A Soluble Ribonucleic Acid Intermediate in Protein Synthesis," *Journal of Biological Chemistry* 231, 241–57, 1958.

2장 생명의 조각을 잇다

1. Herbert C. Friedmann, "From 'Butyribacterium' to 'E. coli': An Essay on Unity in Biochemistry," *Perspectives in Biology and Medicine* 47, 47–66, 2004.
2. James Darnell, *RNA: Life's Indispensable Molecule*(Cold Spring Harbor, NY: Cold Spring Harbor Laboratory Press, 2011), 168–69.
3. Susan M. Berget, Claire Moore, and Phillip A. Sharp, "Spliced Segments at the 5' Terminus of Adenovirus 2 Late mRNA," *Proceedings of the National Academy of Sciences USA* 74, 3171–75, 1977; Louise T. Chow, Richard E. Gelinas, Thomas R. Broker, and Richard J. Roberts, "An Amazing Sequence Arrangement at the 5' Ends of Adenovirus 2 Messenger RNA," *Cell* 12, 1–8, 1977.
4. David C. Tiemeier, Shirley M. Tilghman, Fred I. Polsky, Jon G. Seidman, Aya Leder, Marshall H. Edgell, and Philip Leder, "A Comparison of Two Cloned Mouse β-Globin Genes and Their Surrounding and Intervening Sequences," *Cell* 14, 237–45, 1978.

5. A. Goffeau, B. G. Barrell, H. Bussey, R. W. Davis, B. Dujon, H. Feldmann, F. Galibert, J. D. Hoheisel, C. Jacq, M. Johnson, E. J. Louis, H. W. Mewes, Y. Murakami, P. Philippsen, H. Tettelin, and S. G. Oliver, "Life with 6000 Genes," *Science* 274, 546–67, 1996.

6. International Human Genome Sequencing Consortium, "Finishing the Euchromatic Sequence of the Human Genome," *Nature* 431, 931–45, 2004.

7. 다당류란 '당이 많은'이라는 뜻이다. 세포에서 분비되는 여러 단백질은 아미노산의 일부에 다당류가 첨가되어 있다. 그에 따라 요리용 설탕이 찻물에 용해되는 것처럼 물이 많은 환경에서 단백질이 더 잘 용해된다.

8. Frederick W. Alt, Alfred L. M. Bothwell, Michael Knapp, Edward Siden, Elizabeth Mather, Marian Koshland, and David Baltimore, "Synthesis of Secreted and Membrane-Bound Immunoglobulin Mu Heavy Chains Is Directed by mRNAs That Differ at Their 3' Ends," *Cell* 20, 293–301, 1980; J. Rogers, P. W. Early, C. Carter, K. Calame, M. Bond, L. Hood, and R. Wall, "Two mRNAs with Different 3' Ends Encode Membrane-Bound and Secreted Forms of Immunoglobulin μ Chain," *Cell* 20, 303–12, 1980; P. W. Early, J. Rogers, M. Davis, K. Calame, M. Bond, R. Wall, and L. Hood, "Two mRNAs Can Be Produced from a Single Immunoglobulin μ Gene by Alternative RNA Processing Pathways," *Cell* 20, 313–19, 1980.

9. 저자가 조앤 스타이츠와 했던 인터뷰 내용, 콜로라도주, 볼더, 2022년 3월 6일.

10. Gina Kolata, "Thomas A. Steitz, 78, Dies; Illuminated a Building Block of Life," *New York Times*, October 10, 2018, https://www.nytimes.com/2018/10/10/obituaries/thomas-a-steitz-dead.html.

11. Michael Rush Lerner and Joan A. Steitz, "Antibodies to Small Nuclear RNAs Complexed with Proteins Are Produced by Patients with Systemic Lupus Erythematosus," *Proceedings of the National Academy of Sciences USA* 76, 5495–99, 1979.

12. Ramachandra Reddy, Tae Suk Ro-Choi, Dale Henning, and Harris Busch, "Primary Sequence of U-1 Nuclear Ribonucleic Acid of Novikoff Hepatoma Ascites Cells," *Journal of Biologic Chemistry* 249, 6486–94, 1974.

13. Joan A. Steitz and Karen Jakes, "How Ribosomes Select Initiator Regions in mRNA: Base Pair Formation Between the 3' Terminus of 16S rRNA and the mRNA During Initiation of Protein Synthesis in Escherichia coli," *Proceedings of the National Academy of Sciences USA* 72, 4734–38, 1975.

14. Michael R. Lerner, John A. Boyle, Stephen M. Mount, Sandra W. Wolin, and Joan A.

Steitz, "Are snRNPs Involved in Splicing?," *Nature* 283, 220–24, 1980. 비슷한 제안이 다음 논문에서도 동시에 나왔다. John Rogers and Randolph Wall, "A Mechanism for RNA Splicing," *Proceedings of the National Academy of Sciences USA* 77, 1877–79, 1980.

15. Richard A. Padgett, Stephen M. Mount, Joan A. Steitz, and Phillip A. Sharp, "Splicing of Messenger RNA Precursors Is Inhibited by Antisera to Small Nuclear Ribonucleoprotein," *Cell* 35, 101–7, 1983.
16. Shaoping Wu, Charles M. Romfo, Timothy W. Nilsen, and Michael R. Green, "Functional Recognition of the 3' Splice Site AG by the Splicing Factor U2AF35," *Nature* 402, 832–35, 1999; Diego A. R. Zorio and Thomas Blumenthal, "Both Subunits of U2AF Recognize the 3' Splice Site in Caenorhabditis elegans," *Nature* 402, 835–38, 1999; Livia Merendino, Sabine Guth, Daniel Bilbao, Concepcion Martinez, and Juan Valcarcel, "Inhibition of msl-2 Splicing by Sex-Lethal Reveals Interaction Between U2AF35 and the 3' Splice Site AG," *Nature* 402, 838–41, 1999.
17. Richard A. Spritz, Pudur Jagadeeswaran, Prabhakara V. Choudary, P. Andrew Biro, James T. Elder, Jon K. Deriel, James L. Manley, Malcom L. Gefter, Bernard G. Forget, and Sherman M. Weissman, "Base Substitution in an Intervening Sequence of a Beta+ Thalassemic Human Globin Gene," *Proceedings of the National Academy of Sciences USA* 78, 2455–59, 1981.
18. Meinrad Busslinger, Nikos Moschonas, and Richard A. Flavell, "Beta+ Thalassemia: Aberrant Splicing Results from a Single Point Mutation in an Intron," *Cell* 27, 289–98, 1981.
19. Livio Pellizzoni, Bernard Charroux, and Gideon Dreyfuss, "SMN Mutants of Spinal Muscular Atrophy Patients Are Defective in Binding to snRNP Proteins," *Proceedings of the National Academy of Sciences USA* 96, 11167–72, 1999.
20. Utz Fischer, Qing Liu, and Gideon Dreyfuss, "The SMN-SIP1 Complex Has an Essential Role in Spliceosomal snRNP Biogenesis," *Cell* 90, 1023–29, 1997.
21. Helena Chaytow, Yu-Ting Huang, Thomas H. Gillingwater, and Kiterie M. E. Faller, "The Role of Survival Motor Neuron Protein(SMN) in Protein Homeostasis," *Cellular and Molecular Life Sciences* 75, 3877–94, 2018.
22. Luca Cartegni and Adrian R. Krainer, "Disruption of an SF2/ASF-Dependent Exonic Splicing Enhancer in SMN2 Causes Spinal Muscular Atrophy in the Absence of SMN1," *Nature Genetics* 30, 377–84, 2002.

23. Yimin Hua, Kentaro Sahashi, Gene Hung, Frank Rigo, Marco A. Passini, C. Frank Bennett, and Adrian R. Krainer, "Antisense Correction of SMN2 Splicing in the CNS Rescues Necrosis in a Type III SMA Mouse Model," *Genes and Development* 24, 1634–44, 2010.
24. Peter Tarr, "She's My Little Fighter," Harbor Transcript(Cold Spring Harbor Laboratory) 36, 4–7, 2016.
25. Leonela Amoasii, John C. W. Hildyard, Hui Li, Efrain Sanchez-Ortiz, Alex Mireault, Daniel Caballero, Rachel Harron, Thaleia-Rengina Stathopoulou, Claire Massey, John M. Shelton, Rhonda Bassel-Duby, Richard J. Piercy, and Eric N. Olson, "Gene Editing Restores Dystrophin Expression in a Canine Model of Duchenne Muscular Dystrophy," *Science* 362, 86–91, 2018.

3장 혼자 힘으로 스플라이싱하다

1. J. B. S. Haldane, *Enzymes*(London: Longmans Green, 1930).
2. David Blow, "So Do We Understand How Enzymes Work?," *Structure* 8, R77–R81, 2000.
3. James B. Sumner, "The Chemical Nature of Enzymes," Nobel Lecture, December 12, 1946, https://www.nobelprize.org/uploads/2018/06/sumner-lecture.pdf.
4. Joseph G. Gall, "Free Ribosomal RNA Genes in the Macronucleus of Tetrahymena," *Proceedings of the National Academy of Sciences USA* 71, 3078–81, 1974; Jan Engberg, Gunna Christiansen, and Vagn Leick, "Autonomous rDNA Molecules Containing Single Copies of the Ribosomal RNA Genes in the Macronucleus of Tetrahymena pyriformis," *Biochemical and Biophysical Research Communications* 59, 1356, 1974.
5. Thomas R. Cech and Donald C. Rio, "Localization of Transcribed Regions on Extrachromosomal Ribosomal RNA Genes of Tetrahymena thermophila by R-loop Mapping," *Proceedings of the National Academy of Sciences USA* 76, 5051–55, 1979. 유사한 인트론이 다른 테트라히메나 종에서 보고되었다: Martha A. Wild and Joseph G. Gall, "An Intervening Sequence in the Gene Coding for 25S Ribosomal RNA of Tetrahymena pigmentosa," *Cell* 16, 565–73, 1979.
6. 저자가 존 아벨슨과 했던 인터뷰 내용, 캘리포니아, 샌프란시스코, 2022년 3월 25일.
7. Paula J. Grabowski, Arthur J. Zaug and Thomas R. Cech, "The Intervening Sequence

of the Ribosomal RNA Precursor Is Converted to a Circular RNA in Isolated Nuclei of Tetrahymena," *Cell* 23, 467–76, 1981.

8. Thomas R. Cech, Arthur J. Zaug, and Paula J. Grabowski, "In Vitro Splicing of the Ribosomal RNA Precursor of Tetrahymena: Involvement of a Guanosine Nucleotide in the Excision of the Intervening Sequence," *Cell* 27, 487–96, 1981.
9. Kelly Kruger, Paula J. Grabowski, Arthur J. Zaug, Julie Sands, Daniel E. Gottschling, and Thomas R. Cech, "Self-Splicing RNA: Autoexcision and Autocyclization of the Ribosomal RNA Intervening Sequence of Tetrahymena," *Cell* 31, 147–57, 1982.
10. Gian Garriga and Alan M. Lambowitz, "RNA Splicing in Neurospora Mitochondria: Self-Splicing of a Mitochondrial Intron In Vitro," Cell 39, 631–41, 1984.
11. Henk F. Tabak, G. Van der Horst, K. A. Osinga, and A. C. Arnberg, "Splicing of Large Ribosomal Precursor RNA and Processing of Intron RNA in Yeast Mitochondria," *Cell* 39, 623–29, 1984.
12. Jonathan M. Gott, David A. Shub, and Marlene Belfort, "Multiple Self-Splicing Introns in Bacteriophage T4: Evidence from Autocatalytic GTP Labeling of RNA In Vitro," *Cell* 47, 81–87, 1986.
13. William H. McClain, Lien B. Lai, and Venkat Gopalan, "Trials, Travails and Triumphs: An Account of RNA Catalysis in RNase P," *Journal of Molecular Biology* 397, 627–46, 2010.
14. Benjamin C. Stark, Ryszard Kole, E. J. Bowman, and Sidney Altman, "Ribonuclease P: An Enzyme with an Essential RNA Component," *Proceedings of the National Academy of Sciences USA* 75, 3717–21, 1978.
15. Ryszard Kole and Sidney Altman, "Properties of Purified Ribonuclease P from Escherichia coli," *Biochemistry* 20, 1902–6, 1981.
16. 저자와 세실리아 게리어-다카다의 전화 인터뷰, 메릴랜드주 베데스다, 2022년 4월 15일.
17. 저자와 노먼 페이스의 대면 인터뷰, 콜로라도주, 볼더, 2022년 4월 15일.
18. Cecilia Guerrier-Takada, Katheleen Gardiner, Terry Marsh, Norman Pace, and Sidney Altman, "The RNA Moiety of Ribonuclease P Is the Catalytic Subunit of the Enzyme," *Cell* 35, 849–57, 1983
19. 저자와 페이스의 대면 인터뷰.
20. Anthony C. Forster and Robert H. Symons, "Self-Cleavage of Plus and Minus RNAs of a Virusoid and a Structural Model for the Active Sites," *Cell* 49, 211–20, 1987; Olke C.

Uhlenbeck, "A Small Catalytic Oligoribonucleotide," *Nature* 328, 596–600, 1987; Jim Haseloff and Wayne L. Gerlach, "Simple RNA Enzymes with New and Highly Specific Endoribonuclease Activities," *Nature* 334, 585–51, 1988.

21. Christine Guthrie, "From the Ribosome to the Spliceosome and Back Again," *Journal of Biological Chemistry* 285, 1–12, 2010.
22. Guthrie, "From the Ribosome to the Spliceosome and Back Again," 3.
23. Bruce Patterson and Christine Guthrie, "An Essential Yeast snRNA with a U5-like Domain Is Required for Splicing," *Cell* 49, 613–24, 1987.
24. Manuel Ares, Jr., "U2 RNA from Yeast Is Unexpectedly Large and Contains Homology to Vertebrate U4, U5 and U6 Small Nuclear RNAs," *Cell* 47, 49–59, 1986. 이것은 진짜 효모 U2 RNA이기는 했지만, 기존의 제안과 달리 U4나 U5, U6 snRNA와는 관련이 없는 것으로 밝혀졌다. 1987년에는 거스리의 연구실과 브랜다이스에 있는 마이크 로스배시(Mike Rosbash)의 연구실에서 그동안 드러나지 않았던 효모의 U1을 발견했다.
25. Yuan Zhuang and Alan M. Weiner, "A Compensatory Base Change in U1 snRNA Suppresses a 5' Splice Site Mutation," *Cell* 46, 827–35, 1986.
26. Roy Parker, Paul G. Siliciano, and Christine Guthrie, "Recognition of the TACTAAC Box During mRNA Splicing in Yeast Involves Base-Pairing with the U2-like snRNA," *Cell* 49, 229–39, 1987.
27. Hiten D. Madhani and Christine Guthrie, "A Novel Base-Pairing Interaction Between U2 and U6 snRNAs Suggests a Mechanism for the Catalytic Activation of the Spliceosome," *Cell* 71, 803–17, 1992.
28. 저자와 크리스틴 거스리, 존 아벨슨의 줌 인터뷰, 캘리포니아주 샌프란시스코, 2022년 3월 25일.

4장 변신의 귀재

1. Louis H. Sullivan, "The Tall Office Building Artistically Considered"(1896), in Louis H. Sullivan, *Kindergarten Chats and Other Writings*, ed. Isabella Athey(New York: George Wittenborn, 1979).
2. Alexander Rich and J. D. Watson, "Some Relations Between DNA and RNA," *Proceedings of the National Academy of Sciences USA* 40, 759–64, 1954.

3. Rich and Watson, "Some Relations Between DNA and RNA."
4. J. D. Watson, "Involvement of RNA in the Synthesis of Proteins," *Science* 140, 17–26, 1963.
5. M. B. Hoagland, P. C. Zamecnik, and M. L. Stephenson, "Intermediate Reactions in Protein Biosynthesis," *Biochimica et Biophysica Acta* 24, 215–16, 1957; Mahlon B. Hoagland, Mary Louise Stephen-son, Jesse F. Scott, Liselotte I. Hecht, and Paul C. Zamecnik, "A Soluble Ribonucleic Acid Intermediate in Protein Synthesis," *Journal of Biological Chemistry* 231, 241–57, 1958; Kikuo Ogata and Hiroyoshi Nohara, "The Possible Role of the Ribonucleic Acid(RNA) of the pH 5 Enzyme in Amino Acid Activation," *Biochimica et Biophysica Acta* 25, 659–60, 1957.
6. Robert W. Holley, "Alanine Transfer RNA," *Nobel Lecture*, December 12, 1968, https://www .nobelprize .org/uploads/2018/06/holley–lecture.pdf.
7. Holley, "Alanine Transfer RNA."
8. Holley, "Alanine Transfer RNA."
9. Hans Georg Zachau, Dieter Dütting, and Horst Feldman, "The Structures of Two Serine Transfer Ribonucleic Acids," *Hoppe-Seyler's Zeitschrift fur Physiologische Chemie* 347, 212–35, 1966; J. T. Madison, G. A. Everett, and H. K. Kung, "Nucleotide Sequence of a Yeast Tyrosine Transfer RNA," *Science* 153, 531–34, 1966; U. L. RajBhandary, S. H. Chang, A. Stuart, R. D. Faulkner, R. M. Hoskinson, and H. G. Khorana, "Studies on Polynucleotides, LXVIII. The Primary Structure of Yeast Phenylalanine Transfer RNA," *Proceedings of the National Academy of Sciences USA* 57, 751–58, 1967; Howard M. Goodman, John Abelson, Arthur Landy, S. Brenner, and J. D. Smith, "Amber Suppression: A Nucleotide Change in the Anticodon of a Tyrosine Transfer RNA," *Nature* 217, 1019–24, 1968; S. K. Dube, K. A. Marcker, B. F. C. Clark, and S. Cory, "Nucleotide Sequence of N-formyl-methionyl-transfer RNA," *Nature* 218, 232–33, 1968; S. Takemura, T. Mizutani, and M. Miyazaki, "The Primary Structure of Valine-I Transfer Ribonucleic Acid from Torulopsis utilis," *Journal of Biochemistry* 64, 277–78, 1968; M. Staehelin, H. Rogg, B. C. Baguley, T. Ginsberg, and W. Wehrli, "Structure of a Mammalian Serine tRNA," *Nature* 219, 1363–65, 1968.
10. J. D. Robertus, Jane E. Ladner, J. T. Finch, Daniela Rhodes, R. S. Brown, B. F. C. Clark, and A. Klug, "Structure of Yeast Phenylalanine tRNA at 3 Å Resolution," *Nature* 250, 546–51, 1974; S. H. Kim, F. L. Suddath, G. J. Quigley, A. McPherson, J. L. Sussman, A.

H. J. Wang, N. C. Seeman, and A. Rich, "Three-Dimensional Tertiary Structure of Yeast Phenylalanine Transfer RNA," *Science* 185, 435–40, 1974. 〈사이언스〉 논문은 성호 김이 MIT에서 듀크 대학교로 옮긴 후 구조가 완성되었다.

11. Francois Michel, Alain Jacquier, and Bernard Dujon, "Comparison of Fungal Mitochondrial Introns Reveals Extensive Homologies in RNA Secondary Structure," *Biochimie* 64, 867–81, 1982.
12. 리처드 워링과 웨인 데이비스는 거의 같은 시기에 유사한 모델을 발표했다: R. Wayne Davies, Richard B. Waring, John A. Ray, Terence Brown, and Claudio Scazzocchio, "Making Ends Meet: A Model for RNA Splicing in Fungal Mitochondria," *Nature* 300, 719–24, 1982; R. B. Waring, C. Scazzocchio, T. A. Brown, and R. W. Davies, "Close Relationship Between Certain Nuclear and Mitochondrial Introns," *Journal of Molecular Biology* 16, 595–605, 1983.
13. Gerda van der Horst and Henk F. Tabak, "Self-Splicing of Yeast Mitochondrial Ribosomal and Messenger RNA Precursors," *Cell* 40, 759–66, 1985.
14. 저자와 에릭 웨스토프의 인터뷰, 프랑스 콜마르 근처, 2022년 5월 2일.
15. Francois Michel and Eric Westhof, "Modelling of the Three-Dimensional Architecture of Group I Catalytic Introns Based on Comparative Sequence Analysis," *Journal of Molecular Biology* 216, 585–610, 1990.
16. Francois Michel, Maya Hanna, Rachel Green, David P. Bartel, and Jack W. Szostak, "The Guanosine Binding Site of the Tetrahymena Ribozyme," *Nature* 342, 391–95, 1989.
17. Sabin Russell, "Cracking the Code: Jennifer Doudna and Her Amazing Molecular Scissors," California(Cal Alumni Association), December 8, 2014, https://alumni.berkeley.edu/california-magazine/winter-2014-gender-assumptions/cracking-code-jennifer-doudna-and-her-amazing.
18. Felicia L. Murphy and Thomas R. Cech, "An Independently Folding Domain of RNA Tertiary Structure Within the Tetrahymena Ribozyme," *Biochemistry* 32, 5291–5300, 1993; Felicia L. Murphy, Yuh-Hwa Wang, Jack D. Griffith, and Thomas R. Cech, "Coaxially Stacked RNA Helices in the Catalytic Center of the Tetrahymena Ribozyme," *Science* 265, 1709–12, 1994.
19. 모양이 알려지지 않은 새로운 분자의 구조를 규명하기 위해서는 엑스선 회절 데이터 세트뿐만 아니라 그 분자의 '중원자 유도체' 중 하나도 필요하다. 중원자 유도체는 전자 밀도가 높은 원자들이 하나 또는 여러 개의 고정된 위치에 자리 잡고 있는 동일한 분자다.

이 유도체를 얻으면 원래 분자의 회절 패턴과 중원자 유도체를 비교해 '결정학적 상 문제'라는 문제를 해결할 수 있다. 이 문제와 그 해결 방법은 다음 논문에서 자세히 설명하고 있다. A. Doudna and Samuel H. Sternberg, *A Crack in Creation: Gene Editing and the Unthinkable Power to Control Evolution*(Boston: Houghton Mifflin Harcourt, 2017).

20. Jamie H. Cate and Jennifer A. Doudna, "Metal-Binding Sites in the Major Groove of a Large Ribozyme Domain," *Structure* 4, 1221–29, 1996.
21. Barbara L. Golden, Anne R. Gooding, Elaine R. Podell, and Thomas R. Cech, "A Preorganized Active Site in the Crystal Structure of the Tetrahymena Ribozyme," *Science* 282, 259–64, 1998; Feng Guo, Anne R. Gooding, and Thomas R. Cech, "Structure of the Tetrahymena Ribozyme: Base Triple Sandwich and Metal Ion at the Active Site," *Molecular Cell* 16, 351–62, 2004.
22. Adrian Ferre-D'Amare, Kaihong Zhou, and Jennifer A. Doudna, "Crystal Structure of a Hepatitis Delta Virus Ribozyme," *Nature* 395, 567–74, 1998.
23. Rhiju Das, "RNA Structure: A Renaissance Begins?," *Nature Methods* 18, 436, 2021. RCSB 단백질 데이터 뱅크(Protein Data Bank, https://www.rcsb.org)는 이름과 달리 RNA 염기서열의 저장소이기도 하다. 구조가 밝혀질 때마다 단백질 데이터 뱅크에 계속 쌓아야 하는 만큼, 학계에서 발견한 구조는 대부분 여기에서 찾을 수 있다. 하지만 산업계의 실험실에서 밝힌 구조(약물과 단백질의 복합체 같은)의 경우는 극히 일부만 포함된다.
24. 리주 다스와 아드리앙 트뢰유(Adrien Treuille)가 워싱턴 대학교의 데이비드 베이커(David Baker) 연구실에서 박사 후 연구원 동료로 지내는 동안 이곳에서 FoldIt라고 불리는 단백질 접힘 문제 게임이 크라우드소싱에 처음 올랐다. 이후 다스는 스탠퍼드 대학교에서, 트뢰유는 피츠버그에 있는 카네기멜론 대학교에서 각각 교수가 되었다. 그리고 eteRNA에 대한 아이디어는 트뢰유 밑에서 공부하던 학생 이지형과의 브레인스토밍 토론에서 비롯했다.
25. Jeehyung Lee, Wipapat Kladwang, Minjae Lee, Daniel Cantu, Martin Azizyan, Hanjoo Kim, Alex Limpaecher, Snehal Gaikwad, Sungroh Yoon, Adrien Treuille, Rhiju Das, and EteRNA Participants, "RNA Design Rules from a Massive Open Laboratory," *Proceedings of the National Academy of Sciences USA* 111, 2122–27, 2014.
26. Kathrin Leppek, Gun Woo Byeon, Wipapat Kladwang… and Rhiju Das, "Combinatorial Optimization of mRNA Structure, Stability and Translation for RNA-Based Therapeutics," *Nature Communications* 13, 1536, 2022.

27. Rhiju Das, talk given at Nucleic Acids Chemistry and Biomedicine Symposium, University of Colorado, Boulder, September 17, 2022.
28. Raphael J. L. Townshend, Stephan Eismann, Andrew M. Watkins, Ramya Rangan, Masha Karelina, Rhiju Das, and Ron O. Dror, "Geometric Deep Learning of RNA Structure," *Science* 373, 1047–51, 2021.
29. Zhichao Miao, Ryszard W. Adamiak, Maciej Antczak··· and Eric Westhof, "RNA-PuzzlesRound IV: 3D Structure Predictions of Four Ribozymes and Two Aptamers," *RNA* 26, 982–95, 2020.

5장 분자 기계 리보솜

1. 저자와 해리 놀러의 줌 인터뷰, 캘리포니아 산타크루즈, 2022년 5월 12일.
2. 사례 중 하나로 다음 논문을 참조하라. R. A. Garrett and H. G. Wittmann, "Structure of Bacterial Ribosomes," *Advances in Protein Chemistry* 27, 277–347, 1973.
3. 저자와 놀러의 줌 인터뷰.
4. Harry F. Noller and Jonathan B. Chaires, "Functional Modification of 16S Ribosomal RNA by Kethoxal," *Proceedings of the National Academy of Sciences USA* 69, 3115–18, 1972.
5. Noller and Chaires, "Functional Modification of 16S Ribosomal RNA by Kethoxal."
6. Quote Investigator, accessed September 2, 2023, https://quoteinvestigator.com/2012/05/26/stumble-over-truth.
7. George E. Fox and Carl R. Woese, "5S RNA Secondary Structure," *Nature* 256, 505-7, 1975. 두 사람이 제안한 RNA 구조는 다른 모든 화학자들이 예측했던 것과 달랐다. 폭스와 우즈는 리보솜 RNA를 정제하기 위한 화학적 접근이 그것을 자연적인 환경에서 떼어 놓아 구조를 교란했다고 정확하게 추론했다. 한편으로 두 사람은 리보솜 안에 있던 자연적인 거처의 분자와 관련한 다양한 서열을 비교해 진화적인 증거를 얻었다.
8. 저자와 놀러의 줌 화상 인터뷰.
9. 저자와 놀러의 줌 화상 인터뷰.
10. C. R. Woese, L. J. Magrum, R. Gupta, R. B. Siegel, D. A. Stahl, J. Kop, N. Crawford, J. Brosius, R. Gutell, J. J. Hogan, and H. F. Noller, "Secondary Structure Model for Bacterial 16S Ribosomal RNA: Phylogenetic, Enzymatic and Chemical Evidence," *Nucleic*

Acids Research 8, 2275–93, 1980.

11. Harry F. Noller, JoAnn Kop, Virginia Wheaton, Jurgen Brosius, Robin R. Gutell, Alexei M. Kopylov, Ferdinand Dohme, Winship Herr, David A. Stahl, Ramesh Gupta, and Carl R. Woese, "Secondary Structure Model for 23S Ribosomal RNA," *Nucleic Acids Research* 9, 6167–89, 1981.
12. C. Taddei, "Ribosome Arrangement During Oogenesis of Lacerta sicula Raf," *Experimental Cell Research* 70, 285–92, 1972; Ada E. Yonath, "Hibernating Bears, Antibiotics and the Evolving Ribosome," Nobel Lecture, December 8, 2009, https://www.nobelprize.org/uploads/2018/06/yonath_lecture.pdf. 겨울잠 자는 곰의 리보솜 결정을 다른 시각에서 보려면 다음 저서를 참조하라: Venki Ramakrishnan, *Gene Machine*(New York: Basic Books, 2018).
13. Yonath, "Hibernating Bears, Antibiotics and the Evolving Ribosome."
14. A. Yonath, J. Muessig, B. Tesche, S. Lorenz, V. A. Erdmann, and H. G. Wittmann, "Crystallization of the Large Ribosomal Subunit from B. stearothermophilus," *Biochemistry International* 1, 315–428, 1980.
15. A. Shevack, H. S. Gewitz, B. Hennemann, A. Yonath, and H. G. Wittmann, "Characterization and Crystallization of Ribosomal Particles from Halobacterium marismortui," *FEBS Letters* 184, 68–71, 1985.
16. 크로아티아 출신의 네나드 반(Nenad Ban)은 캘리포니아 대학교 리버사이드 캠퍼스를 거쳐 왔고, 폴 니센(Poul Nissen)은 덴마크 오르후스 대학교에서 왔으며, 제프 한센(Jeff Hansen)은 콜로라도 볼더 대학교에서 왔다.
17. Thomas A. Steitz, "From the Structure and Function of the Ribosome to New Antibiotics," Nobel Lecture, December 8, 2009, https://www.nobelprize.org/uploads/2018/06/steitz_lecture.pdf.
18. N. Ban, P. Nissen, J. Hansen, P. B. Moore, and T. A. Steitz, "The Complete Atomic Structure of the Large Ribosomal Subunit at 2.4 Å Resolution," *Science* 289, 905–20, 2000.
19. Ban et al., "The Complete Atomic Structure of the Large Ribosomal Subunit."; Thomas R. Cech, "The Ribosome Is a Ribozyme," *Science* 289, 878–79, 2000.
20. Brian T. Wimberly, Ditlev E. Brodersen, William M. Clemons, Jr., Robert J. Morgan-Warren, Andrew P. Carter, Clemens Vonrhein, Thomas Hartsch, and V. Ramakrishnan, "Structure of the 30S Ribosomal Subunit," *Nature* 407, 327–39, 2000.

21. Jamie H. Cate, Marat M. Yusupov, Gulnara Z. Yusupova, Thomas N. Earnest, and Harry F. Noller, "X-ray Crystal Structures of 70S Ribosome Functional Complexes," *Science* 285, 2095–104, 1999.
22. V. Ramakrishnan, "Unraveling the Structure of the Ribosome," Nobel Lecture, December 8, 2009, https://www.nobelprize.org/uploads/2018/06/ramakrishnan_lecture.pdf.
23. Steitz, "From the Structure and Function of the Ribosome to New Antibiotics."
24. Jeffrey L. Hanson, Peter B. Moore, and Thomas A. Steitz, "Structure of Five Antibiotics Bound at the Peptidyl Transferase Center of the Large Ribosomal Subunit," *Journal of Molecular Biology* 330, 1061–75, 2003.
25. Jeffrey L. Hanson, T. Martin Schmeing, Peter B. Moore, and Thomas A. Steitz, "Structural Insights into Peptide Bond Formation," *Proceedings of the National Academy of Sciences USA* 99, 11670–75, 2002.
26. Steitz, "From the Structure and Function of the Ribosome to New Antibiotics."
27. Andrew P. Carter, William M. Clemons, Ditlev E. Brodersen, Robert J. Morgan-Warren, Brian T. Wimberly, and V. Ramakrishnan, "Functional Insights from the Structure of the 30S Ribosomal Subunit and Its Interactions with Antibiotics," *Nature* 407, 340–48, 2000; Ditlev E. Brodersen, William M. Clemons, Jr., Andrew P. Carter, Robert J. Morgan-Warren, Brian T. Wimberly, and V. Ramakrishnan, "The Structural Basis for the Action of the Antibiotics Tetracycline, Pactamycin, and Hygromycin B on the 30S Ribosomal Subunit," *Cell* 103, 1143–54, 2000.

6장 생명의 기원

1. Frances Westall and Andre Brack, "The Importance of Water for Life," *Space Science Reviews* 214, 50, 2018.
2. Kelly Kruger, Paula J. Grabowski, Arthur J. Zaug, Julie Sands, Daniel E. Gottschling, and Thomas R. Cech, "Self-Splicing RNA: Autoexcision and Autocyclization of the Ribosomal RNA Intervening Sequence of Tetrahymena," *Cell* 31, 147–57, 1982.
3. J. William Schopf and Bonnie M. Packer, "Early Archean(3.3-Billion to 3.5-Billion-Year-Old) Microfossils from Warrawoona Group, Australia," *Science* 237, 70–73, 1987.
4. Leslie E. Orgel, "Evolution of the Genetic Apparatus," *Journal of Molecular Biology* 38,

381–93, 1968.

5. Walter Gilbert, "The RNA World," *Nature* 319, 618, 1986.
6. Stanley L. Miller and Harold C. Urey, "Organic Compound Synthesis on the Primitive Earth," *Science* 130, 245–51, 1959.
7. Matthew W. Powner, Beatrice Gerland, and John D. Sutherland, "Synthesis of Activated Pyrimidine Ribonucleotides in Prebiotically Plausible Conditions," *Nature* 459, 239–42, 2009.
8. Sidney Becker, Jonas Feldmann, Stefan Wiedemann, Hidenori Okamura, Christina Schneider, Katharina Iwan, Anthony Crisp, Martin Rossa, Tynchtyk Amatov, and Thomas Carell, "Unified Prebiotically Plausible Synthesis of Pyrimidine and Purine RNA Ribonucleotides," *Science* 366, 76–82, 2019.
9. Tan Inoue and Leslie E. Orgel, "A Non-enzymatic RNA Polymerase Model," *Science* 219, 859–62, 1984; Gerald F. Joyce and Leslie E. Orgel, "Non-enzymatic Template-Directed Synthesis on RNA Random Copolymers: Poly(C,A) Templates," *Journal of Molecular Biology* 202, 677–81, 1988.
10. Arthur J. Zaug and Thomas R. Cech, "The Intervening Sequence RNA of Tetrahymena Is an Enzyme," Science 231, 470–75, 1986; Michael D. Been and Thomas R. Cech, "RNA as an RNA Polymerase: Net Elongation of an RNA Primer Catalyzed by the Tetrahymena Ribozyme," *Science* 239, 1412–16, 1988.
11. Jonatha Y. Gott, David A Shub, and Marlene Belfort, "Multiple Self-Splicing Introns in Bacteriophage T4: Evidence from Autocatalytic GTP Labeling of RNA In Vitro," *Cell* 47, 61–87, 1986.
12. Jennifer A. Doudna, Sandra Couture, and Jack W. Szostak, "A Multisubunit Ribozyme That Is the Catalyst of and the Template for Complementary Strand RNA Synthesis," *Science* 251, 1605–8, 1991.
13. Jennifer A. Doudna and Jack W. Szostak, "RNA-Catalysed Synthesis of Complementary-Strand RNA," *Nature* 339, 519–22, 1989.
14. Charles L. Apel, David W. Deamer, and Michael N. Mautner, "Self-Assembled Vesicles of Monocarboxylic Acids and Alcohols: Conditions for Stability and for the Encapsulation of Biopolymers," *Biochimica et Biophysica Acta* 1559, 1–9, 2002.
15. Sheref S. Mansy, Jason P. Schrum, Mathangi Krishnamurthy, Sylvia Tobe, Douglas A. Treco, and Jack W. Szostak, "Template-Directed Synthesis of a Genetic Polymer Within a

Model Protocell," *Nature* 454, 122–25, 2008.

7장 젊음의 샘은 죽음의 덫인가?

1. Emily Stewart, "How the Anti-aging Industry Turns You Into a Customer for Life," Vox, July 28, 2022, https://www.vox.com/the-goods/2022/7/28/23219258/anti-aging-cream-expensive-scam.
2. Elizabeth H. Blackburn and Joseph G. Gall, "A Tandemly Repeated Sequence at the Termini of the Extrachromosomal Ribosomal RNA Genes of Tetrahymena," *Journal of Molecular Biology* 120, 33–53, 1978.
3. Jack W. Szostak and Elizabeth H. Blackburn, "Cloning Yeast Telomeres on Linear Plasmid Vectors," *Cell* 29, 245–55, 1982.
4. Janis Shampay, Jack W. Szostak, and Elizabeth H. Blackburn, "DNA Sequences of Telomeres Maintained in Yeast," *Nature* 310, 154–57, 1984; Richard W. Walmsley, Clarence S. M. Chant, Bik-Kwoon Tye, and Thomas D. Petes, "Unusual DNA Sequences Associated with the Ends of Yeast Chromosomes," *Nature* 310, 157–60, 1984.
5. "Carol W. Greider—Biographical," NobelPrize.org, accessed September 4, 2023, https://www.nobelprize .org/prizes/medicine/2009/greider/biographical.
6. Carol W. Greider and Elizabeth H. Blackburn, "Identification of a Specific Telomere Terminal Transferase Activity in Tetrahymena Extracts," *Cell* 43, 405–13, 1985.
7. Carol W. Greider, "Telomerase Discovery: The Excitement of Putting Together Pieces of the Puzzle," Nobel Lecture, December 7, 2009, https://www.nobelprize.org/uploads/2018/06/greider_lecture.pdf.
8. Carol W. Greider and Elizabeth H. Blackburn, "The Telomere Terminal Transferase of Tetrahymena Is a Ribonucleoprotein Enzyme with Two Kinds of Primer Specificity," *Cell* 51, 887–89, 1987.
9. Carol W. Greider and Elizabeth H. Blackburn, "A Telomeric Sequence in the RNA of Tetrahymena Telomerase Required for Telomere Repeat Synthesis," *Nature* 337, 331–37, 1989.
10. Junli Feng, Walter D. Funk, Sy-Shi Wang, Scott L. Weinrich, Ariel A. Avilion, Choy-Pik Chiu, Robert R. Adams, Edwin Chang, Richard C. Allsopp, Jinghua Yu, Siyuan Le,

Michael D. West, Calvin B. Harley, William H. Andrews, Carol W. Greider, and Bryant Villeponteau, "The RNA Component of Human Telomerase," *Science* 269, 1236–41, 1995.

11. Stephan S. Hall, *Merchants of Immortality*(Boston: Houghton Mifflin, 2003), 17; Leonard Hayflick, "My First Chemistry Kit"[video interview], WebofStories.com, accessed September 4, 2023, https://www.webofstories.com/play/leonard .hayflick/2.
12. L. Hayflick and P. S. Moorhead, "The Serial Cultivation of Human Diploid Cell Strains," *Experimental Cell Research* 25, 585–621, 1961.
13. Calvin B. Harley, A. Bruce Futcher, and Carol W. Greider, "Telomeres Shorten During Ageing of Human Fibroblasts," *Nature* 345, 458–60, 1990.
14. N. W. Kim, M. A. Piatyszek, K. R. Prowse, C. B. Harley, M. D. West, P. L. Ho, G. M. Coviello, W. E. Wright, S. L. Weinrich, and J. W. Shay, "Specific Association of Human Telomerase Activity with Immortal Cells and Cancer," *Science* 266, 2011–14, 1994.
15. 그 과학자는 월터 켈러(Walter Keller)였다. 예를 들어, 다음 논문을 참조하라: oachim Lingner, Josef Kellermann, and Walter Keller, "Cloning and Expression of the Essential Gene for Poly(A) Polymerase from S. cerevisiae," *Nature* 354, 496–98, 1991.
16. Joachim Lingner, Laura L. Hendrick, and Thomas R. Cech, "Telomerase RNAs of Different Ciliates Have a Common Secondary Structure and a Permuted Template," *Genes & Development* 8, 1984–98, 1994.
17. Joachim Lingner and Thomas R. Cech, "Purification of Telomerase from Euplotes aediculatus: Requirement for a Primer 3'-Overhang," *Proceedings of the National Academy of Sciences USA* 93, 10712–17, 1996.
18. Joachim Lingner, Timothy R. Hughes, Andrej Shevchenko, Matthias Mann, Victoria Lundblad, and Thomas R. Cech, "Reverse Transcriptase Motifs in the Catalytic Subunit of Telomerase," *Science* 276, 561–67, 1997.
19. Toru M. Nakamura, Gregg B. Morin, Karen B. Chapman, Scott L. Weinrich, William H. Andrews, Joachim Lingner, Calvin B. Harley, and Thomas R. Cech, "Telomerase Catalytic Subunit Homologs from Fission Yeast and Human," *Science* 277, 955–59, 1997.
20. Matthew Meyerson, Christopher M. Counter, Elinor Ng Eaton, Leif W. Ellisen, Philipp Steiner, Stephanie Dickinson Caddle, Liuda Ziaugra, Roderick L. Beijersbergen, Michael J. Davidoff, Qingyun Liu, Silvia Bacchetti, Daniel A. Haber, and Robert A. Weinberg, "hEST2, the Putative Human Telomerase Catalytic Subunit Gene, Is Up-Regulated in

Tumor Cells and During Immortalization," *Cell* 90, 785–95, 1997.

21. Scott L. Weinrich, Ron Pruzan, Libin Ma, Michel Ouellette, Valeric M. Tesmer, Shawn E. Holt, Andrea G. Bodnar, Serge Lichtsteiner, Nam W. Kim, James B. Trager, Rebecca D. Taylor, Ruben Carlos, William H. Andrews, Woodring E. Wright, Jerry W. Shay, Calvin B. Harley, and Gregg B. Morin, "Reconstitution of Human Telomerase with the Template RNA Component hTR and the Catalytic Protein Subunit hTRT," *Nature Genetics* 17, 498–502, 1997. 다음 논문도 참조하라: Kathleen Collins and Leena Gandhi, "The Reverse Transcriptase Component of the Tetrahymena telomerase Ribonucleoprotein Complex," *Proceedings of the National Academy of Sciences USA* 95, 8485–90, 1998; Tracy M. Bryan, Karen J. Goodrich, and Thomas R. Cech, "Telomerase RNA Bound by Protein Motifs Specific to Telomerase Reverse Transcriptase," *Molecular Cell* 6, 493–99, 2000; Gael Cristofari and Joachim Lingner, "Telomere Length Homeostasis Requires That Telomerase Levels Are Limiting," *EMBO Journal* 25, 565–574, 2006.
22. Andrea G. Bodnar, Michel Ouellette, Maria Frolkis, Shawn E. Holt, Choy-Pik Chiu, Gregg B. Morin, Calvin B. Harley, Jerry W. Shay, Serge Lichtsteiner, and Woodring E. Wright, "Extension of Life-Span by Introduction of Telomerase into Normal Human Cells," *Science* 279, 349–52, 1998.
23. Rebecca Skloot, *The Immortal Life of Henrietta Lacks*(New York: Crown, 2010), 2.
24. 저자와 프랭클린 황의 화상 인터뷰, 캘리포니아 대학교 샌프란시스코 캠퍼스, 2022년 12월 8일.
25. Franklin W. Huang, Eran Hodis, Mary Jue Xu, Gregory V. Kryukov, Lynda Chin, and Levi A. Garraway, "Highly Recurrent TERT Promoter Mutations in Human Melanoma," *Science* 339, 957–59, 2013. 다음 논문도 참조하라: Susanne Horn, Adina Figl, P. Sivaramakrishna Rachakonda, Christine Fischer, Antje Sucker, Andreas Gast, Stephanie Kadel, Iris Moll, Eduardo Nagore, Kari Hemminki, Dirk Schadendorf, and Rajiv Kumar, "TERT Promoter Mutations in Familial and Sporadic Melanoma," *Science* 339, 959–61, 2013.
26. Matthias Simon, Ismail Hosen, Konstantinos Gousias, Sivaramakrishna Rachakonda, Barbara Heidenreich, Marco Gessi, Johannes Schramm, Kari Hemminki, Andreas Waha, and Rajiv Kumar, "TERT Promoter Mutations: A Novel Independent Prognostic Factor in Primary Glioblastomas," *Neuro-Oncology* 17, 45–52, 2015.

8장 작은 선충이 알려준 것

1 Prof. Ding Xue and Dr. Joyita Bhadra, discussions and demonstration of nematode worm microinjection, Department of Molecular, Cellular and Developmental Biology, University of Colorado Boulder, November 17, 2022.

2. Andrew Z. Fire, "How Cells Respond to Genetic Change or Catching Up with Change in the Subway and in the Genome: A Bedtime Story." *The Dr. H. P. Heineken Prize for Biochemistry and Biophysics*(Amsterdam: Stichting Alfred Heineken Fondsen, 2004), 21.

3. Sidney Pestka, "Antisense RNA—History and Perspective," *Annals of the New York Academy of Sciences* 660, 251–62, 1992.

4. Su Guo and Kenneth J. Kemphues, "par-1, a Gene Required for Establishing Polarity in C. elegans Embryos, Encodes a Putative Ser/Thr Kinase That Is Asymmetrically Distributed," *Cell* 81, 611–20, 1995.

5. Andrew Z. Fire, "Gene Silencing by Double Stranded RNA," Nobel Lecture, December 8, 2006, https://www.nobelprize.org/uploads/2018/06/fire_lecture.pdf; 다음 사이트도 참조하라; https://mcb.berkeley.edu/seminars/cdb2010symposium/fire_lecture.pdf.

6. Andrew Fire, SiQun Xu, Mary K. Montgomery, Steven A. Kostas, Samuel E. Driver, and Craig C. Mello, "Potent and Specific Genetic Interference by Double-Stranded RNA in Caenorhabditis elegans," *Nature* 391, 806–11, 1998.

7. Sydney Brenner, "The Genetics of Caenorhabditis elegans," *Genetics* 77, 71–94, 1974.

8. "Craig C. Mello—Biographical," NobelPrize.org, accessed September 5, 2023, https://www.nobelprize .org/prizes/medicine/2006/mello/biographical.

9. "Tiny RNAs That Regulate Gene Function," description and acceptance remarks for the 2008 Albert Lasker Basic Medical Research Award, accessed September 5, 2023, https://laskerfoundation .org/winners/tiny-rnas-that-regulate-gene-function .

10. Thomas Tuschl, Phillip D. Zamore, Ruth Lehmann, David P. Bartel, and Phillip A. Sharp, "Targeted mRNA Degradation by Double-Stranded RNA In Vitro," *Genes & Development* 13, 3191–7, 1999.

11. Mariana Lagos-Quintana, Reinhard Rauhut, Winfried Lendeckel, and Thomas Tuschl, "Identification of Novel Genes Coding for Small Expressed RNAs," *Science* 294, 853–58, 2001. 다음 논문도 참조하라: Nelson C. Lau, Lee P. Lim, Earl G. Weinstein, and David P. Bartel, "An Abundant Class of Tiny RNAs with Probable Regulatory Roles in Caenorhabditis

elegans," *Science* 294, 858–62, 2001.

12. Alexander R. Palazzo and Eugene V. Koonin, "Functional Long Non-coding RNAs Evolve from Junk Transcripts," *Cell* 183, 1151–61, 2020.
13. Ramesh A. Shivdasani, "MicroRNAs: Regulators of Gene Expression and Cell Differentiation," *Blood* 108, 3646–53, 2006.
14. Lin He, Xingyue He, Lee P. Lim, Elisa de Stanchina, Zhenyu Xuan, Yu Liang, Wen Xue, Lars Zender, Jill Magnus, Dana Ridzon, Aimee L. Jackson, Peter S. Linsley, Caifu Chen, Scott W. Lowe, Michele A. Cleary, and Gregory J. Hannon, "A microRNA Component of the p53 Tumour Suppressor Network," *Nature* 447, 1130–34, 2007.
15. Sayda M. Elbashir, Jens Harborth, Winfried Lendeckel, Abdullah Yalcin, Klaus Weber, and Thomas Tuschl, "Duplexes of 21-Nucleotide RNAs Mediate RNA Interference in Cultured Mammalian Cells," *Nature* 411, 494–98, 2001. 다음 논문도 참조하라. Sayda M. Elbashir, Winfried Lendeckel, and Thomas Tuschl, "RNA Interference Is Mediated by 21-and 22-Nucleotide RNAs," *Genes & Development* 15, 188–200, 2001.
16. Jessica X. Chong, Kati J. Buckingham, Shalini N. Jhangiani … and Michael J. Bamshed, "The Genetic Basis of Mendelian Pheno-types: Discoveries, Challenges, and Opportunities," *American Journal of Human Genetics* 97, 199–215, 2015.
17. Marcia Almeida Liz, Teresa Coelho, Vittorio Bellotti, Maria Isabel Fernandez-Arias, Pablo Mallaina, and Laura Obici, "A Narrative Review of the Role of Transthyretin in Health and Disease," *Neurology and Therapy* 9, 395–402, 2020.
18. David Adams, Ole B. Suhr, Peter J. Dyck, William J. Litchy, Raina G. Leahy, Jihong Chen, Jared Gollob, and Teresa Coelho, "Trial Design and Rationale for APOLLO, a Phase 3, Placebo-Controlled Study of Patisiran in Patients with Hereditary ATTR Amyloidosis with Polyneuropathy," *BMC Neurology* 17, 181, 2017.
19. "Alnylam Reports Positive Topline Results from APOLLO-B Phase 3 Study of Patisiran in Patients with ATTR Amyloidosis with Cardiomyopathy"[press release], Alnylam, August 3, 2022, https://investors.alnylam.com/press-release?id=26851.
20. "An Update on Cancer Deaths in the United States," Centers for Disease Control and Prevention, last updated February 28, 2022, https://www.cdc.gov/cancer/dcpc/research/update-on-cancer-deaths/index.htm.
21. Samuel A. Hasson, Lesley A. Kane, Koji Yamano, Chiu-Hui Huang, Danielle A. Sliter, Eugen Buehler, Chunxin Wang, Sabrina M. Heman-Ackah, Tara Hessa, Rajarshi Guha,

Scott E. Martin, and Richard J. Youle, "High-Content Genome-Wide RNAi Screens Identify Regulators of Parkin Upstream of Mitophagy," *Nature* 504, 291–95, 2013.

22. 2023 Alzheimer's Disease Facts and Figures, Alzheimer's Association, accessed September 5, 2023, https://www.alz.org/media/Documents/alzheimers-facts-and-figures.pdf.
23. Karissa C. Arthur, Andrea Calvo, T. Ryan Price, Joshua T. Geiger, Adriano Chio, and Bryan J. Traynor, "Projected Increase in Amyotrophic Lateral Sclerosis from 2015 to 2040," *Nature Communications* 7, 12408, 2016.
24. Aaron R. Haeusler, Christopher J. Donnelly, and Jeffrey D. Rothstein, "The Expanding Biology of the C9orf72 Nucleotide Repeat Expansion in Neurodegenerative Disease," *Nature Reviews Neuroscience* 17, 383–95, 2016.
25. oHaeusler et al., "The Expanding Biology of the C9orf72 Nucleotide Repeat Expansion."
26. Kirk M. Brown, Jayaprakash K. Nair, Maja M. Janas … and Vasant Jadhav, "Expanding RNAi Therapeutics to Extrahepatic Tissues with Lipophilic Conjugates," *Nature Biotechnology* 40, 1500–1508, 2022.

9장 정확한 기생자와 엉성한 사본들

1. Wendell M. Stanley, "The Isolation and Properties of Crystalline Tobacco Mosaic Virus," Nobel Lecture, December 12, 1946, https://www.nobelprize.org/uploads/2018/06/stanley-lecture.pdf.
2. Wendell M. Stanley, "Isolation of a Crystalline Protein Possessing the Properties of Tobacco Mosaic Virus," *Science* 81, 644–45, 1935.
3. A. R. Mushegian, "Are There 1031 Virus Particles on Earth, or More, or Fewer?," *Journal of Bacteriology* 202, e00052-20, 2020.
4. Oswald T. Avery, Colin M. MacLeod, and Maclyn McCarty, "Studies on the Chemical Nature of the Substance Inducing Transformation of Pneumococcal Types: Induction of Transformation by a Desoxyribonucleic Acid Fraction Isolated from Pneumococcus Type III," *Journal of Experimental Medicine* 79, 137–58, 1944.
5. A. Gierer and G. Schramm, "Infectivity of Ribonucleic Acid from Tobacco Mosaic Virus," *Nature* 177, 702–3, 1956.
6. Heinz Fraenkel-Conrat, Beatrice A. Singer, and Robley C. Williams, "The Infectivity

of Viral Nucleic Acid," *Biochimica et Biophysica Acta* 25, 87–96, 1957; Heinz Fraenkel-Conrat, Beatrice A. Singer, and Robley C. Williams, "The Nature of the Progeny of Virus Reconstituted from Protein and Nucleic Acid of Different Strains of Tobacco Mosaic Virus," in *Symposium on the Chemical Basis of Heredity*, ed. W. D. McElroy and B. Glass(Baltimore: Johns Hopkins University Press, 1957), 501–17.
7. Chongzhi Bai, Qiming Zhong, and George Fu Gao, "Overview of SARS-CoV-2 Genome-Encoded Proteins," *Science China Life Sciences* 65, 280–94, 2022.
8. D. R. Mills, R. L. Peterson, and S. Spiegelman, "An Extracellular Darwinian Experiment with a Self-Duplicating Nucleic Acid Molecule," *Proceedings of the National Academy of Sciences USA* 58, 217–24, 1967.
9. D. L. Kacian, D. R. Mills, F. R. Kramer, and S. Spiegelman, "A Replicating RNA Molecule Suitable for a Detailed Analysis of Extracellular Evolution and Replication," *Proceedings of the National Academy of Sciences USA* 69, 3038–42, 1972.
10. Kacian et al., "A Replicating RNA Molecule."
11. Lok Bahadur Shrestha, Charles Foster, William Rawlinson, Nicodemus Tedla, and Rowena A. Bull, "Evolution of the SARS-CoV-2 Variants BA.1 to BA.5: Implications for Immune Escape and Transmission," *Reviews in Medical Virology* 32, e2381, 2022.
12. Masaud Shah and Hyun Goo Woo, "Omicron: A Heavily Mutated SARS-CoV-2 Variant Exhibits Stronger Binding to ACE2 and Potently Escapes Approved COVID-19 Therapeutic Antibodies," *Frontiers in Immunology* 12, 830527, 2022.
13. Yinon M. Bar-On, Avi Flamholz, Rob Phillips, and Ron Milo, "SARS-CoV-2(COVID-19) by the Numbers," *eLife* 9, e57309, 2020.
14. Brandon Malone, Nadya Urakova, Eric J. Snijder, and Elizabeth A. Campbell, "Structures and Functions of Coronavirus Replication–Transcription Complexes and Their Relevance for SARS-CoV-2 Drug Design," *Nature Reviews Molecular Cell Biology* 23, 21–39, 2022.

10장 RNA 대 RNA

1. "History of Salk," Salk Institute, accessed September 5, 2023, https://www.salk.edu/about/history-of-salk.
2. Ellen F. Fynan, Shan Lu, and Harriet L. Robinson, "One Group's Historical Reflections

on DNA Vaccine Development," *Human Gene Therapy* 29, 966–70, 2018.

3. M. E. Gore, "Gene Therapy Can Cause Leukemia: No Shock, Mild Horror but a Probe," *Gene Therapy* 10, 4, 2003.
4. Eric C. Schneider, Arnav Shah, Pratha Sah, Seyed M. Moghadas, Thomas Vilches, and Alison P. Galvani, "The U.S. COVID-19 Vaccination Program at One Year: How Many Deaths and Hospitalizations Were Averted?," Issue Briefs, December 14, 2021, Commonwealth Fund, https://www.commonwealthfund.org/publications/issue-briefs/2021/dec/us-covid-19-vaccination-program-one-year-how-many-deaths-and.
5. William T. McAllister, Claire Morris, Alan H. Rosenberg, and F. William Studier, "Utilization of Bacteriophage T7 Late Promoters in Recombinant Plasmids During Infection," *Journal of Molecular Biology* 153, 527–44, 1981.
6. P. Davanloo, A. H. Rosenberg, J. J. Dunn, and F. W. Studier, "Cloning and Expression of the Gene for T7 RNA Polymerase," *Proceedings of the National Academy of Sciences USA* 81, 2035–39, 1984.
7. 저자와 필 펠그너의 인터뷰, 캘리포니아 어바인, 2022년 10월 22일.
8. P. L. Felgner, T. R. Gadek, M. Holm, R. Roman, H. W. Chan, M. Wenz, J. P. Northrop, G. M. Ringold, and M. Danielsen, "Lipofection: a Highly Efficient, Lipid-Mediated DNA-Transfection Procedure," *Proceedings of the National Academy of Sciences USA* 84, 7413–17, 1987.
9. 저자와 펠그너의 인터뷰,
10. 이 초기 승인은 긴급 사용 승인이었다. FDA의 정식 승인은 2022년 2월에 받았다.
11. Robert W. Malone, Philip L. Felgner, and Inder M. Verma, "Cationic Liposome-Mediated RNA Transfection," *Proceedings of the National Academy of Sciences USA* 86, 1677–81, 1989.
12. Jon A. Wolff, Robert W. Malone, Phillip Williams, Wang Chong, Gyula Acsadi, Agnes Jani, and Philip L. Felgner, "Direct Gene Transfer into Mouse Muscle In Vivo," *Science* 247, 1465–68, 1990.
13. Fabrice Delaye, *The Medical Revolution of Messenger RNA*(Cold Spring Harbor, NY: Cold Spring Harbor Laboratory Press, 2023).
14. Frederic Martinon, Sivadasan Krishnan, Gerlinde Lenzen, Remy Magne, Elisabeth Gomard, Jean-Gerard Guillet, Jean-Paul Levy, and Pierre Meulien, "Induction of Virus-Specific Cytotoxic T Lymphocytes In Vivo by Liposome-Entrapped mRNA," *European*

Journal of Immunology 23, 1719–22, 1993.
15. Delaye, *Medical Revolution of Messenger RNA.*
16. H. Lv, S. Zhang, B. Wang, S. Cui, and J. Yan, "Toxicity of Cationic Lipids and Cationic Polymers in Gene Delivery," *Journal of Controlled Release* 114, 100–109, 2006.
17. Pieter R. Cullis and Michael J. Hope, "Lipid Nanoparticle Systems for Enabling Gene Therapies," *Molecular Therapy* 25, 1467–75, 2017.
18. Chelsea M. Hull and Philip C. Bevilacqua, "Discriminating Self and Non-self by RNA: Roles for RNA Structure, Misfolding, and Modification in Regulating the Innate Immune Sensor PKR," *Accounts of Chemical Research* 49, 1242–49, 2016.
19. Katalin Kariko, Houping Ni, John Capodici, M. Lamphier, and Drew Weissman, "mRNA Is an Endogenous Ligand for Toll-Like Receptor 3," *Journal of Biological Chemistry* 279, 12542–50, 2004.
20. David Crow, "How mRNA Became a Vaccine Game-Changer," *FT Magazine*, May 13, 2021, https://www.ft.com/content/b2978026-4bc2-439c-a561-a1972eeba940.
21. Damian Garde and Jonathan Saltzman, "The Story of mRNA: How a Once-Dismissed Idea Became a Leading Technology in the Covid Vaccine Race," STAT, November 10, 2020.
22. 카탈린 카리코와의 라스커-드베이키 임상 의학 연구상 인터뷰, 2021.
23. 카탈린 카리코와의 로레알 어워드 인터뷰, 2022.
24. Katalin Kariko, Michael Buckstein, Houping Ni, and Drew Weissman, "Suppression of RNA Recognition by Toll-Like Receptors: The Impact of Nucleoside Modification and the Evolutionary Origin of RNA," *Immunity* 23, 165–75, 2005.
25. Katalin Kariko, Hiromi Muramatsu, Frank A. Welsh, Janos Ludwig, Hiroki Kato, Shizuo Akira, and Drew Weissman, "Incorporation of Pseudouridine into mRNA Yields Superior Nonimmunogenic Vector with Increased Translational Capacity and Biological Stability," *Molecular Therapy* 16, 1833–40, 2008.
26. 나중에 다른 과학자들이 밝힌 바에 따르면 가짜 U에 메틸기(탄소 원자 1개와 수소 원자 3개)를 추가하면 mRNA의 성능이 더욱 향상된다. Oliwia Andries, Sean McCafferty, Stefaan C. De Smedt, Ron Weiss, Niek N. Sanders, and Tasuku Kitada, "N1-methylpseudouridine-Incorporated mRNA Outperforms Pseudouridine-Incorporated mRNA by Providing Enhanced Protein Expression and Reduced Immunogenicity in Mammalian Cell Lines and Mice," *Journal of Controlled Release* 217, 337–44, 2015.

27. Alex Gardner, "Penn mRNA Scientists Drew Weissman and Katalin Kariko Receive 2021 Lasker Award, America's Top Biomedical Research Prize," *Penn Medicine News*, September 24, 2021.
28. "Novel 2019 Coronavirus Genome," Virological.org, January 10, 2020, https://virological.org/t/novel-2019-coronavirus-genome/319.
29. 저자와 멜리사 무어(Melissa Moore) 박사의 전화 인터뷰, 모더나사, 2022년 6월 15일.
30. Ozlem Tureci and Ugur Sahin, "Racing for a SARS-CoV-2 Vaccine," *EMBO Molecular Medicine* 13, e15145, 2021.
31. Damian Garde, "Covid-19 Drugs & Vaccines Tracker," STAT, accessed September 5, 2023, https://www.statnews.com/2020/04/27/drugs-vaccines-tracker.
32. Jonathan Corum and Carl Zimmer, "How the Oxford-AstraZeneca Vaccine Works," *New York Times*, May 7, 2021, https://www.nytimes.com/interactive/2020/health/oxford-astrazeneca-covid-19-vaccine.html.
33. Yinon M. Bar-On, Avi Flamholz, Rob Phillips, and Ron Milo, "SARS-CoV-2(Covid-19) by the Numbers," eLife 9, e57309, 2020.
34. Jesper Pallesen, Nianshuang Wang, Kizzmekia S. Corbett, Daniel Wrapp, Robert N. Kirchdoerfer, Hannah L. Turner, Christopher A. Cottrell, Michelle M. Becker, Lingshu Wang, Wei Shi, Wing-Pui Kong, Erica L. Andres, Arminja N. Kettenbach, Mark R. Denison, James D. Chappell, Barney S. Graham, Andrew B. Ward, and Jason S. McLellan, "Immunogenicity and Structures of a Rationally Designed Prefusion MERS CoV Spike Antigen," *Proceedings of the National Academy of Sciences USA* 114, E7348–E7357, 2017.
35. Tureci and Sahin, "Racing for a SARS-CoV-2 Vaccine."
36. Garde and Saltzman, "Story of mRNA."
37. 당시 이사회에 참석했지만 익명으로 남기를 바라는 누군가가 저자에게 전해준 내용이다.
38. "Past Seasons' Vaccine Effectiveness Estimates," Centers for Disease Control and Prevention, accessed September 5, 2023, https://www.cdc.gov/flu/vaccines-work/past-seasons-estimates.html. 인플루엔자 백신은 2004~2022년 데이터를 참조.
39. 일부 임상시험에서 모더나 백신의 약간 우수한 성능은 투여하기로 선택된 더 높은 용량 때문일 것이므로 구별되는 특징으로 간주되지 않는다. E. J. Rubin and D. L. Longo, "Covid-19 mRNA Vaccines—Six of One, Half a Dozen of the Other," *New England Journal of Medicine* 386, 183–85, 2022.

40. Gregory Zuckerman, *A Shot to Save the World: The Inside Story of the Life-or-Death Race for a Covid-19 Vaccine*(New York: Penguin, 2021).
41. "Prize Announcement," NobelPrize.org, accessed October 16, 2023, https://www.nobelprize.org/prizes/medicine/2023/prize-announcement.
42. "HPV and Cancer," National Cancer Institute, last updated April 4, 2023, https://www.cancer.gov/about-cancer/causes-prevention/risk/infectious-agents/hpv-and-cancer. 나는 머크사의 이사회 멤버였으며 MRK 주식을 소유하고 있음을 공개한다.
43. David Boczkowski, Smita K. Nair, David Snyder, and Eli Gilboa, "Dendritic Cells Pulsed with RNA Are Potent Antigen-Presenting Cells In Vitro and In Vivo," *Journal of Experimental Medicine* 184, 465–72, 1996.
44. Eli Gilboa, David Boczkowski, and Smita K. Nair, "The Quest for mRNA Vaccines," *Nucleic Acid Therapeutics* 32, 449–56, 2022.
45. Ian Sample, "Vaccines to Treat Cancer Possible by 2030, Say BioNTech Founders," *The Guardian*, October 16, 2022; Julie Steenhuysen and Michael Erman, "Positive Moderna, Merck Cancer Vaccine Data Advances mRNA Promise, Shares Rise," *Reuters*, December 13, 2022.
46. Gina Vitale, "Moderna/Merck Cancer Vaccine Shows Promise in Trials," *Chemical & Engineering News*, December 20, 2022.

11장 가위 들고 달리기: 크리스퍼 혁명

1. Jennifer A. Doudna and Samuel H. Sternberg, *A Crack in Creation: Gene Editing and the Unthinkable Power to Control Evolution*(Boston: Houghton Mifflin Harcourt, 2017); Walter Isaacson, *The Code Breaker: Jennifer Doudna, Gene Editing, and the Future of the Human Race*(New York: Simon & Schuster, 2021); Kevin Davies, *Editing Humanity: The CRISPR Revolution and the New Era of Genome Editing*(New York: Pegasus Books, 2020).
2. Martin Jinek, Krzysztof Chylinski, Ines Fonfara, Michael Hauer, Jennifer A. Doudna, and Emmanuelle Charpentier, "A Programmable Dual-RNA–Guided DNA Endonuclease in Adaptive Bacterial Immunity," *Science* 337, 816–21, 2012.
3. Le Cong, F. Ann Ran, David Cox, Shuailiang Lin, Robert Barretto, Naomi Habib, Patrick D. Hsu, Xuebing Wu, Wenyan Jiang, Luciano A. Marraffini, and Feng Zhang, "Multiplex

Genome Engineering Using CRISPR/Cas Systems," Science 339, 819–23, 2013; Prashant Mali, Luhan Yang, Kevin M. Esvelt, John Aach, Marc Guell, James E. DiCarlo, Julie E. Norville, and George M. Church, "RNA-Guided Human Genome Engineering via Cas9," *Science* 339, 823–27, 2013; Martin Jinek, Alexandra East, Aaron Cheng, Steven Lin, Enbo Ma, and Jennifer Doudna, "RNA-Programmed Genome Editing in Human Cells," *eLife* 2, e00471, 2013.

4. Caroline M. LaManna and Rodolphe Barrangou, "Enabling the Rise of a CRISPR World," *CRISPR Journal* 1, 205–8, 2018. 7,000이라는 숫자는 2013년부터 2018년까지 애드진 물류센터에서 크리스퍼 플라스미드를 공급받은 실험실의 수를 기준으로 해서, 2013년부터 2023년까지 그 숫자가 지속적으로 늘었으리라 가정하고 산정한 결과다. 하지만 애드진이 크리스퍼 플라스미드에 대한 유일한 공급원이었던 만큼 어쩌면 이 기술을 사용했던 실험실의 수는 그보다도 꽤 많았을지 모른다.
5. Julie Grainy, Sandra Garrett, Brenton R. Graveley, and Michael P. Terns, "CRISPR Repeat Sequences and Relative Spacing Specify DNA Integration by Pyrococcus furiosus Cas1 and Cas2," *Nucleic Acids Research* 47, 7518–31, 2019.
6. Rodolphe Barrangou, Christophe Fremaux, Hélène Deveau, Melissa Richards, Patrick Boyaval, Sylvain Moineau, Dennis A. Romero, and Philippe Horvath, "CRISPR Provides Acquired Resistance Against Viruses in Prokaryotes," *Science* 315, 1709–12, 2007.
7. Josiane E. Garneau, Marie-Eve Dupuis, Manuela Villion, Dennis A. Romero, Rodolphe Barrangou, Patrick Boyaval, Christophe Fremaux, Philippe Horvath, Alfonso H. Magadan, and Sylvain Moineau, "The CRISPR/Cas Bacterial Immune System Cleaves Bacteriophage and Plasmid DNA," *Nature* 468, 67–71, 2010.
8. Stan J. J. Brouns, Matthijs M. Jore, Magnus Lundgren, Edze R. Westra, Rik J. H. Slijkhuis, Ambrosius P. L. Snijders, Mark J. Dickman, Kira S. Makarova, Eugene V. Koonin, and John van der Oost, "Small CRISPR RNAs Guide Antiviral Defense in Prokaryotes," *Science* 321, 960–64, 2008.
9. Rachel E. Haurwitz, Martin Jinek, Blake Wiedenheft, Kaihong Zhou, and Jennifer A. Doudna, "Sequence-and Structure-Specific RNA Processing by a CRISPR Endonuclease," *Science* 329, 1355–58, 2010.
10. Doudna and Sternberg, *Crack in Creation*, 70.
11. Doudna and Sternberg, *Crack in Creation*, 71.
12. Doudna and Sternberg, *Crack in Creation*, 78.

13. Jinek et al., "A Programmable Dual-RNA–Guided DNA Endonuclease in Adaptive Bacterial Immunity."
14. 완벽하게 일치하는 서열은 절단되지만, 이 시스템은 가이드 RNA와 DNA 쌍의 부분적인 불일치를 허용한다. 다음 논문을 참조하라: Patrick D. Hsu, David A. Scott, Joshua A. Weinstein, F. Ann Ran, Silvana Konermann, Vineeta Agarwala, Yinqing Li, Eli J. Fine, Xuebing Wu, Ophir Shalem, Thomas J. Cradick, Luciano A. Marraffini, Gang Bao, and Feng Zhang, "DNA Targeting Specificity of RNA-Guided Cas9 Nucleases," *Nature Biotechnology* 31, 827–32, 2013.
15. Jinek et al., "A Programmable Dual-RNA–Guided DNA Endonuclease in Adaptive Bacterial Immunity."
16. 저자와 유타 대학교의 저명한 교수 다나 캐롤(Dana Carroll)과의 인터뷰, 캘리포니아 버클리, 2023년 1월 13일. 다음 논문을 참조하라: Dana Carroll, "A CRISPR Approach to Gene Targeting," *Molecular Therapy* 20, 1658–60, 2012.
17. L. S. Qi, M. H. Larson, L. A. Gilbert, J. A. Doudna, J. S. Weissman, A. P. Arkin, and Wendell A. Lim, "Repurposing CRISPR as an RNA-Guided Platform for Sequence-Specific Control of Gene Expression," *Cell* 152, 1173–83, 2013.
18. Luke A. Gilbert, Matthew H. Larson, Leonardo Morsut, Zairan Liu, Gloria A. Brar, Sandra E. Torres, Noam Stern-Ginossar, Onn Brandman, Evan H. Whitehead, Jennifer A. Doudna, Wendell A. Lim, Jonathan S. Weissman, and Lei S. Qi, "CRISPR-Mediated Modular RNA-Guided Regulation of Transcription in Eukaryotes," *Cell* 154, 442–51, 2013; David Bikard, Wenyan Jiang, Poulami Samai, Ann Hochschild, Feng Zhang, and Luciano A. Marraffini, "Programmable Repression and Activation of Bacterial Gene Expression Using an Engineered CRISPR-Cas System," *Nucleic Acids Research* 41, 7429–37, 2013; L. A. Gilbert, M. A. Horlbeck, B. Adamson, J. E. Villalta, Y. Chen, E. H. Whitehead, C. Guimaraes, B. Panning, H. L. Ploegh, M. C. Bassik, L. S. Qi, M. Kampmann, and J. S. Weissman, "Genome-Scale CRISPR-Mediated Control of Gene Repression and Activation," *Cell* 159, 647–61, 2014.
19. Bijoya Paul and Guillermo Montoya, "CRISPR-Cas12a: Functional Overview and Applications," *Biomedical Journal* 43, 8–17, 2020.
20. Linus Pauling, Harvey A. Itano, S. J. Singer, and Ibert C. Wells, "Sickle Cell Anemia: A Molecular Disease," *Science* 110, 543–48, 1949; Vernon M. Ingram, "Gene Mutations in Human Haemoglobin: The Chemical Difference Between Normal and Sickle Cell

Haemoglobin," *Nature* 180, 326–28, 1957.

21. 여기에는 인텔리아, 빔 테라퓨틱스, 에디타스 메디신, 그리고 제약회사 버텍스와 함께 일하는 크리스퍼 테라퓨틱스가 포함된다.
22. Gregory A. Newby, Jonathan S. Yen, Kaitly J. Woodard . . . and David R. Liu, "Base Editing of Haematopoietic Stem Cells Rescues Sickle Cell Disease in Mice," *Nature* 595, 295–302, 2021.
23. Hope Henderson, "CRISPR Clinical Trials: A 2023 Update," *Innovative Genomics*, March 17, 2023, https://innovativegenomics .org/news/crispr-clinical–trials-2023.
24. Rob Stein, "First Sickle Cell Patient Treated with CRISPR Gene-Editing Still Thriving," *NPR*, December 31, 2021, https://www.npr.org/sections/health-shots/2021/12/31/1067400512/first-sickle-cell-patient-treated-with-crispr-gene-editing-still-thriving. 이 특정 크리스퍼 기술은 크리스퍼 테라퓨틱스와 버텍스에 의해 개발되었다. 다음 논문을 참조하라: Haydar Frangoul, David Altshuler, M. Domenica Cappellini … and Selim Corbacioglu, "CRISPR-Cas9 Gene Editing for Sickle Cell Disease and β-Thalassemia," *New England Journal of Medicine* 384, 252–60, 2021.
25. Cormac Sheridan, "The World's First CRISPR Therapy Is Approved: Who Will Receive It?" *Nature Biotechnology*, November 21, 2023. https://doi.org/10.1038/d41587-02300016-6. 개발 중인 다른 크리스퍼 치료제와 달리 엑사 셀은 베타 글로빈 유전자의 돌연변이를 바로잡지 않는다. 대신 태아에서 베타 글로빈의 생성을 억제하는 유전자를 비활성화해, 태아의 단백질이 발현되어 성인의 돌연변이 베타 글로빈을 대체하도록 한다. 다음 논문을 참조하라: Adam Zamecnik, "CRISPR Gene Therapies: Is 2023 a Milestone Year in the Making?," *Pharmaceutical Technology*, January 3, 2023.
26. Hannah Devlin, "Scientist Who Edited Babies' Gene Says He Acted 'Too Quickly,' " *The Guardian*, February 4, 2023.
27. David Baltimore, Paul Berg, Michael Botchan, Dana Carroll, R. Alta Charo, George Church, Jacob E. Corn, George Q. Daley, Jennifer A. Doudna, Marsha Fenner, Henry T. Greely, Martin Jinek, G. Steven Martin, Edward Penhoet, Jennifer Puck, Samuel H. Sternberg, Jonathan S. Weissman, and Keith R. Yamamoto, "A Prudent Path Forward for Genomic Engineering and Germline Gene Modification," *Science* 348, 36–38, 2015.
28. Asher Mullard, "FDA Approves First Haemophilia B Gene Therapy," *Nature Reviews Drug Discovery* 22, 7, 2023.
29. Baltimore et al., "A Prudent Path Forward."

30. Andrew Hammond, Roberto Galizi, Kyros Kyrou, Alekos Simoni, Carla Siniscalchi, Dimitris Katsanos, Matthew Gribble, Dean Baker, Eric Marois, Steven Russell, Austin Burt, Nikolai Windbichler, Andrea Crisanti, and Tony Nolan, "A CRISPR-Cas9 Gene Drive System Targeting Female Reproduction in the Malaria Mosquito Vector Anopheles gambiae," *Nature Biotechnology* 34, 78–83, 2016; Rebecca Roberts and Brittany Enzmann, "CRISPR Gene Drives: Eradicating Malaria, Controlling Pests, and More," Synthego, August 9, 2022, https://www.synthego.com/blog/gene-drive-crispr.
31. Bruce L. Webber, S. Raghu, and Owain R. Edwards, "Opinion: Is CRISPR-Based Gene Drive a Biocontrol Silver Bullet or a Global Conservation Threat?," *Proceedings of the National Academy of Sciences USA* 112, 10565–67, 2015.
32. C. M. Collins, J. A. S. Bonds, M. M. Quinlan, and J. D. Mumford, "Effects of the Removal or Reduction in Density of the Malaria Mosquito, Anopheles gambiae s.l., on Interacting Predators and Competitors in Local Ecosystems," *Medical and Veterinary Entomology* 33, 1–15, 2019.
33. Nancy J. Loewenstein, Stephen F. Enloe, John W. Everest, James H. Miller, Donald M. Ball, and Michael G. Patterson, "History and Use of Kudzu in the Southeastern United States," *Forestry & Wildlife*, Alabama Cooperative Extension System, March 8, 2022, https://www.aces.edu/blog/topics/forestry-wildlife/the-history-and-use-of-kudzu-in-the-southeastern-united-states.
34. National Academies of Sciences, Engineering, and Medicine, *Gene Drives on the Horizon: Advancing Science, Navigating Uncertainty, and Aligning Research with Public Values*(Washington, DC: National Academies Press, 2016).
35. Henry Fountain and Mira Rojanasakul, "The Last 8 Years Were the Hottest on Record," *New York Times*, January 10, 2023, https://www.nytimes .com/interactive/2023/climate/earth-hottest-years.html.
36. Phillip A. Cleves, Marie E. Strader, Line K. Bay, John R. Pringle, and Mikhail V. Matz, "CRISPR/Cas9-Mediated Genome Editing in a Reef-Building Coral," *Proceedings of the National Academy of Sciences USA* 115, 5235–40, 2018.
37. "U.S. Renewable Energy Factsheet," *publication* no. CSS03-12, Center for Sustainable Systems, University of Michigan, 2022.
38. James Conca, "It's Final: Corn Ethanol Is of No Use," *Forbes*, April 20, 2014.
39. Conca, "It's Final."

40. Sudarshan Singh Lakhawat, Naveen Malik, Vikram Kumar, Sunil Kumar, and Pushpender Kumar Sharma, "Implications of CRISPR-Cas9 in Developing Next Generation Biofuel: A Mini-review," *Current Protein and Peptide Science* 23, 574–84, 2022.
41. L. Val Giddings, Robert Rozansky, and David M. Hart, "Gene Editing for the Climate: Biological Solutions for Curbing Greenhouse Emissions," *Information Technology & Innovation Foundation*, September 2020, https://www2.itif.org/2020-gene-edited-climate-solutions.pdf.
42. "Supercharging Plants and Soils to Remove Carbon from the Atmosphere"[press release], *Innovative Genomics Institute*, June 14, 2022, https://innovativegenomics.org/news/crispr-carbon-removal.

에필로그

1. Daniel Clery, "Into the Dark," *Science* 380, 1212–15, 2023.
2. Michael T. Y. Lam, Wenbo Li, Michael G. Rosenfeld, and Christopher K. Glass, "Enhancer RNAs and Regulated Transcriptional Programs," *Trends in Biochemical Sciences* 39, 170–82, 2014.
3. Jordan P. Lewandowski, James C. Lee, Taeyoung Hwang, Hongjae Sunwoo, Jill M. Goldstein, Abigail F. Groff, Nydia P. Chang, William Mallard, Adam Williams, Jorge Henao-Meija, Richard A. Flavell, Jeannie T. Lee, Chiara Gerhardinger, Amy J. Wagers, and John L. Rinn, "The Firre Locus Produces a trans-Acting RNA Molecule That Functions in Hematopoiesis," *Nature Communications* 10, 5137, 2019.
4. Jordan P. Lewandowski, Gabrijela Dumbović, Audrey R. Watson, Taeyoung Hwang, Emily Jacobs-Palmer, Nydia Chang, Christian Much, Kyle M. Turner, Christopher Kirby, Nimrod D. Rubinstein, Abigail F. Groff, Steve C. Liapis, Chiara Gerhardinger, Assaf Bester, Pier Paolo Pandolfi, John G. Clohessy, Hopi E. Hoekstra, Martin Sauvageau, and John L. Rinn, "The Tug1 lncRNA Locus Is Essential for Male Fertility," *Genome Biology* 21, 237, 2020.
5. Craig Tuerk and Larry Gold, "Systematic Evolution of Ligands by Exponential Enrichment: RNA Ligands to Bacteriophage T4 DNA Polymerase," *Science* 249, 505–10, 1990.

6. Andrew D. Ellington and Jack W. Szostak, "In Vitro Selection of RNA Molecules That Bind Specific Ligands," *Nature* 346, 818–22, 1990.
7. 이 책이 출간될 당시 나는 소마로직의 과학자문위원회 소속이었음을 밝혀둔다.
8. Marie Cuvelliez, Vincent Vandewalle, Maxime Brunin, Olivia Beseme, Audrey Hulot, Pascal de Groote, Philippe Amouyel, Christophe Bauters, Guillemette Marot, and Florence Pinet, "Circulating Proteomic Signature of Early Death in Heart Failure Patients with Reduced Ejection Fraction," *Scientific Reports* 9, 19202, 2019; Anna Egerstedt, John Berntsson, Maya Landenhed Smith, Olof Gidlof, Roland Nilsson, Mark Benson, Quinn S. Wells, Selvi Celik, Carl Lejonberg, Laurie Farrell, Sumita Sinha, Dongxiao Shen, Jakob Lundgren, Goran Radegran, Debby Ngo, Gunnar Engstrom, Qiong Yang, Thomas J. Wang, Robert E. Gerszten, and J. Gustav Smith, "Profiling of the Plasma Proteome Across Different Stages of Human Heart Failure," *Nature Communications* 10, 5830, 2019.
9. Frieder W. Scheller, Ulla Wollenberger, Axel Warsinke, and Fred Lisdat, "Research and Development in Biosensors," *Current Opinion in Biotechnology* 12, 35–40, 2001; Erin M. McConnell, Julie Nguyen, and Yingfu Li, "Aptamer-Based Biosensors for Environmental Monitoring," *Frontiers in Chemistry* 8, 1–24, 2020.
10. Harleen Kaur, John G. Bruno, Amit Kumar, and Tarun Kumar Sharma, "Aptamers in the Therapeutics and Diagnostics Pipelines," *Theranostics* 8, 4016–32, 2018.
11. Debra L. Robertson and Gerald F. Joyce, "Selection In Vitro of an RNA Enzyme That Specifically Cleaves Single-Stranded DNA," *Nature* 344, 467–68, 1990.
12. P. J. Unrau and D. P. Bartel, "RNA-Catalysed Nucleotide Synthesis," *Nature* 395, 260–63, 1998.
13. Wendy K. Johnston, Peter J. Unrau, Michael S. Lawrence, Margaret E. Glasner, and David P. Bartel, "RNA-Catalyzed RNA Polymerization: Accurate and General RNA-Templated Primer Extension," *Science* 292, 1319–25, 2001; David P. Horning and Gerald F. Joyce, "Amplification of RNA by an RNA Polymerase Ribozyme," *Proceedings of the National Academy of Sciences USA* 113, 9786–91, 2016.
14. Rebecca M. Turk, Nataliya V. Chumachenko, and Michael Yarus, "Multiple Translational Products from a Five-Nucleotide Ribozyme," *Proceedings of the National Academy of Sciences USA* 107, 4585–89, 2010.

찾아보기

RNA의 역사

초판 1쇄 발행 2025년 5월 15일
초판 3쇄 발행 2025년 8월 25일

지은이 토머스 R. 체크
옮긴이 김아림 | **감수** 조정남

펴낸이 오세인 | **펴낸곳** 세종서적(주)

국장 주지현 | **기획** 정소연
편집 최정미 | **표지디자인** 유어텍스트 | **본문디자인** 김진희
마케팅 조소영 | **경영지원** 홍성우

출판등록 1992년 3월 4일 제4-172호
주소 서울시 광진구 천호대로132길 15, 세종 SMS 빌딩 3층
전화 (02)775-7012 | 마케팅 (02)775-7011 | 팩스 (02)319-9014
홈페이지 www.sejongbooks.co.kr | 네이버 포스트 post.naver.com/sejongbooks
페이스북 www.facebook.com/sejongbooks | 원고 모집 sejong.edit@gmail.com

ISBN 978-89-8407-869-7 (03470)

· 잘못 만들어진 책은 구입하신 곳에서 바꾸어 드립니다.
· 값은 뒤표지에 있습니다.